Michael Bach

Die berühmtesten deutschen TRAKTOREN aller Zeiten

PODSZUN

INHALT

© 1994
2. Auflage 1995
Verlag Walter Podszun
Bahnhofstraße 9, D 59929 Brilon
Herstellung Druckhaus Cramer, Greven
ISBN 3-86133-115-2

EIN VORWORT →

*D*ie Frage nach den "berühmtesten" Traktoren aller Zeiten in Deutschland ist eine nur auf den ersten Blick leicht zu beantwortende. Mit dem Ruhm hat es so seine Bewandtnis: er hat mindestens zwei, wenn nicht mehr Seiten, die es zu beleuchten gilt.

Oldtimer-Freunde, die sich in Theorie und Praxis den Schlepperveteranen verschrieben haben, werden sicher zu anderen Antworten gelangen als nüchterne Techniker aus der Industrie oder erfahrene Praktiker aus Landwirtschaft und Fuhrgewerbe. Ein

Beispiel mag verdeutlichen, was gemeint ist: Fraglos ist der Knicklenker-Bulldog von Lanz, der Typ HP, ein "berühmter" Schlepper. Er ist sehr alt, sehr selten, sehr gesucht und sehr schön anzusehen. Aber ist er deswegen auch bedeutend für die Geschichte der Schlepper-Entwicklung?

1948 wurde von der Firma Eicher in Forstern/Obb. ein kleiner 16-PS-Schlepper mit Einzylinder-Dieselmotor vorgestellt, der erste luftgekühlte Ackerschlepper der Welt. In kurzer Zeit war er auf ungezählten bäuerlichen Familienbetrieben unverzichtbar geworden. Ein Meilenstein am Wege des Schlepperbaus. Es ist nicht übertrieben zu sagen, daß ohne den 16er Eicher (und Dutzende vergleichbarer Trecker könnten an seiner Stelle genannt werden) die Landwirtschaft in der (alten) Bundesrepublik sich nicht so entwickelt hätte, wie es doch der Fall war. Der Eicher war und ist ein relativ unscheinbares Fahrzeug, heute wohl selten, aber um Lichtjahre entfernt vom Glanz und von der Exklusi-

vität des Knicklenker-Bulldogs. Ist er deswegen auch weniger "berühmt"?

Nicht einmal die Frage nach dem "besten" Traktor scheint schwieriger zu beantworten. Da könnte man sich nämlich salomonisch auf die Position begeben: "Das ist immer der, der auf dem Hof (oder in der Sammlerscheune) steht".

Der Autor war gehalten, die "berühmtesten" Traktoren aufzuspüren. Daß er dabei ein gewisses Maß an Subjektivität nicht vermeiden konnte (und mochte), mag man ihm nachsehen. Sein Bemühen war jedoch, bei der Auswahl beiden Aspekten, die hier wichtig sind, gerecht zu werden. Und - einige der bedeutendsten und "besten" Schlepper sind ja auch wirklich berühmt geworden.

ALLGAIER

*D*ie Allgaier-Werke, 1906 im württembergischen Hattenhofen als Werkzeugfabrik gegründet, kamen erst nach dem Zweiten Weltkrieg zum Bau von Ackerschleppern - einem Produktionsbereich, der ursprünglich nicht ins Auge gefaßt worden war. Gleichwohl erzielte das Unternehmen damit einen Erfolg, der seinesgleichen sucht.

Zwei Faktoren waren für diesen Umstand maßgeblich: da Allgaier von der amerikanischen Besatzungsmacht als Rüstungsbetrieb eingestuft worden war, lag die Wiederaufnahme der Produktion auf einem betont zivilen Sektor nahe (den amerikanischen Militärs, die zum Teil sicher dem berühmt-berüchtigten Morgenthau-Plan anhingen, mußte die Idee, einen landwirtschaftlichen Traktor zu bauen, gefallen), und außerdem war der Sohn des Firmengründers und jetzige Chef, Erwin Allgaier, mit der Tochter Carl Kaelbles verheiratet, des Inhabers der bedeutenden Fahrzeug- und Motorenwerke in Backnang. Allgaier ließ bereits 1945/46 von einem Motorenkonstrukteur bei Kaelble, dem Ingenieur Paul Strohhäkker, einen liegenden Einzylinder-Dieselmotor mit Verdampfungskühlung entwickeln. Er arbeitete nach dem Wälzkammerverfahren, leistete 18 PS bei 1500 U/min, besaß auf der rechten Seite ein schweres Schwungrad mit Riemenscheibe und links eine Keilriemenscheibe für den Antrieb des Schleppers.

Dieser Motor (125 x 150 mm) war auf einem gepreßten Plattformrahmen befestigt, der seinerseits an das Getriebe angeschraubt war. Der Schlepper wurde durch drei nachzuspannende Keilriemen angetrieben, die die Motorkraft auf ein Getriebe mit vier Vorwärtsgängen und einem Rückwärtsgang übertrugen. Es wurde bei Allgaier entwickelt und auch gebaut. Der Wasserkasten des Motors trug auf einer Seite den Schriftzug "Kaelble".

Im Mai 1947 verließ der erste Allgaier-Schlepper vom Typ R 18 das Werk in Uhingen, bis Jahresende waren es immerhin 20 Stück geworden. Damit war der Grundstein gelegt für eine "Karriere", die zu den bedeutendsten Erscheinungen in der Geschichte des deutschen Schlepperbaus gehört: bis 1954 wurden ca. 20 000 Exemplare des Strohhäcker-Motors hergestellt. Die bewußt einfach gehaltene, äußerst

Der R 18 - Allgaiers erster (oben) und der A 22, einer der erfolgreichsten Bauernschlepper

Der äußerst seltene Allgaier A 40, der
AP 17 - eine Konstruktion Ferdinand Porsches
und beide Ausführungen des AP 17 1990 in
Markkleeberg (von oben nach unten)

robuste Bauweise des Bauernschleppers trug seinen guten Ruf weit über Württemberg hinaus.

1949, über 1 000 R 18 waren bereits verkauft, gab man die Motorleistung mit 22 PS an. Äußeres Kennzeichen des R 22 war vor allem eine größere Bereifung der Hinterräder. Auf eine Motorverkleidung aus Blech wurde aus Kostengründen verzichtet. Im Dezember 1949 betrug die monatliche Produktion 250 Stück, der Preis 5 695 DM – ein 25 PS-Bulldog von Lanz kostete im selben Jahr 8 800 DM! Unter rund 60 Firmen, die in dieser Zeit Schlepper produzierten, erreichte Allgaier den vierten Platz in den Verkaufszahlen!

1950 folgten der Typ A 22 (mit Motorhaube und, auf Wunsch, elektrischem Anlasser) und zwei stärkere Schlepper: die Modelle A 30 (35 PS) und A 40 (40, später 44 PS), deren stehende Zweizylindermotoren ebenfalls auf Kaelble-Konstruktionen basierten. Obwohl die Stückzahlen dieser (zumeist exportierten) Modelle nicht so hoch waren, ist vor allem der A 40 zur Legende geworden.

Im gleichen Jahr erfolgte noch eine weitere, äußerst weitreichende Entscheidung. Erwin Allgaier nahm in einem eigens dafür errichteten Werk in Friedrichshafen am Bodensee die Produktion des von Prof. Ferdinand Porsche bereits in den späten dreißiger Jahren entwickelten "Volksschleppers" auf, der nun als "Allgaier-Schlepper AP 17 System Porsche" Furore machte. Er besaß einen Zweizylinder-Viertakt-Dieselmotor (18 PS) mit Gebläse-Luftkühlung und Ölreinigungsschleuder, eine ölhydraulische Kupplung, die

das Anfahren in jedem Gang ermöglichte, sowie, wenn auch "nur" auf Wunsch, einen der ersten Kraftheber an einem deutschen Schlepper. "Auf der DLG" in Frankfurt wurde der AP 17 für 4 450 DM verkauft und brachte damit das Preisgefüge in seiner Leistungsklasse völlig durcheinander. Die Firmen Fahr und Fendt senkten die Preise ihrer vergleichbaren Modelle sofort um jeweils 800 DM.

Der außerordentlich hohe Qualitätsstandard tat ein übriges: im Oktober 1950 waren 5 000 A 22 und bereits 500 AP 17 verkauft, die Monatsproduktion betrug nun 1 100 Traktoren. Im Februar 1951 rollte der 10 000ste Allgaier aus den Werkshallen, dem Zug um Zug weitere Modelle folgten, mit denen das Unternehmen die klein- und mittelbäuerlichen Betriebe in der gesamten damaligen Bundesrepublik versorgte. Rechtzeitig hatte man auch für ein gutes Händler- und Service-Netz gesorgt.

Aufgrund der gewaltigen Verkaufserfolge wurde eine Schlepper-Baureihe mit luftgekühlten Dieselmotoren, im Baukastenprinzip von einem bis vier Zylinder, geplant, bei der ein Höchstmaß von Bauteilen identisch und damit austauschbar sein sollte. Die Entwicklung dieser Modelle erfolgte bei der Firma Porsche. Die ersten Traktoren dieser Reihe waren der Einzylinder-Typ A 111 und der Dreizylinder A 133.

Mit dem 11-PS-Schlepper wurde dem Kleinbetrieb die Vollmotorisierung ermöglicht, seine Wespentaillen-Bauart ließ den Zwischenachsanbau von Drill- und Hackmaschinen, Eggen, Düngerstreuer usw. zu und machte ihn damit auch zum willkommenen Zweit- oder Pflegeschlepper für größere Akkerbaubetriebe. Eine besonders leistungsfähige Kombination für Berg- und andere Grünlandwirtschaften bestand in einem A 111 mit zapfwellengetriebenem Allgaier-Triebachsanhänger. Der A 133 mit seinen 33 PS war ein moderner, formschöner Universalschlepper für Mittel- und Großbetriebe. Die charakteristische Form der langen, schön gerundeten Motorhauben behielten die Allgaier-Schlepper fortan bei. Sie waren auch kennzeichnend für die späteren Porsche-Diesel-Schlepper, die ab etwa 1957 in Friedrichshafen vom Band liefen, nachdem sich Allgaier aus betriebswirtschaftlichen Überlegungen heraus von der Schlepperproduktion zurückgezogen hatte.

Allgaier A 111 mit Drillmaschine im Zwischenachs-Anbau, A 133 im täglichen Einsatz und A 133 mit Köla-Bauernmähdrescher (von oben nach unten)

ALPENLAND

*I*n den dreißiger Jahren betrieben die Brüder Schröter in Thüringen eine Fabrik, in der sie luftbereifte Anhänger und Ackerwagen herstellten, die, ausgerüstet mit der patentierten Auflaufbremse "Stop-Fix", sehr guten Absatz fanden. Der Konstrukteur unter ihnen, Ing. Kurt Schröter, war stets besonders an der Problemstellung interessiert, die Zugkraft eines Traktors dadurch zu erhöhen, daß dieser die Anhänger-Vorderachslast auf die Schlepper-Hinterachse übernahm: ein vor allem in Hanglagen sehr wirkungsvolles Prinzip, das zunächst mit dem "Thümag-Sattelladewagen" verwirklicht wurde.

Nach 1945 setzte man die Arbeit in der neu gegründeten Firma Alpenland Fahrzeugbau in Wolfratshausen/Obb. fort. Die Verwertung von den Alliierten zurückgelassener Militärfahrzeuge wies den Weg zum Bau eines eigenen Schleppers. Ohne aufwendigen und teuren Allradantrieb sollte ein leichter, aber zugstarker Schlepper, wie er vor allem in Gebirgsgegenden gefragt war, dadurch geschaffen werden, daß er mit dem Zweiachsanhänger eine Fahrzeugeinheit bildete. Ein Teil des Anhängergewichts und das ganze Eigengewicht des Traktors sollten, je nach Bedarf, als Zug- oder Bremskraft nutzbar gemacht werden. Darüber hinaus wurde ein nicht zu teurer, mechanischer Kraftheber konstruiert, den Schröter bei einem modernen Schlepper zu Recht für unverzichtbar hielt. Er wurde über die Zapfwelle angetrieben.

Die Zugstange der Anhängervorderachse wurde in das Zentralrohr des Krafthebers eingeführt und starr gekuppelt, wodurch eine vierachsige Fahrzeugeinheit entstand. Allein die Hinterachse des Anhängers war gegenüber den drei starr miteinander gekoppelten Achsen um den Drehschemel der Anhängervorderachse verschwenkbar. Der Anhänger konnte daher bei Bergabfahrt beim Bremsen nicht mehr ausbrechen; zur exakten Lenkung des Gespannes besaß der Alpenland-Schlepper eine gleichsinnige Vierradlenkung! Das Maximum an Triebachslast und an Zug-(und Bremskraft) entwickelte der Schlepper, wenn der Kraftheber seine Vorderräder völlig vom Boden abgehoben hatte. Dank der Hinterradlenkung blieb dabei die

Lenkbarkeit dennoch erhalten. Bei der Arbeit in Reihenkulturen ergab sich darüber hinaus der sensationelle Effekt, daß die Arbeitsgeräte, z. B. eine Hackmaschine, direkt in die gewünschte Richtung gelenkt wurden und nicht, wie bei starrem Anbau hinter der Hinterachse, in der Gegenrichtung.

Der Schlepper, seine Typenbezeichnung lautete GS 15, besaß, als er 1949 auf dem Bayerischen Zentrallandwirtschaftsfest in München vorgestellt wurde, den Einzylinder-MWM-Motor KDW 215 E mit 14 PS. Er verfügte über ein 6-Gang-Getriebe, wog 1 090 kg, die Bereifung war 8.00 - 20 hinten, 4.50 - 16 vorn. Sein Radstand betrug ausgewachsene 1 530 mm. Die ausgeklügelte Technik verhinderte nicht nur das gefürchtete Aufbäumen an Steigungen und das Überschieben im Gefälle, sondern auch das Durchrutschen der Triebräder auf nassem Boden. Mäh- und Zapfwellenantrieb (540 U/min), kleiner Wenderadius von nur 2,6 m, Lenkbremse und komplette

elektrische Anlage waren weitere Merkmale. Er sollte 6 230 DM kosten. Zusammen mit dem eigens für ihn konstruierten Anhänger (1 280 DM) war der GS 15 eine fast perfekte, wenn auch nicht gerade billige Lösung.

Der wirtschaftliche Erfolg blieb aus: im ersten Halbjahr 1950 wurden nur 129 Alpenland-Schlepper verkauft. Auch danach vorgestellte Varianten mit 25 und 40 PS änderten daran nichts, so daß die Produktion bald eingestellt werden mußte. Das Unternehmen erlosch 1954. Der ideenreiche Kurt Schröter ging als Konstrukteur zu dem renommierten Gelenkwellen-Hersteller Walterscheid, wo er die Entwicklung der teleskopierten Gelenkwelle vorantrieb.

Alpenland demonstriert die Vierradlenkung (unten) und Schlepper und Anhänger aus einer Hand (ganz unten)

ALTMANN

Konstruktuer Adolph Altmann, einer der Pioniere des Verbrennungsmotors in Deutschland, errichtete im Jahr 1880 in Berlin eine Motorenfabrik, in der er eine breite Palette stationärer Spiritus-, Petroleum- und auch Dampfmotoren unterschiedlicher Leistung baute. Für die Verwendung in der Landwirtschaft waren diese ebenso geeignet wie für Industrie und Handwerk; Altmann ergänzte seine Produktion jedoch durch Lokomobilen, die, zumeist mit Petroleum betrieben, gerade auf größeren Bauernhöfen und Gütern sehr verbreitet waren: vor allem Dreschmaschinen (die er ebenfalls lieferte), aber auch Pumpen und andere Aggregate wurden von den ausgereiften, extrem langsam laufenden (über 12 PS: 200 U/min) und robusten Motoren angetrieben.

Altmann griff daneben die Konstruktion der "Petroleum-Lastzug-Maschine (Straßen-Lokomobile) System Keller" auf, eines Vertreters einer Fahrzeug-Kategorie, die von mehreren Konstrukteuren im Hinblick auf den Einsatz in den deutschen Kolonien konzipiert wurde. Dabei legte Altmann aber ausdrücklich Wert auf eine mögliche Verwendung in der von Großbetrieben gekennzeichneten Landwirtschaft der ostdeutschen Gebiete.

Er beließ es jedoch nicht bei diesem Projekt. Zwischen 1894 und 1896 trat er mit einem "Tracteur" hervor, der mit seinen Lokomobilen eng verwandt war. Ein liegender Einzylinder-Petroleum-Motor mit offen liegendem Pleuel, Verdampfungskühlung und einer Leistung von 18 PS trieb über Ketten die Hinterräder des Fahrzeugs an. Der Führersitz befand sich, nach Art einer Kutsche, direkt und hoch über der gelenkten Vorderachse mit deutlich niedrigeren Rädern - der Fahrer hatte also die gesamte Maschine im Rücken. Der Schlepper besaß kein Differential, so daß bei Kurvenfahrt ein Antriebsrad ausgekuppelt werden mußte. Es handelt sich bei Adolph Altmanns "Tracteur" um nichts Geringeres als um den ersten echten, in Deutschland gebauten Schlepper nach heutigem Verständnis.

Zu einer wirklichen Produktion kam es jedoch nicht. Nach 1898 ging Altmanns Unternehmen in der Motorfahrzeug- und Motorenfabrik Marienfelde (MMB) auf, die bald von der Daimler-Motoren-Gesellschaft übernommen wurde. Nach kurzer Zeit schied Altmann aus und betätigte sich als freischaffender Ingenieur. Bei der Explosion eines Dampf-Traktors kam er 1905 ums Leben.

Altmann Tracteur

BAUTZ

Das um 1890 als Fabrik für Erntemaschinen in Saulgau/Oberschwaben gegründete Familienunternehmen, dessen Gras- und Bindemäher und Maschinen für die Heuernte einen ausgezeichneten Ruf hatten, wollte bereits Mitte der dreißiger Jahre die Traktorenproduktion aufnehmen. Eigens dafür gekaufte Werksanlagen wurden von den Nationalsozialisten jedoch für Rüstungsproduktionen verschiedener Art beschlagnahmt, während die Fertigung der Erntemaschinen weitergehen durfte und mußte.

Nach dem Ende des Krieges nahm man schnell wieder eine führende Position im Landmaschinenbau ein, und auch der Wunsch, einen eigenen Schlepper zu bauen, kam wieder auf. Die Möglichkeit dazu ergab sich, als nach relativ kurzer Zeit die Firma Zanker den Bau ihres aufwendig entwickelten, kleinen Bauernschleppers wieder aufgeben wollte: ab 1950 nahm Bautz in Großauheim am Main die Fertigung des ehemaligen Zanker-Schleppers auf. Das gut ausgebaute Netz von Vertragshändlern kam dem Absatz der Traktoren zugute, und schon 1951 folgte der Typ AS 120. Dieser besaß nunmehr einen Viertakt-Dieselmotor von MWM: den neuen Typ KD 11 Z - als einziges Baumuster in dieser kleinsten Leistungsklasse ein Zweizylindertriebwerk! Es hatte einen Hubraum von 1250 ccm und leistete bei 1800 U/min 14 PS. Das Getriebe mit fünf Vorwärtsgängen (davon ein Kriechgang) und einem Rückwärtsgang entwickelte und baute Bautz selbst. Der AS 120 wog mit Mähwerk 1 110, mit Ballastgewichten immerhin maximal 1 395 kg. Seine Zughakenkraft im ersten Gang betrug 825 kg, die größte Brutto-Anhängelast auf ebener Straße acht Tonnen.

Bautz erweiterte sein Bauprogramm recht schnell um weitere Typen mit 12, 17 und 22 PS. Ab 1953 war man mehrfach unter den ersten zwölf Herstellerfirmen in der Zulassungsstatistik zu finden: für das mittelständische Unternehmen sicher eine beachtliche Leistung in Anbetracht der Konkurrenz-Verhältnisse. Diese Schlepper wurden, sowohl mit MWM- als auch mit Güldner-Motoren, im Laufe der Jahre bis zur mittleren Leistungsklasse von ca. 25 PS (AS 240) weiterentwikkelt. Ab 1958/59 wandte man sich der in Mode gekommenen Tragschlepper-Bauweise zu, bei der die Vorteile des Standard-Schleppers mit denen des Geräteträgers vereint werden sollten. Die Modelle 200 und 300 entstanden, ausgerüstet mit luftgekühlten Zweizylinder-Vorkammermotoren von MWM und mit 15 bzw. 25 PS. Die langgestreckte, für den Zwischenachsanbau von Geräten vorgesehene Bauweise machte die Verwendung einer Kardanwelle zwischen Kupplung und Hinterachsantrieb erforderlich. Getriebe mit acht Vorwärts- und zwei Rückwärtsgängen (ein Kriechgang), Getriebe- und Wegzapfwelle, verstellbare Spur, hydraulischer Kraftheber mit Dreipunktaufhängung und andere zeitgemäße Details zeichneten diese letzten Bautz-Traktoren aus, darunter auch die im Pkw gerade so sehr in Mode gekommene Lenkradschaltung.

Stärkeren Leistungsbedarf wollte Bautz zunächst mit dem Import und Alleinvertrieb der englischen Nuffield-Schlepper abdecken und ab 1962 schließlich, in der "Union Hanomag Bautz", durch Aufteilung der Produktion bis 20 und über 20 PS mit den Hannoveranern, wobei Bautz die kleineren Modelle bauen sollte. Beide Versuche waren nicht von Erfolg gekrönt. 1962 beendete Bautz die Schlepperproduktion, 1969 wurde die traditionsreiche Fertigung von Erntemaschinen durch die Firma Claas übernommen.

Ein kleiner Bautz (AS 120) neben einem großen Hanomag und ein Bautz AS 240 (ganz unten)

BTC

Bavarian Truck Company

Eine Reihe kleinerer Unternehmen gelangte am Ende der vierziger Jahre über die Verwertung ausgemusterter Militärfahrzeuge der Alliierten zum Bau von Traktoren. Besonders der amerikanische Jeep stand hierbei im Mittelpunkt des Interesses. Die Bavarian Truck Company verfügte in München und Nürnberg über Werkstätten, in denen auf das Original-Chassis des Jeep mit seinen Vorder- und Hinterachsen kleine Dieselmotoren von Deutz, Hatz oder MWM montiert wurden. Für landwirtschaftliche Zwecke unverzichtbare Ausstattungen wie Zapfwelle, Riemenscheibe und Mähwerke wurden hinzugefügt. Das Jeep-Getriebe mit seinen sechs Vorwärts- und zwei Rückwärtsgängen ermöglichte Geschwindigkeiten zwischen vier und 40 km/h, der Vorderachsantrieb war bei Bedarf zuschaltbar: mit dieser Antriebstechnik war der BTC-Dieselschlepper, obwohl eine Behelfslösung, vielen regulären Konstruktionen mindestens ebenbürtig. Mit dem 11-PS-Motor F2M414 wog er 1 150 kg, die Zughakenkraft im ersten Gang betrug 450 kg.

Die Verkaufszahlen ließen Optimismus zu, und man entwickelte das Fahrzeug weiter. 1950 erfolgte die Umbenennung des Unternehmens in "Bayerische Transportfahrzeuge Company GmbH". Das Jeep-Chassis wurde durch einen Profilstahl-Rahmen ersetzt, die Achsen und das Getriebe aber beibehalten. Es bestand nun Wahlmöglichkeit zwischen einem Zweitakt-Dieselmotor von Hatz mit 12 und einem MWM-Motor mit 14 PS. Die kleinen Traktoren bewährten sich ausgezeichnet. Ein weiteres Verdienst liegt darin, daß ihre Fertigung nicht unwesentlich zum Wiederaufbau der Schlepperindustrie und damit zur wirtschaftlichen Stabilisierung beitrug, daß sie dem akuten Mangel an Schleppern in der Landwirtschaft abhalf, und daß sie schließlich die Vorzüge des Vierradantriebs demonstrierte.

Um 1954 trat das Unternehmen, nunmehr als Bayerische Traktoren-Gesellschaft (BTG), mit stärker motorisierten Weiterentwicklungen hervor, deren Kennzeichen weiterhin hervorragende Geländegängigkeit, überdurchschnittliche Zugkraft sowie technische Delikatessen wie Vierradantrieb und -

lenkung waren. Am Ende der Entwicklung stand der 1 840 kg schwere BTG-Allrad-Dieselschlepper in rahmenloser Blockbauweise mit vier gleich großen Rädern, Vierradbremse, Sechsgang-Wendegetriebe, zwei Differentialsperren, ZF-Vierradlenkung und mit dem Deutz-Motor F3L712, der hier 35 PS leistete. Man schrieb das Jahr 1959! Aber der Schlepper ließ sich nicht verkaufen, und nur zwei Jahre später gab das Unternehmen die Produktion auf.

Von oben nach unten: BTC Dieselschlepper, Allradschlepper mit Deutz F3L712 demonstriert seine Fähigkeiten, BTC mit Perkins-Diesel

BENZ-SENDLING

*B*eide an diesem 1919 in Berlin gegründeten Gemeinschaftsunternehmen beteiligten Firmen waren im Kraftfahrzeug- und Motorenbau, auch im Traktorenbereich, bereits etabliert, als sie sich nach dem Ersten Weltkrieg dem Bau eines neuen Ackerschleppers zuwandten. Interessanterweise kam es dabei weder zu einem Tragpflug, der in jenen Jahren beinahe bestimmend war, noch zu einem Raupenschlepper. Es ist heute nicht mehr möglich, die Anteile von Benz bzw. von Sendling an der Neukonstruktion auszumachen. Diese zeichnete sich gleichermaßen durch zweckmäßige Einfachheit wie, im Laufe einer nur zweijährigen Weiterentwicklung, durch einen bedeutenden Schritt nach vorn aus, der für die gesamte Traktorentechnik entscheidend werden sollte.

Die Berliner Adresse des Unternehmens war, obwohl offizieller Firmensitz, lediglich für den gesamten kaufmännischen und Verwaltungsbereich zuständig, wenn auch dicht an die Technik angelehnt: gebaut wurden die Schlepper zunächst bei der Leipziger Automobil & Aviatik AG, ab 1923 bei der Rheinmetall in Düsseldorf, dann bei der renommierten Automobil- und Motorpflugfabrik Kommick im ostpreußischen Elbing und schließlich, ab 1928, bei der soeben gegründeten Daimler-Benz AG in deren Mannheimer Werk.

Bei dem Benz-Sendling handelte es sich um einen Dreirad-Schlepper, bei dem der Zweizylinder-Motor von Benz mit dem Getriebe verblockt und das breite Hinterrad durch eine Kette angetrieben wurde. Es gab nur je einen Vorwärts- und Rückwärtsgang. Die Leistung betrug 20 bis 25 PS bei 800 U/min, das Eigengewicht war mit nur 2 000 kg relativ niedrig. Auf der Magdeburger DLG-Ausstellung des Jahres 1919 wurde dem Neuling prompt die Silberne Preismünze verliehen.

Im Mannheimer Benz-Werk war inzwischen die Entwicklung des kompressorlosen Dieselmotors durch Prosper L'Orange und Kurt Elze so weit fortgeschritten, daß man dem erfolgreichen Ackerschlepper im Jahr 1921 einen solchen Zweizylinder-Vorkammermotor einbaute. Seine Daten waren: Bohrung 135, Hub 200 mm, 25 PS

bei 800 U/min. Die Typenbezeichnung des Schleppers lautete S 6.

1922 waren die ersten drei fertiggestellt. Ihr Gewicht betrug 2 500 kg; in zehnstündiger Arbeit leisteten sie drei bis vier ha Saatfurche und ersparten 12 Pferde und drei bis vier Arbeitskräfte. Noch auf der ersten Messe, auf der sie ausgestellt wurden, wurden sie verkauft. 1923 begann die Serienproduktion. Größere Landwirte, Gutsverwaltungen und Motorpflug-Genossenschaften nahmen ihn begeistert auf. 1925 waren über 300 Exemplare verkauft, bis 1931 waren es, inklusive des Typs S 7 (jener für Braunkohlenteeröl) 1 188 geworden. Dabei ist zu bedenken, daß die Bauzeit des Benz-Sendling in die wirtschaftlich äußerst prekären Jahre der Inflation fiel, in denen die Landwirtschaft kaum investierte.

Es war dennoch nicht lange zu übersehen, daß die zwar einfache, aber äußerst gewöhnungsbedürftige Bauart mit nur einem angetriebenen Hinterrad nicht auf Dauer weiterverfolgt werden konnte. Deswegen war ab 1923 bereits der mit dem gleichen Motor versehene Vierrad-Typ BK neben den S 6 getreten. Er leistete 35 PS, besaß ein Dreiganggetriebe und war sowohl als Akker- wie auch als Verkehrsschlepper erhältlich. Das Fahrgestell war vom Komnick-"Großschlepper" übernommen worden, und bei Komnick wurde der BK auch gebaut. Er erreichte jedoch nicht annähernd den Verkaufserfolg des Typs S 6. Eine Lizenz für den Benz-Sendling BK wurde später an die renommierte englische Firma McLaren vergeben, und es kam dort auch zur Produktion dieses Modells.

Benz-Sendling S 6: erster Diesel-Schlepper der Welt, BK als Straßenschlepper, Dreirad-Schlepper T3 von 1919 (von oben nach unten)

GEBR. BOEHRINGER

Zurück bis in den Spätsommer des Jahres 1945 reichen die Überlegungen der Ingenieure Albert Friedrich und Heinrich Rößler, beide ehemals in der Pkw-, Flugmotoren- und Rüstungsentwicklung von Daimler-Benz tätig, einen vierradgetriebenen Allzweck-Traktor für die Landwirtschaft zu bauen. Damit begann die Weltkarriere eines Fahrzeugs, die ebenso unvergleichlich ist wie dieses selbst, und das, wenn auch mehrfach gründlich überarbeitet, noch heute in großen Stückzahlen nach dem gleichen Grundkonzept gebaut wird: die Rede ist vom Unimog.

Die Namensfindung ergab sich aus politisch-wirtschaftlichen Zwängen - es durfte ja zu diesem Zeitpunkt, wenn überhaupt, nur ein dezidiert für landwirtschaftliche Zwecke bestimmtes Fahrzeug gebaut werden. Der Neue war aber weder ein klassischer Traktor (immerhin erreichte er 50 km/h), noch ein Lkw (der hätte landwirtschaftliche Zwecke nicht erfüllen dürfen), noch eine Arbeitsmaschine (die wäre für nur eine einzige Arbeit zugelassen worden). So baute man also Prototypen für ein Universal-Motor-Gerät.

Nur sieben Monate nach den ersten Zeichnungen, am 9. Oktober 1946, stand das erste Fahrgestell für Probefahrten, deren Ergebnisse sofort befriedigten, im Hof der schwäbischen Gold- und Silberwarenfabrik Erhard & Söhne. Seinen Vergasermotor hatte man von Daimler-Benz bezogen, wobei man von dort bereits auf den in der Erprobung befindlichen, schnellaufenden Vierzylinder-Vorkammer-Diesel OM 636 aufmerksam gemacht wurde, auf einen Motor, der ebenfalls ein echter Klassiker werden sollte, und der vor allem wie eine Maßanfertigung zum Unimog paßte. In der bei diesem zum Einbau gelangten Version leistete die Maschine 25 PS bei 2 520 U/min.

Diese Werte stießen bei vielen Praktikern durchaus auf Skepsis, und die Bewährung, etwa beim Pflügen, stand ja noch aus. Bei der Suche nach Möglichkeiten, das inzwischen ebenfalls neu konstruierte Sechsganggetriebe bauen zu lassen, ergab sich die Zusammenarbeit mit der Werkzeugmaschinenfabrik Gebr. Boehringer in Göppingen, die, weil ehemaliger Rü-

stungsbetrieb, in Gefahr war, demontiert zu werden. Obwohl in keiner Weise auf eine Fahrzeugproduktion eingerichtet, begann man hier mit der Serienfertigung des Unimog. Die ersten zwei Exemplare standen 1948 auf der Frankfurter DLG-Ausstellung, das berühmt gewordene Boehringer-Wappen, den Ochsenkopf, auf der Motorhaube. Ein allradgetriebenes Fahrzeug, bis zu 50 km/h schnell, aber auch für Kriechgeschwindigkeiten eingerichtet, mit Vorder- und Hinterachsfederung, Differentialsperren, vier gebremsten, gleich großen Rädern, mit einem Rahmen wie ein kleiner Lkw, mit zweisitzigem Fahrerhaus und Klappverdeck und einer kurzen Ladefläche, die immerhin eine Tonne tragen konnte, mit drei Zapfwellenabtrieben vorn, mittig und hinten und entsprechenden Anbaumöglichkeiten für Geräte sowie mit einer statischen Gewichtsverteilung von 2/3 auf der Vorder-, 1/3 auf der Hinterachse - was war das 1946? Auf jeden Fall eine Sensation!

Ab 1949 ergaben sich bei Boehringer Kapazitätsprobleme, die entweder erhebliche Investitonen erfordert hätten oder aber eine Verlagerung der Produktion zu einem anderen Unternehmen notwendig machten. Nach Verhandlungen mit der Daimler-Benz AG, die als Motorenlieferant eine entscheidende Rolle spielte, ging die Produktion am 27. Oktober 1950 an diese über. Seither wird der Unimog in Gaggenau gebaut.

Der Ur-Unimog von Boehringer

BÜSSING

Die legendäre Braunschweiger Fabrik für Lastwagen und Omnibusse gelangte, wie andere Hersteller auch, durch den Ersten Weltkrieg zur Produktion eines Kettenschleppers. Diese Bauart, entstanden aus dem Bestreben, wenig tragfähige Böden zu befahren und motorisch zu bearbeiten, war seit 1912 in den USA durch die Firma Holt-Caterpillar erfolgreich verwirklicht worden. Die englischen Panzer oder "tanks" hatten dank ihrer Kettenlaufwerke entscheidend in den Kriegsverlauf eingegriffen und schließlich auch die deutschen Militärs veranlaßt, die Industrie mit derartigen Konstruktionen zu beauftragen.

Bei Büssing entstand, gestützt auf nun vorliegende Erfahrungen, 1919 der Typ LZM (Landwirtschaftliche Zug-Maschine), der auf der DLG-Ausstellung in Magdeburg erstmals vorgestellt wurde. Der Kettenschlepper besaß einen langsam laufenden Vierzylindermotor, bei dem je zwei Zylinder in einem Block zusammengegossen waren, mit Ölpumpe und Regulator, der auf die Drosselklappe des Vergasers wirkte. Der Kühler sorgte selbst unter schweren Einsatzbedingungen für zuverlässige Kühlung: ein System von Flachrohren und Strahlblechen, die die Wärme an die durchstreichende

Luft abgaben, stellte die eigentliche Kühlung dar, unterstützt von Lüfterrad und Kreiselpumpe für den Wasserumlauf. Eine Konuskupplung übertrug die Motorkraft auf das Getriebe mit je zwei Vorwärts- und Rückwärtsgängen (3,25 und 6,5 km/h) und doppeltem Vorgelege, von dem die Ketten durch korrespondierende Kettenräder angetrieben wurden. Jede der beiden Ketten konnte durch eine Lederkupplung und Bremse verlangsamt oder angehalten werden. Die leicht nachzuspannenden Ketten liefen über Antriebs- und Spannrad, Führungsrollen hielten sie in ihrer korrekten Lage. Die Lenkung erfolgte durch zwei links und rechts angeordnete Lenkhebel, mit denen die Lenkkupplungen betätigt wurden. Das Gewicht der LZM betrug 5 300 kg.

Ausgezeichnete Qualität des Materials, sorgfältige Konstruktion und solide Ausführung machten das Fahrzeug zu einem der bemerkenswertesten Beispiele unter den frühen Kettenschleppern.

Auch ein Radschlepper, der allerdings kaum Verwendung in der Landwirtschaft fand, kam noch im Bauprogramm des Braunschweiger Unternehmens vor. Als 1930 die Automobilfabrik Komnick übernommen wurde, übernahm man auch deren "Großkraftschlepper PT". Er wurde, nunmehr mit 52-PS-Büssing-Dieselmotor, wahlweiser Elastik- oder Luftbereifung, Kotflügeln und anderen Veränderungen als Typ DZ 1 bis 1936 weitergebaut.

Büssing LZM - ein früher Raupenschlepper (unten) und der Case XL 1455 Allrad, der noch aus der IHC-Familie stammt (oben)

CASE IH

*S*eit 1985 gehört die deutsche Tochtergesellschaft der International Harvester Company zum Unternehmensbereich des internationalen Multis Tenneco, der wiederum Konzernmutter des großen US-amerikanischen Landmaschinen- und Schlepperherstellers J. I. Case ist. Die Traktoren, die teilweise aus der Neusser IHC-Produktion übernommen und weitergebaut, teilweise neu entwickelt wurden, tragen seitdem die Firmenbezeichnung Case IH.

Die zu Beginn der achtziger Jahre erschienene XL-Baureihe verkörperte mit ihren aufgeladenen Motoren, dem zentralen Allradantrieb und den "integrierten" Kabinen den aktuellsten Stand der Schleppertechnik. Bis heute im Programm befindet sich der XL 1455 Allrad, ein Sechszylinder-Direkteinspritzer mit Turbolader, der 145 PS bei 2200 U/min leistet. Der Drehmomentanstieg beträgt 14 %, was heute kein Spitzenwert mehr ist. Er bietet mit seinem Vollsynchron-Leichtschaltgetriebe (20+9), der vorgeschalteten "Hydro-Power"-Strömungskupplung, mit lastschaltbarem Allradantrieb und automatischen Differentialsperren sowie mit der hubstarken Hydraulik (Hubkraft mit Zusatz-Zylinder 58,4 kN) bei einem Radstand von 2 798

mm und dem Eigengewicht von 5 800 kg (zul. Gesamtgewicht 7 500, wahlweise 8 500 kg) eine wirtschaftlich interessante Alternative dort, wo ein Schlepper mit hoher Zugkraft benötigt wird.

In der weitverbreiteten Mittelklasse rangieren Modelle wie der 856 XL Plus. Er besitzt einen Vierzylinder-Direkteinspritzer (98,4 x 128,5 mm, 3911 ccm, 85 PS bei 2300 U/min, Drehmomentanstieg 20 %) und ein Synchrongetriebe (16+8). Der zentrale Allradantrieb (Zahnradfabrik Passau) ohne Kardangelenke hat eine elektro-hydraulisch aktivierte, im Ölbad laufende Lamellenkupplung, das Vorderachsdifferential ist selbstsperrend. Die "sens-o-draulic"-Steuerung der Regelhydraulik benötigt nach wie vor zwei Hebel, die Hubkraft mit Zusatz-Zylinder beträgt 39,5 kN. Der 856 XL Plus wiegt 4 120 kg, das zulässige Gesamtgewicht liegt bei 5 800 kg und ist damit nur knapp ausreichend. Von diesen Schleppern gibt es auch eine moderne Schräghaubenversion, die die Sicht auf die Frontgeräte verbessert.

1990 erfolgte die Einführung der bisher letzten in Neuss entwickelten Schlepper, der "Maxxum"-Reihe mit den Typen 5120 (Vierzylinder, 90 PS), 5130 (Sechszylinder, 100 PS), 5140 (Sechszylinder-Turbo, 110 PS) und 5150 (Sechszylinder-Turbo, 125 PS). Die Motoren sind relativ langhubig ausgelegt (102 x 120 mm, 3922 bzw. 5883 ccm). Die Maxxum-Traktoren verfügen über Lastschalt- und Lastschaltwendegetriebe: vier Gänge sind unter Last vierfach unterteilbar (= 16 Gänge). Die Wendeschaltung ermöglicht demnach 16 Rückwärtsgänge, von denen jedoch die vier schnellsten blockiert sind. Auf Wunsch gibt es zusätzlich 8+8 Kriechgänge. Der Front-Kraftheber wird nicht, wie sonst im allgemeinen üblich, von Zulieferern bezogen, sondern original vom Herstellerwerk angebaut.

Die Schlepper zeigen jedoch auch einige Ungereimtheiten. So wies zunächst der 100-PS-Motor des 5130 einen so schlechten Drehmomentverlauf auf (d. h., die Drehzahl fiel bei Belastung im schlimmsten Fall bis zum Absterben des Motors ab, mindestens aber verringerte sich die Geschwindigkeit drastisch), daß nach kurzer Zeit eine gründliche Überarbeitung erfolgte (5130 II).

Die Wende-Lastschaltung verfügte über keine Neutralstellung, so daß man bei bestimmten Arbeiten, z. B. mit dem Frontlader, eben doch das "Kupplungspedal" betätigen mußte. Auch dieser von Praktikern kaum nachzuvollziehende Schwachpunkt wurde erst 1994 nachgebessert. Die völlig neu entwickelten Maxxum-Kabinen gehören zu den lautesten Traktor-Kabinen mit 80 dB (A) in geschlossenem, aber nur 81 dB (A) in offenem Zustand.

Ein Vergleich: die Kabinen von John Deere, Fendt oder selbst die "einfache" Star Cab von Deutz bringen maximal 74 bis 76 dB (A) ans Ohr des Fahrers. Und schließlich: die Maxxum sind ein wenig zu schwer. Das Leergewicht des 5120 (90 PS) beträgt 5 000, das zulässige Gesamtgewicht 7 500 kg: die mögliche Zuladung ist damit nur knapp ausreichend. Die Wenderadien der ziemlich kurzen Traktoren (5130 : 2 585 mm Radstand) betragen annähernd 12 m, hierzu ein weiterer Vergleich: der Deutz AgroStar 4.78 hat bei einem 100 mm längeren Radstand einen Wenderadius von 10,1 m. Die Maxxum-Modelle bedürfen daher in einigen Punkten der Überarbeitung und Modellpflege.

Nachdem es vorübergehend so aussah, als werde die traditionelle Schlepperfertigung in Neuss eingestellt, fiel 1993 die Entscheidung zu ihrer Fortsetzung, die jedoch, nach neuesten Meldungen der Fachpresse, nun endgültig nur noch bis 1996 andauern soll.

Die Marktposition von Case IH in der Bundesrepublik ist zur Zeit der vierte Platz in der Statistik der Neuzulassungen.

Die Mittelklasse bei Case IH: XL 844 (oben) und die neue Generation: Case Maxxum 5130 (unten)

DAIMLER

Daimler-Benz

*D*as Berliner Werk der Daimler-Motoren-Gesellschaft in Marienfelde, die ehemalige Motorenfabrik Adolph Altmann, war bald nach der Übernahme zum wichtigsten Nutzfahrzeughersteller innerhalb des Unternehmens geworden. Ab 1912/13 wandte man sich dem Bau von Motorpflügen zu, wie man damals sagte.

Zunächst wurde eine Konstruktion des ehemaligen Benz-Technikers und später selbständigen Ingenieurs Georg Wiß mit direkt angelenktem Pflug aufgenommen, eine schwere Zugmaschine, die auch vom Militär eingesetzt wurde: "Motorpflug System Daimler".

1921 erschien dann ein Modell, bei dem die durch Ritzel angetriebenen Hinterräder so dicht beieinander standen, daß sie wie ein einziges, überbreites Hinterrad wirkten, wodurch ein Differential überflüssig wurde. Der langhubige Vierzylindermotor (120 x 160 mm) leistete bei 850 U/min 45 PS. Im Gegensatz zum direkten Konkurrenten Benz-Sendling gab es ein Wechselgetriebe mit drei Vorwärtsgängen und einem Rückwärtsgang.

Der Daimler-Pflug-Schlepper, so die offizielle Bezeichnung, war ein sehr imposantes Fahrzeug: seine Länge betrug 5 230, die Breite 2 410, der Radstand 2 900 mm. Die Hinterräder waren 1 660 mm hoch. Auch ein Leichtgewicht war er nicht: betriebsfertig brachte er 4 000 kg auf die Waage. Imponierend auch die Ergebnisse der Zugkraftmessung an der Anhängekupplung: 2 200 im 1., 1 700 im 2. und noch 1 000 kg im 3. Gang! Eine ausführliche Prüfung des Schleppers in Verbindung mit Anhängepflügen der Firma Rud. Sack, Leipzig, brachte ausgezeichnete Ergebnisse. In der Fachwelt bestand Einigkeit darüber, daß es sich hier um einen der besten Motorpflüge handelte, die auf dem Markt waren. Ungewiß ist, wie lange der Daimler-Pflug-Schlepper gebaut wurde, sicher aber wurde er noch vor der Fusion von Daimler und Benz im Jahre 1926 eingestellt. 1928 erschien, zunächst als Benz-Sendling, ein außerordentlich bemerkenswerter Schlepper, den man gemeinhin als Mercedes-Benz-Dieselschlepper OE kennt. Er glich in sehr vielen wichtigen Merkmalen dem legendären Lanz Bulldog, als dessen unmittelbarer Konkurrent er auch gedacht war.

**Daimler Pflug-Schlepper von 1921 (oben)
und Mercedes Benz OE als Straßenschlepper
(Mitte und unten)**

Unimog 411 in der Rübenernte

Die Absatzzahlen ließen jedoch (aus nicht ganz erfindlichen Gründen) sehr zu wünschen übrig: bis zur Produktionseinstellung im Jahre 1935 waren ganze 380 Stück verkauft worden!

Der OE war in der rahmenlosen Blockbauweise gehalten. Sein liegender Einzylinder-Vorkammer-Dieselmotor, Hub 150, Bohrung 240 mm, Hubraum 4 241 ccm, leistete bei 800 U/min 26 PS. Er besaß Druckumlaufschmierung und Verdampfungskühlung. Der über dem Motor befindliche Kühlwasserbehälter faßte 110 Liter. Das Anlassen erfolgte unter Einschaltung einer selbsttätig auslösenden Dekompressionseinrichtung mit Zündpatrone und Kurbel.

Das Getriebe hatte drei Vorwärtsgänge und einen Rückwärtsgang, die Kupplung war eine Einscheiben-Friktionskupplung mit Kupplungsbremse. Die Kraftübertragung auf die Hinterräder erfolgte durch Stirnräder. Der OE war 2 360 mm lang (Radstand 1 700 mm), 1 720 mm breit (Spurweite 1 470 mm) und wog 2 560 kg. Beim Tiefpflügen (25 bis 30 cm) mit dreischarigem Anhängepflug erzielte er eine Leistung von sieben bis neun Morgen in zehn Stunden.

Neben der Ackerausführung mit vier Profileisen-Ankerrädern mit Spurkränzen vorn und Winkelgreifern hinten gab es eine Version für den Straßenverkehr, die mit schweren Grauguß-Scheibenrädern und Elastik- (also Vollgummi-)Bereifung versehen war. Der Verkehrsschlepper wog 3 200 kg, er war gut für 15 t Brutto-Anhängelast auf ebener Straße, seine Höchstgeschwindigkeit betrug 14,8 km/h. Gegen Aufpreis konnte eine Beleuchtungsanlage (entweder Petroleumlampen oder elektrische Lichtanlage) geliefert werden.

Nach der Produktionseinstellung des OE überließ die Daimler-Benz AG das Feld für lange Zeit anderen Herstellern, ehe sie durch Übernahme des Baus des Unimog 1950 wieder im Schlepperbereich aktiv wurde.

Der Start dieses revolutionären Fahrzeugs verlief jedoch zunächst alles andere als befriedigend. Schnell waren Halden entstanden, ein Debakel drohte. Um die Situation zu retten, mußte in kürzester Zeit ein völlig neues Händler- und Servicenetz für die Kunden aus der Landwirtschaft aufgebaut werden.

Als dann aber die großen Hersteller von Landmaschinen, von Forst- und Straßenbaugeräten, Straßenkehrvorrichtungen u. a. Maschinen für kommunale Zwecke Neuentwicklungen auf den Markt brachten, die ganz und gar auf den Unimog zugeschnitten waren, wodurch sich vielfach völlig neue Arbeitsverfahren ergaben, als sich also in gänzlich ungekannter Weise Schlepper und Arbeitsgerät zu einer perfekten Einheit zusammenfügten, war der Siegeszug des Unimog national und international nicht mehr aufzuhalten. Die Motorleistung stieg stufenweise auf 30, 32 und schließlich 34 PS (Typ 411).

Bald gab es einen Unimog mit geschlossenem Ganzstahlfahrerhaus für den Straßenverkehr, ab Mitte der sechziger Jahre standen Varianten mit 40, 54 und 70 PS und einer formal veränderten Karosserie (die Typen 421, 403 und 406) zur Verfügung. Im Jahre 1971 lief in Gaggenau der 150 000ste Unimog vom Band, und mehr und mehr verlagerte sich sein Einsatzgebiet von der Landwirtschaft (obwohl sie immer noch eine wichtige Rolle spielte) weg zu Einsatzbereichen in der Bauwirtschaft und im kommunalen Sektor, im Güternahverkehr und auch zu allen nur erdenklichen Spezialaufgaben, bei denen ihm wohl weltweit nichts entgegenzusetzen ist, von Polarexpeditionen bis hin zu Erdölbohrfeldern. In großen Stückzahlen wurde und wird der Unimog auch von vielen Armeen eingesetzt. Die Leistungsspitze verkörpert heute der U 2100 A mit einem Sechszylinder-Turbo-Dieselmotor von 214 PS.

Ab 1972 stellte das Unternehmen dem Unimog ein völlig neu entwickeltes Fahrzeug für die Landwirtschaft zur Seite, den MB-trac. Ausgehend von der bewährten Bauart hatte man einen allradgetriebenen, vorderlastigen Schlepper mit vier gleich großen Rädern und in die Fahrzeugmitte verlagertem Fahrerhaus geschaffen. Hinzu kamen modernste Getriebe- und Antriebstechnik, hohe Motorleistung (von 65 bis 150 PS), mehrere Zapfwellen-Anschlüsse und schließlich die Auslegung als Zweiwege-Schlepper, d.h., die Möglichkeit, durch Drehung sämtlicher Bedienungselemente in der Kabine auf einem Drehkranz um 180° Vorwärts- wie Rückwärtsfahrt gleichwertig zu realisieren.

Diese aufwendige Technik, gewissermaßen High Tech für den Acker, war teuer. Die MB-trac-Baureihe geriet in die allgemeine Krise auf dem Schlepper- und Landmaschinenmarkt. Ein Versuch, durch Zusammenlegung des Entwicklungsbereiches mit der KHD, die mit ihrem Intrac ein ähnliches Konzept verfolgte, brachte keine wirtschaftliche Verbesserung. Daimler-Benz sah sich trotz des hervorragenden Fahrzeugs veranlaßt, im Jahre 1990 von der Ackerschlepper-Produktion Abschied zu nehmen.

MB-trac 1972 (oben) und MB-trac 1600 (unten)

JOHN DEERE

*I*m Jahr 1956 hatte der 1837 in Moline gegründete, heute größte US-amerikanische Landmaschinenkonzern die wirtschaftlich schwer angeschlagene Heinrich Lanz AG, Mannheim, übernommen. Noch weitere fünf Jahre wurde deren Schlepper- und Landmaschinenproduktion nahezu unverändert weitergeführt: selten ist ein vollständiger Wechsel in Firmenpolitik und Produkt-Philosophie so geheimgehalten und, vielleicht liegt es an der Branche, quasi im Kriechgang vollzogen worden wie in diesem Fall. Erstes sichtbares Zeichen einer Veränderung war die Lackierung der Schlepper und Maschinen in den Hausfarben von John Deere, grün/gelb ab 1958 und, für Feinsinnige, der Namenszug "Lanz-Diesel" unter Wegfall der klassischen Bezeichnung "Bulldog" und schließlich, ab 1960, nur noch John Deere-LANZ - wohlgemerkt für die Bulldogs, denn das waren die Schlepper ja de facto noch!

Gegen Ende des Jahres 1960, "auf der DLG" in Köln, war es aber endgültig soweit: die in den zurückliegenden Jahren in Mannheim entwickelten neuen Schlepper wurden der Fachwelt präsentiert. Sie verkörperten für die an den Bulldog Gewöhnten eine neue Welt. Wenn die Erinnerung den Autor nicht gänzlich täuscht, setzte die Werbung in der Fachpresse für die Modelle John Deere-LANZ 300 und 500 zeitlich um wenige Wochen versetzt ein. Einzelprospekte unterschiedlicher Datierung stützen diese Annahme.

Es handelte sich um Halbrahmen-Konstruktionen. Getriebegehäuse und Achstrichter bildeten einen Block, der mit dem nach vorn führenden Halbrahmen fest verbunden war. Auf dessen vorderer Unterseite war die Vorderachse mit Einzelradaufhängungen pendelnd gelagert, der Motor auf der Oberseite in Gummilagern montiert. Dieser Aufbau führte zu einer damals konkurrenzlosen Laufruhe. Die neuen Vierzylinder-Wirbelkammermotoren selbst waren extreme Kurzhuber (92 x 89 mm, also unterquadratisch ausgelegt, 2367 ccm, 28 PS bei 2000 U/min beim 300, 36 PS bei 2400 U/min beim 500). Der Drehmomentanstieg bei Drehzahlabfall wurde damals nur als positiver Effekt vermerkt, ohne eine

Der erste John Deere-Lanz: 300 (oben) und der Typ 710, 50 PS (unten)

Prozentangabe - im Grunde war dies ehrlicher als die heute übliche Prozent-Protzerei, bei der die Größenordnung des effektiven Drehzahlabfalls noch immer verschwiegen wird - ein gleichwohl wichtiger Wert: im Zweifelsfall kann es ja bis zum Abwürgen des Motors gehen!

Eine Einscheiben-Trockenkupplung übertrug die Kraft auf ein Klauengetriebe (10 V/3 R) mit vier Schaltgruppen, das mit zwei Schalthebeln bedient wurde. Zur Serienausstattung gehörten zwei Getriebe- bzw. Motorzapfwellen nach hinten, die auch als Wegzapfwelle zu schalten waren, sowie eine Zapfwelle nach vorn (vorrangig als Mähwerksantrieb, auf Wunsch kupplungsunabhängig). Die Regelhydraulik (Hubkraft an der Ackerschiene 1 250 kg) kannte vier Systeme: Zugwiderstands-, Lage- und Mischre-

**John Deere 2020 (oben)
und 2120 (unten)**

gelung sowie Schwimmstellung. Beide Schlepper besaßen Doppelscheibenbremsen, auch als Einzelrad-Lenkbremsen zu betätigen, sowie eine Hand-Feststellbremse, ebenfalls eine Scheibenbremse. Die Abmessungen des 300 und 500 waren identisch: Länge 3 325, Radstand 1 885 mm, das Gewicht differierte zwischen 1 760 und 1 830 kg.

1961 wurden von beiden Typen zusammen 5 141 Stück verkauft: eine Netto-Umsatzsteigerung von 18 %. 1962 wurde die neue Baureihe mit den

Typen 100 (18 PS) und 700 (48 PS) komplettiert. 1965 erfolgte, noch immer als John Deere-LANZ, die Einführung der 10er-Serie mit den Modellen 310 (32 PS), 510 (40 PS) und 710 (50 PS), die über in den USA entwickelte, aber in Mannheim gebaute Drei- und Vierzylinder-Direkteinspritzer (98 x

110 mm) verfügten. Besonders der Vierzylindermotor im 710 (3320 ccm) konnte im Drehmomentverlauf und geringen Kraftstoffverbrauch überzeugen. Mit dem Einbau dieser Motoren war man zur rahmenlosen Blockbauweise zurückgekehrt.

Noch immer lag der Marktanteil von John Deere bei enttäuschenden 10 %. 1967 erlosch endgültig der Namensteil Lanz im Firmennamen, eine Maßnahme, die von der Präsentation der 20er-Serie begleitet wurde. Die Drei- und Vierzylinder-Modelle vom 820 (32 PS) bis zum 3020 (78 PS) waren echte Mannheimer, alle größeren Schlepper wurden aus den USA eingeführt. Besonders wichtig waren in dieser Baureihe die Typen 2020 und 2120. Sie können als Schlüsselmodelle gelten und erreichten hohe Verkaufszahlen. Der 2020 (98 x 110 mm, 3320 ccm, 60 PS bei 2500 U/min) hatte ein Muffenschaltgetriebe (8 V/4 R), wahlweise zusätzlich ein hydraulisch geschaltetes Lastschaltgetriebe, mit dem ohne zu kuppeln und zu schalten die Geschwindigkeit um 26 % verringert, die Zugkraft jedoch um 33 % erhöht wurde. Damit standen 16 Vorwärts- und acht Rückwärtsgänge zur Verfügung. Die Höchstgeschwindigkeit betrug 27,4 km/h. Unabhängige Zapfwelle mit mehreren Anschlüssen, verschiedene Bereifungsvarianten, Regelhydraulik (Dreipunkt-Aufhängung Kat. I und II) waren weitere Kennzeichen. Der 2020 war 3 570 mm lang (Radstand 2 180 mm) und wog 2 445 bis 2 900 kg.

Der 2120 hatte einen größeren Hubraum (3590 ccm) und leistete 68 PS, je nach Ausrüstung wog er bis 4 400 kg.

In dieser Zeit begann das Werk in Mannheim die Rolle zu spielen, die ihm das amerikanische Management von Beginn an zugedacht hatte: als Zentrale für die Region Europa, Afrika, Nahost. Dies ist der Grund, weswegen John Deere bereits lange größter deutscher Schlepperhersteller war, ehe endlich 1993/94 auch hierzulande die Marktposition eins erreicht wurde: der Export war in den späten sechziger und auch noch in den siebziger Jahren bedeutender als der Inlands-Absatz.

Ein bißchen vergleichbar dem in der Pkw-Branche üblichen, raschen Modellwechsel verfuhr auch John Deere. Schon 1972 kam die 30er-Typenreihe. Ihre Motoren hatten ein neues Verbrennungssystem mit Vierloch-Einspritzdüsen, es gab kupplungsunabhängige Zapfwelle, einen neuen hydraulischen Krafheber mit geschlossenem System, Radial-Kolbenpumpe und regulierbarer Fördermenge (Hubkraft 2 977 kg) wie ein schrägverzahn-

tes Muffenschaltgetriebe (16 V/8 R) und hydraulische, nasse Scheibenbremsen. Den 2130 bezeichnete man offiziell als "John Deeres bekanntesten Traktor". Er besaß einen Vierzylindermotor (106,5 x 110 mm, 3290 ccm, 75 PS bei 2500 U/min), einen Radstand von 2 188 mm und wog ca 3 110 kg.

Wie ein lange zurückliegendes Kapitel der Traktorengeschichte mutet es heute an, daß die Schlepper in jener Zeit (und dies nicht nur bei John Deere) noch keine Kabinen hatten. Eine käfigähnliche Mischung von Umsturzbügel und Blechdach beherrschte die Szene. Ohne Zweifel ist gerade auf dem Gebiet des Fahrerarbeitsplatzes und der Kabinengestaltung eine Revolution abgelaufen, an der John Deere wesentlichen Anteil hat. 1975 erfolgte die Einführung der FSC-Kabine (Fahrer-Sicherheits-Cab), erstmalig bei einem Schlepper unter 100 PS, beim 2130, zum Preis von 5 600 DM.

Die 30er-Serie war insgesamt ein großer Erfolg. 1979 wurde sie von der 40er-Serie abgelöst. Diese umfaßte Schlepper vom Dreizylinder 940 (44 PS) bis zu Sechszylindern über 100 PS. Hier waren erstmals Synchrongetriebe vorhanden, die Radstände waren gewachsen, ebenso die Hydraulik-Leistungen. 1985 wurde die Baureihe überarbeitet und um einen wichtigen, viel gefahrenen Typ ergänzt.

Schlüsselmodell des Jahrgangs 1979 war der 3140. Sein Sechszylinder (5883 ccm, 97 PS bei 2500 U/min) hatte einen neuen Querstromzylinderkopf, eine Verteiler-Einspritzpumpe und neue Düsen. Auf Wunsch konnte das Synchrongetriebe (8 V/4 R) durch eine hydraulische Lastschaltstufe er-

gänzt werden (16 V/8 R). Beide zusammen wurden als John-Deere-Power-Synchro-Getriebe bezeichnet. Der mechanische Frontantrieb war ebenfalls lastschaltbar, die Differentialsperre selbstsperrend. Alternativ stand ein hydrostatischer Frontantrieb mit hydraulischen Antriebsmotoren in den Radnaben zur Wahl, die ihre Kraft aus der zentralen Hydraulik bezogen. Die Hubkraft der Hydraulik an der Ackerschiene betrug beim 3140 ca. 4 100 kg. Er war 4 330 mm lang (Radstand 2 548 mm) und hatte ein Eigengewicht bis 4 920 kg.

1981 erfolgte die vielbeachtete Einführung einer neuen Kabinengeneration, der SG-2-Kabine, bei allen Vier- und Sechszylindern. Sie setzte einen neuen Maßstab in der Gestaltung von Schlepperkabinen mit breiter Tür, hängenden Pedalen, in Position und Höhe verstellbarer Lenksäule und Sitz. Die Rundumsicht war ausgezeichnet, nach vorn durch eine riesige Panoramascheibe. Das Innengeräusch konnte auf 80 dB (A) gesenkt werden - ein Bestwert zu dieser Zeit. Die Plazierung der Bedienungshebel war, rechtsseitig, beispielhaft gelöst.

1985 kam dann, ergänzend, der 2140 ins Programm, ein Vierzylinder (3920 ccm, 82 PS bei 2500 U/min). Der Motor war aufgeladen, er verhalf dem Schlepper zu einer in seiner Klasse konkurrenzlosen Durchzugskraft. Der Drehmomentanstieg betrug 17,8 %. Power-Synchro-Getriebe, hydrostatische Lenkung und hydraulische Scheibenbremsen vervollständigten seine Ausstattung.

Die zweite Hälfte der achtziger Jahre war durch die neue 50er-Serie geprägt. Mit ihr kam die überarbeitete, zweitürige Kabine MC 1 ins Programm. Der 3350 mit seinem Sechszylinder (5883 ccm, 100 PS bei 2300 U/min, Drehmomentanstieg 20 %) hatte bereits die "Constant-Power"-Auslegung, bei der die Leistung über einen außerordentlich breiten Drehzahlbereich konstant zur Verfügung steht, sowie eine bemerkenswert niedrige mittlere Kolbengeschwindigkeit von 8,4 gegenüber den üblichen 9 bis 11 m/sek. Lastschaltgetriebe (16/12) oder Synchron-Kriechganggetriebe (12/8), hohe Hubkraft der Heck- und Fronthydraulik, die außerdem extrem schnell reagierte sowie eine Gewichtsverteilung von 50:50 waren weitere Merkmale.

Den neuesten Stand der Schlepperentwicklung bei John Deere stellen seit 1992 die Traktoren der 6000er- und 7000er-Baureihen dar. Einer Sensation kam die Rückkehr zur Ganzrahmenbauweise gleich, die jedoch einige bedeutende Vorteile birgt: einfacher und

John Deere 3350 Sechszylinder, 100 PS (oben)
und 6000er-Baureihe (unten)

sehr kostengünstiger Anbau auch schwerer Geräte und ein ebenso einfacher Ausbau des Schleppermotors in der Werkstatt, Verringerung des Eigen- unter gleichzeitiger Erhöhung des zul. Gesamtgewichtes, Entlastung von Motor- und Getriebegehäuse, Modulbauweise des gesamten Schleppers, d.h. leichte Nachrüstbarkeit usw. Die neue "TechCenter"-Kabine bietet ein Höchstmaß an Komfort und Sicherheit, ist ergonomisch vorbildlich und weist einen Geräuschpegel von lediglich 72,5 dB (A) auf. Die Hubkraft der Heckhydraulik beträgt 6 840 kg, eine große Getriebeauswahl (darunter das PowerQuad-Getriebe mit vier Lastschaltstufen, Reversierschaltung, Neutralposition und 24 Geschwindigkeiten, ein direkter Zapfwellenantrieb mit einer Vielzahl von Anschlüssen, die ölgekühlte "Perma"-Mehrscheiben-Fahrkupplung und natürlich die "ConstantPower"-Motorengeneration kennzeichnen diese Traktoren.

Der 6300 hat einen Vierzylinder-Turbomotor (3920 ccm, 90 PS bei 2300 U/min), der 6.600 die Sechszylinder-Turbomaschine (5880 ccm, 110 PS bei 2300 U/min). Die Motorcharakteristik erlaubt einerseits selteneres Schalten bei wechselnder Last, andererseits die Möglichkeit, die Drehzahl durch Hochschalten zu reduzieren, ohne Leistungsverlust in Kauf nehmen zu müssen. Wesentlich an dieser Auslegung beteiligt ist der neue Zylinderkopf mit größeren Ein- und Auslaßkanälen und an Verbrennungsraum und Einspritzdüsen angepaßten Drallkanälen. Der 6300 ist 4 174 mm lang und wiegt 4 000 kg (zul. Gesamtgewicht 7 500 kg), der 6600 weist fast die gleichen Abmessungen auf, die Gewichte betragen jedoch 4 650 bzw. 8 200 kg.

Bei den Großtraktoren ist John Deere Mannheim heute mit der ebenfalls mit durchgehendem Rahmen versehenen 7000er-Serie vertreten, die, sämtlich mit Sechszylinder-Turbomotoren, 130 bis 170 PS leisten, die jedoch aus der amerikanischen Produktion stammen.

DEULIEWAG

*I*n Berlin gründete Dr. Friedrich-Wilhelm Jeroch 1929 die Deutsche Lieferwagen-Gesellschaft, die Deuliewag. Nachdem zunächst Nutzfahrzeuge ausschließlich gehandelt wurden, fand Jeroch 1934 eine Marktlücke im Bereich der leichten Straßenschlepper, die, nachdem Luftbereifung und zuverlässige Kleindieselmotoren zur Verfügung standen, ihren Siegeszug im innerstädtischen Güterverkehr antraten und das Pferdefuhrwerk aus dem Straßenbild schnell verdrängten.

Man verwandte bei der Deuliewag Einbaumotoren von Junkers und Güldner, die im Straßenschlepper mit Heckmotor und -antrieb auch am richtigen Platz waren. Ein erster Versuch, 1936 mit einem Ackerschlepper hervorzutreten, der ebenfalls mit dem Junkers ausgerüstet war, scheiterte hingegen: der DA 13, ein Rahmenschlepper sehr einfacher Bauart, der durch den hochbauenden Gegenkolbenmotor einen sehr ungünstigen Schwerpunkt besaß, wurde auf der "Reichsnährstandsausstellung" von 1937 für "noch nicht genügend ausgereift" befunden und verschwand alsbald aus dem Bauprogramm.

Erfolgreicher verlief die 1938 einsetzende Zusammenarbeit mit Güldner im Ackerschlepperbereich. Die Typen DA 18, DA 28 und DA 20, die sich äußerlich kaum voneinander unterschieden, waren wiederum Rahmenschlepper, die nun aber mit den für diesen

Zweck ausgezeichnet geeigneten Güldner-Wälzkammermotoren 1 F und 2 F (18, 28 und 20 PS) ausgerüstet wurden. Eigenkonstruktionen waren die Getriebe (4 V/1 R) mit zwei wahlweisen Übersetzungen und die Hinterachsen mit sperrbarem Differential. Vor allem im Berliner Umland und im gesamten norddeutschen Raum sowie im Export (Holland, Skandinavien) fanden diese Deuliewag-Modelle guten Absatz.

Gleichzeitig stellte das kleine Unternehmen einen wesentlich stärkeren Ackerschlepper vor, der sich im Gesamtaufbau erheblich unterschied. Zwar verfügte er über den gleichen Güldner-Motor 2 F, dessen Leistung auf 32 PS angehoben war, jedoch handelte es sich um einen Traktor in rahmenloser Blockbauweise. Er war mit seinen 2 320 kg auch um einiges schwerer als die Rahmenmodelle. Die ausgewachsene Bereifung von 7.00 - 20 vorn bzw. 11,25 - 24 hinten wies ihn als Maschine für größere Ackerbaubetriebe aus. Auffällig ist, daß offenbar von Beginn seiner Produktion an parallel eine Spezialausführung gebaut wurde, die, mit Kotflügeln, hinterer Zwillingsbereifung, Doppelsitzbank und schwerer Seilwinde versehen, einen wuchtigen und schweren Eindruck vermittelt. Dieser Spezialschlepper war für die "Bauhilfe" bestimmt, eine Unterabteilung der "Organisation Todt", die ihn auf Großbaustellen in den von Deutschland okkupierten Gebieten einsetzte. Mit der Seilwinde wog er über 3 100 kg, sein Getriebe ließ bis zu 25 km/h zu, die Gesamtanhängelast durfte bis zu 20 t betragen, die größte Zughakenkraft betrug 1 870 kg, es gab Druckluftbremsanlage und komplette elektrische Ausstattung (inklusive Tarnscheinwerfern). Zahlreiche dieser Traktoren, die

auch bei fortgeschrittenen Kriegshandlungen hergestellt wurden, wurden bei Bombenangriffen auf Berlin im Fabrikhof zerstört.

Während der gesamten Zeit des Schlepperbaus wurden bei Deuliewag immer auch Straßenschlepper gebaut, nach Aufgabe der Heckmotorbauweise solche mit Rahmen und festem, geschlossenem Fahrerhaus und Motoren von Junkers oder Güldner.

Nach dem Ende des Zweiten Weltkrieges dauerte es vergleichsweise lange, ehe in Lübeck-Siems neue Fabrikhallen gefunden waren. Man begann erst 1949 mit der Wiederaufnahme der Schlepperproduktion - also zu einem Zeitpunkt, da die Konkurrenz bereits seit einem oder zwei Jahren wieder auf dem Markt war. Dieser Umstand sollte nicht ohne Auswirkung bleiben.

An die Stelle des Hauptlieferanten für Motoren war nun die MWM getreten, und man stellte Bauernschlepper mit 15, 24, 30, 33 und schließlich 36 PS auf die Räder, von denen vor allem die Modelle D 24 und D 240 (jenes mit hoher, schmaler Bereifung 6,50 - 30 hinten und mit stark gekröpfter Vorderachse ein typischer Allzweck-Schlepper für Hackkulturen) ein sehr formschönes, ausgewogenes und charakteristisches Aussehen hatten. Auch in technischer Hinsicht entsprachen sie durchaus dem Stand ihrer Zeit, u. a. verfügte der D 240 über einen der ersten Krafthebet, die pneumatische Pentax- Ausführung von Stockey & Schmitz. Allein die Tatsache, daß nur geringe Stückzahlen erreichbar waren, weil der Absatz stagnierte, wodurch die Verkaufspreise wiederum nicht konkurrenzfähig waren, ließ einen durchschlagenden Erfolg nicht zu.

Vielleicht war es der Griff nach dem rettenden Strohhalm, als sich Dr. Jeroch zum Bau einer wahrhaft sensationellen Neuentwicklung entschloß. Schon seit längerem stimmte er mit dem renommierten Agrartechniker Prof. Gerhard Preuschen darin überein, daß ein moderner, leistungsfähiger Akkerschlepper über vier möglichst hohe und schmale und vor allem gleich große Antriebsräder sowie über eine statische Gewichtsverteilung von 2:1 im Verhältnis von Vorder- zur Hinterachse verfügen müßte. Motorleistung und Gesamtgewicht konnten dagegen eher niedrig gehalten werden. Ein entsprechend aufgebauter Prototyp war nach Preuschens Konzept bei der MWM entstanden, es kam hier jedoch nicht zur Serie.

Deuliewag DA 20 mit Güldner-Motor 1F, DA 32 bei der Pflege und DA 32 für besondere Verwendung (von oben nach unten)

trockene Einscheibenkupplung stammte von Fichtel & Sachs. Ein Teil der "Record"-Schlepper verfügte über den Zweizylinder-Henschel-Motor 515 DE, mit dem das Kasseler Werk in den Ackerschlepperbereich eingedrungen war. In der letzten Bauserie (wobei von Serie zu sprechen sich beinahe verbietet) war der "Record" 3 440 mm lang, 1 655 mm breit und 1 773 mm hoch; der Radstand betrug 1 400 mm, der Wenderadius 2,20 m, was für die Bauart nicht sehr viel war.

Das revolutionäre Konzept war eine, der Verkaufspreis von 8 750 DM eine andere Sache, wobei weder Riemenscheibe, Kraftheber, Mähwerk oder Allwetterdach eingeschlossen waren. Als einem der kleinsten Hersteller der Branche war es der Deuliewag nicht möglich, preiswerter zu produzieren. Die finanzielle Reserve reichte nicht aus, um Weiterentwicklung und Modellpflege zu betreiben und Schwachstellen zu beseitigen. Schon die Ersatzteilversorgung für verkaufte Schlepper wurde kritisch.

Die konservative Haltung vieler Landwirte mag ein übriges dazu beigetragen haben, daß die Produktion dieses außerordentlich vielversprechenden, heute würde man sagen: innovativen Modells und mit ihr die gesamte Deuliewag-Schlepper-Fertigung 1952 eingestellt werden mußte.

Der große Deuliewag Dreizylinder D 35, der revolutionäre "Record" und der D 240 auf dem Ausstellungsstand (von oben nach unten)

Jeroch stieg in das Projekt ein. Ab 1950 wurde der Deuliewag "Record" auf den Markt gebracht. Er hatte den MWM-Wirbelkammermotor KDW 415 Z, der anfangs 22, ab 1951 25 PS leistete ("Record D 25 V"). Der Bodendruck des in Blockbauweise ausgeführten Schleppers betrug nur 0,8 kg/qcm. Beim Zug verlagerte sich ein Teil des Gewichtes von der Vorder- auf die Hinterachse, so daß bei nur minimalem Schlupf die Zugkraft gegen- über herkömmlichen Standard-Schleppern um über 20 % höher war: der "Record" erbrachte gerade auf schwerem Boden Leistungen, die von wesentlich stärkeren und schwereren Schleppern kaum zu erfüllen waren. Antriebswellen (mit denen es, weil sie zu schwach dimensioniert waren, um das hohe Drehmoment auf dem Boden abzustützen, sehr viel Probleme gab) und Getriebe (6 V/2 R) waren Eigenentwicklungen von Deuliewag, die

DEUTZ

ie Geschichte der Motorenfabrik Deutz in Köln beginnt in der Mitte des 19. Jahrhunderts: 1864 gründeten Nikolaus August Otto und Eugen Langen die Firma N. A. Otto & Cie. 1872 erfolgte die Umbenennung in "Gasmotoren-Fabrik Deutz AG", 1876 wurde der von Otto erfundene Viertaktmotor gebaut - es handelt sich mithin um die älteste Motorenfabrik der Welt, die heute unter dem allgegenwärtigen Kürzel KHD firmiert. Aus diesem Hause stammen die Deutz-Traktoren, die durchweg sowohl in technischer als auch in wirtschaftlicher Hinsicht zu den bedeutendsten Vertretern ihrer Art gehören.

Mehrere sehr frühe Versuche, Traktoren zu bauen, datieren bis kurz vor bzw. nach der Jahrhundertwende zurück. Das erste wirklich brauchbare Modell war jedoch wieder einmal eine Hinterlassenschaft der Rüstungstechnik: der Deutzer Trekker aus dem Jahr 1919, eine Zugmaschine mit gigantischen Ausmaßen. Der Trekker war 4 400 mm lang, 1 822 mm breit und 2 700 mm hoch - der Durchmesser seiner Antriebsräder betrug annähernd 2 000 mm. Sie waren mit Greifern bewehrt, ferner gab es eine Seilwinde, mit der Pflüge, Ackerwagen, Baumstämme u. a. bei schwierigen Bodenverhältnissen nachgezogen werden konnten.

Das Gewicht der riesigen Maschine war mit 3 800 kg gar nicht allzu hoch, allerdings verfügte der Vierzylinder-Benzolmotor nur über eine Dauerleistung von 30 PS (es gibt auch die Prospektangabe 33 PS) bei 1 000 U/min. Es gab ein Dreiganggetriebe. Der Antrieb der Hinterräder erfolgte über Ketten und Ritzel. Beide Achsen waren gefedert. Hinter dem in der Fahrzeugmitte angeordneten Fahrerhaus befand sich eine kurze Ladepritsche. Der Trekker wurde lt. Prospekt "für Landbau, Forstbetrieb und Industrie" angeboten. In der Landwirtschaft wurden relativ wenige Deutzer Trekker eingesetzt, mehr wohl hingegen in der Forstwirtschaft, wo ihnen die Seilwinde sehr zustatten kam.

Deutzer Trekker 1919, Deutz MTH 222 und MTZ 120 (von oben nach unten)

Deutz MTZ beleuchten den Zirkus, MTZ 320, Traktionsverbesserungen am MTZ (von oben nach unten) und MTZ 320 als Führerhaus-Maschine: vielleicht einmalig! (unten rechts)

Die Produktion dieses Fahrzeugs war weder zahlenmäßig groß, noch währte sie lange. Danach dauerte es bis zum Jahr 1926, ehe wieder ein Deutz-Schlepper herausgebracht wurde. Sehr genau hatte man in Köln Konzept und Erfolg des 12-PS-Bulldogs von Heinrich Lanz studiert, und als man den bewährten stationären Dieselmotor MAH 222 auf ein dem Bulldog abgeschautes Fahrgestell setzte, war der Dieselschlepper MTH 222 entstanden. Der liegende Einzylinder-Vorkammermotor (135 x 200 mm, Hubraum 3 861 ccm) leistete bei 600 U/min 14 PS. Mit dem MTH war auf dem Acker wenig auszurichten, jedoch war er ein idealer mobiler Antrieb für jedwede stationäre Arbeitsmaschine, vom Dreschkasten bis zumTeerkocher. Mit 3 000 kg Eigengewicht und einem Getriebe mit zwei Vorwärtsgängen und einem Rückwärtsgang vermochte er bis zu zehn Tonnen Gesamtanhängelast zu befördern.

Erst mit dem nächsten Schritt gelang Deutz der Durchbruch bei landwirtschaftlichen Schleppern. Allerdings handelte es sich bei der MTZ-Baureihe, die in drei Versionen ab 1929 (MTZ 120) gebaut wurde, auch um ein Meisterstück. Die langsamlaufenden, quer und, mit dem Zylinderkopf nach hinten, liegend eingebauten Zweizylindermotoren waren auf einem massiven Stahlrahmen montiert. Die Motoren waren zwangsumlaufgekühlt, sie besaßen einen Hubraum von 5 722 ccm und leisteten 27 PS bei 600 (MTZ 120), 30 PS bei 850 (MTZ 220) und 36 PS bei 1 100 U/min (MTZ 320). Über die auf dem linken Kurbelwellenende befindliche Konuskupplung (mit Riemenscheibe) wurde die Kraft durch Duplex-Rollen-Kette auf das Getriebe (3 V/1 R) übertragen, für das mehrere Übersetzungen lieferbar waren. Erstmals waren, von allen drei MTZ-Typen, je nach Einsatzzweck sehr unterschiedliche Varianten als Acker- oder Straßenschlepper erhältlich. Das Gewicht eines MTZ 320 mit Eisenrädern betrug 3 800 kg, die Zugkräfte am Haken wurden mit ca. 1 800, 1 200 und 900 kg angegeben.

1931 erhielt die Konstruktion die Silberne Preismünze der DLG. Auch im Verkauf war sie erfolgreich: bis 1936 mit dem MTZ 320 der letzte Vertreter der Baureihe eingestellt wurde, waren 2 165 Exemplare abgesetzt worden, davon allein 1 427 der stärksten Version, des 320ers.

1935 kam der Deutz Stahlschlepper F2 M 315 (kleines Foto), danach F3 M 317, F2 M 417 und der wohl berühmteste Bauernschlepper: der 11er Deutz (rechts von oben nach unten)

Noch während dessen Produktion lief, kam 1934 eine Neuentwicklung auf den Markt, die einen besonderen Höhepunkt im Schlepperbau darstellt: der als "Stahlschlepper" berühmt gewordene F2M315, so bezeichnet wegen seines aus Stahlblech geschweißten Getriebegehäuses, das direkt mit dem Motor verflanscht war, der wegen seiner Gußölwanne als tragendes Bauelement diente. Mit diesem Schlepper begann bei Deutz die rahmenlose Blockbauweise.

Der stehende Zweizylinder-Vorkammermotor leistete anfangs 25, dann 28 PS. Seine Abmessungen waren 120 x 150 mm, der Hubraum betrug 3 400 ccm. Es gab Getriebe mit drei, vier oder fünf Vorwärtsgängen und einem Rückwärtsgang, Eisen-, Elastik- oder Luftbereifung und umfangreiches Zubehör von Kotflügeln über Riemenscheibe, Zapfwelle, Windschutzscheibe und Dach bis zu festen Fahrerhäusern mit seitlichen Türen und Doppelsitzbank für den Straßenschlepper. Das Gewicht eines 28ers in Universalausführung für Acker- und Straßenbetrieb betrug 2 750 kg. Bis 1942 wurden vom F2 M 315 11 988 Stück hergestellt.

Deutz-Bauernschlepper

Vom Stahlschlepper gab es darüber hinaus die Varianten F2M317 (30 PS), F2M417 (35 PS, gebaut bis 1953) sowie den ebenfalls legendär gewordenen großen Dreizylinder F3M317 bzw. F2M417, der auch bis 1953 gebaut wurde. Auch er war mit 8 646 Einheiten ein Verkaufserfolg. Der Motor (120 x 170 mm, 5 768 ccm) leistete bei 1 300 U/min 50 PS. Er wog als Ackerschlepper 3 750, als Verkehrsmaschine 3 970 kg. Seine Abmessungen waren: Länge 3 650, Radstand 2 200 mm, Bereifung 6.00 - 20 vorn, 12.75 - 28 hinten. Der wassergekühlte 50er Deutz war einer der stärksten Schlepper seiner Epoche, egal ob als Ackerschlepper beim dreischarigen Pflügen oder vor schweren Zapfwellengeräten, z. B. Mähdreschern oder im Straßenverkehr bei Spediteuren, Kohlenhändlern, Schaustellern usw. Gleichwohl war er ein bißchen heikel. Schlecht behandelte Dreizylinder rächten sich mit regelmäßigem Bruch ihrer Kurbelwelle. Von diesen Motorschäden wird noch heute gern am Stammtisch berichtet.

Selbst der beachtliche Erfolg des Stahlschleppers wurde jedoch von einem Trecker übertroffen, für den das Wort legendär eigentlich noch zu schwach ist: von dem 11er Deutz, dem Bauernschlepper schlechthin, vom Typ F1M414. Nachdem ab Mitte der drei-

ßiger Jahre die Ackerluftbereifung zur Verfügung stand, war es nur eine Frage der Zeit, wann die Industrie den Kleinschlepper für den in Deutschland vorherrschenden kleinbäuerlichen Familienbetrieb auf den Markt bringen würde. Mit dem 11er setzte sich Deutz an die Spitze der Entwicklung. Mit integriertem Mähwerk, Riemenscheibe, Zapfwelle, drei Vorwärtsgängen und einem Rückwärtsgang kostete er weniger als 4 400 RM, was die Zahl der von 1936, seinem Erscheinungsjahr, bis 1942 verkauften 10 034 Stück verständlich macht. Diesem Angebot hat-

te die Konkurrenz weder technisch noch preislich etwas entgegenzusetzen. Weitere 8 990 Exemplare wurden nach 1945 bis zum Erscheinen des luftgekühlten Nachfolgers verkauft.

Der F1M414 hatte einen stehenden Einzylindermotor (100 x 140 mm, 1 100 ccm), der bei 1 550 U/min 11 PS leistete. Die Kurbelwelle war rollengelagert, weiteres charakteristisches Merkmal ist das Halbschalengetriebe mit senkrecht geteiltem Gehäuse. Der kleine Trecker wog 1 180 kg, er war 2 280 mm lang, sein Radstand betrug 1 430 mm. Vorn mit 5.25 - 16, hinten mit 8.00 - 20 bereift, mit zwei Sturmlaternen (nur auf Wunsch mit elektrischer Beleuchtung) und ohne Fußbremse wurde er ausgeliefert: die Höchstgeschwindigkeit von nur 7,7 km/h ließ es zu, daß allein eine auf das Getriebe wirkende Handbremse vorhanden war. Dieser robuste und zu allen vorkommenden Arbeiten taugliche, darüber hinaus höchst einfach zu bedienende Trecker war genau die Maschine, die die Bauern benötigten. Er wurde zum erfolgreichsten Schlepper seiner Epoche. Bei der Nachkriegsversion stand ein weiterer Vorwärtsgang zur Verfügung: späte Maschinen wurden mit 12 PS angegeben.

Deutz war und ist an erster Stelle ihres Selbstverständnisses eine Motorenfabrik. Jedoch eine, das belegt die überwältigend große Zahl herausragender Schlepperkonstruktionen, für die das gesamte Fahrzeug gleich große Bedeutung hat.

Diesem Umstand ist es wohl zuzuschreiben, daß bei Deutz die Entwicklung des von den Nationalsozialisten aus rüstungspolitischen und wirtschaftlichen Gründen forcierten Holzgas-Schleppers federführend vorangetrieben wurde. Obgleich keiner der Schlepperproduzenten sich dem Zwang, einen solchen zu bauen, entziehen konnte, lief doch alles auf den von Deutz entwickelten Einheitstyp hin, der deswegen hier stellvertretend für alle anderen Holzgas-Schlepper berücksichtigt werden soll. Er besaß einen speziell entwickelten Zweizylinder-Viertakt-Einheitsmotor mit 4 000 ccm Hubraum, der bei 1 550 U/min 25 PS abgab und nach dem Einstoff-Verfahren arbeitete. Sein Gaserzeuger wurde von Deutz selbst hergestellt. Der Schlepper, der in der sog. geschlossenen Bauweise gehalten war, war 3 090 mm lang und besaß einen Radstand von 1 770 mm, sein Gewicht betrug 2 100 kg.

Ein anderer deutlicher Hinweis auf die Bedeutung des Unternehmens im Motorenbau ist die Tatsache, daß man innerhalb kürzester Entwicklungszeit 1942 einen luftgekühlten Dieselmotor

großer Leistung präsentierte, der, vom Militär mitten im Krieg verlangt, so überzeugend ausfiel, daß er sich gegen die Ausführungen von Daimler-Benz und Tatra durchsetzen konnte. Dabei mußte, da keinerlei verwertbare Erfahrungen vorlagen, etwa bei der Auslegung des Kühlgebläses, vom Nullpunkt ausgegangen werden. Das Ergebnis war die Motorenbaureihe FL 514, die zum Bedeutendsten gehört, das es in der Geschichte des Fahrzeugmotors gibt.

Am Anfang stand der Vierzylinder F4L514, jedoch wurde die Produktion der ersten kompletten, luftgekühlten Schlepper-Typenreihe der Welt nicht mit diesem großen Motor begonnen, sondern mit dem kleinsten: mit dem F1L514/50, dem legitimen Nachfolger des 11-PS-Bauernschleppers, dessen Getriebe er hatte, mit 15 PS. Ab Februar 1950 wurde er in schnell steigenden Stückzahlen von mehreren Hundert pro Monat gebaut und für 6 530 DM angeboten.

Der schwere F 4 L 514 mit 60 PS (oben) und die 60er Raupe in der Rübenkampagne

Nach dem Preissturz, den der Allgaier AP 17 verursachte, mußten alle Anbieter ihre Preise drastisch senken: im Juli des gleichen Jahres kostete der 15er Deutz nur noch 4 900, der Lanz D 5 506 allerdings nur noch 4 480 DM. Für kleinere Hersteller wie Eicher oder Fahr, ganz zu schweigen von solchen wie etwa Deuliewag, begann es eng zu werden...

Nur kurze Zeit später folgte der Zweizylinder F2L514. Mit ihm sollte das Programm eigentlich beginnen, jedoch ergaben sich unverhofft erhebliche technische Probleme, so daß der kleinere Typ vorgezogen worden war. Seine Motorleistung betrug anfangs 28, dann in mehreren Schritten angehoben und mit sehr unterschiedlichen Triebwerken, Vorgelegen, Bereifun-

gen u. a. Merkmalen wie Doppelkupplung, Motorzapfwelle usw. ausgerüstet, 30 und schließlich 34 PS. Eine ausführliche Darstellung dieser Weiterentwicklungen, durch die jeweils völlig veränderte Schleppermodelle bzw. -charakteristiken entstanden mit sehr unterschiedlichen Zweckbestimmungen, würde an dieser Stelle zu weit führen. Festzuhalten ist, daß der F2L514 zu den wichtigsten Traktoren der fünfziger Jahre gehört.

Für schwere Zapfwellengeräte, also vor allem gezogene Mähdrescher u. a. Vollerntemaschinen, stand ab Mai 1951 der F3L514 bereit. Zunächst noch mit dem alten "Stahl"-Getriebe ausgerüstet, leistete er 42, später dann, mit ZF-Getriebe, 45, 50 und zum Ende seiner 14jährigen (!) Bauzeit, im Jahr 1964, sogar 52 PS. Ach ja - die Stückzahlen: vom F2L514 wurden bis 1962 21 508, von dem doch deutlich teureren Dreizylinder immerhin 15 762 Stück produziert. Mit der 514er Baureihe sicherte sich Deutz einen festen Platz unter den ersten drei Herstellern in Deutschland, zeitweilig führte man das Feld überlegen an. "Höhepunkt" war ab September 1952 der schwere Zug-Traktor F4L514, also der mit dem Stammvater der Motoren ausgerüstete Typ. Mit 60 PS, zulässigem Gesamtgewicht von 4 500 kg (Eigengewicht etwas über drei Tonnen) und einem Radstand von 2 440 mm handelte es sich bei ihm um einen der zugstärksten Ackerschlepper seiner Zeit und noch lange darüber hinaus. Auf großen Ackerbaubetrieben, schwerem Rübenboden, beim vier- oder gar fünfscharigen Pflügen, aber auch, mit Gitterrädern, bei Bestellarbeiten auf großen Schlägen war dieser Deutz zu Hause. Er war, aufgrund der nicht tragenden Stahlblechölwanne des Motors, in der sog. Halbrahmenbauweise aufgebaut. Zwar waren Motor und Getriebe miteinander verflanscht, doch ruhte der Motor auf zwei starken Längsträgern aus Profilstahl, die ihrerseits auf dem Vorderachsbock auflagen. Auch dieser Großschlepper war überdurchschnittlich lange, bis 1965, in der Produktion, zuletzt mit 65 PS. Insgesamt 7 824 Stück sind von ihm entstanden.

Mit den Motoren F4L514 und F6L 514 gab es auch zwei Raupenschlepper, von denen vor allem der 60-PS-Typ auf großen Gütern eine wichtige Rolle spielte, da er hohe Zugleistung beim Pflügen oder Rübenfahren mit dem für Raupen typischen Vorzug geringen Bodendrucks vereinigte.

Deutz F2 L 612 mit 22 PS, D 40 S: 1962 der meistverkaufte Schlepper und D 4005 (von oben nach unten)

Deutz F2 L 612 mit 18 PS von 1957 mit fröhlicher
Kinderschar(oben) und noch immer im Kommunaldienst:
F3 L 712 mit 38 PS

D 8005: der erste Großtraktor von Deutz, D 5506: ein Grünland-Schlepper und der D 6006: ein Ackerbau-Schlepper der sechziger Jahre (von oben nach unten)

So erfolgreich die 514er Baureihe war, so notwendig war es, sie zu ergänzen: die Zylinderleistung von 15 PS hatte eine zu große Abstufung zur Folge. Zwischen 45 und 60 PS mochte das angehen - die in den fünfziger Jahren meistverlangte Leistungsklasse zwischen 20 und 25 PS konnte mit ihr von Deutz nicht bedient werden. Dieser Umstand führte ab 1954 zu den Baureihen FL 612 bzw. FL 712. Hier betrug die Zylinderleistung nur 11 PS. Mit dem Schlepper F2L612, 22 PS und seinen Nachfolgern mit Motorleistungen von 18 und 24 PS bis hin zur D-Baureihe (D 25), die ab 1958 mit zunächst unveränderten Modellen lief, erreichte man die Gesamtstückzahl von 98 842 Exemplaren.

Neu hinzu kam 1957 ein weiteres Erfolgsmodell: der D 40 mit dem Motor F3L712. Dieser 38-PS-Schlepper entsprach im Äußeren völlig der 514er Baureihe. Vor allem die Ausführung UF, gekennzeichnet durch die hohen Hinterräder 13-30, mit differenziertem Getriebe (7 V/3 R), mit Motor- und Wegzapfwelle, Dreipunkt-Hydraulik der Kat. II und einem Gewicht von 2 100 kg (höchstzul. Ges.Gew. 2 600 kg) war für die in den späten fünfziger Jahren schon sehr intensiv wirtschaftenden Ackerbaubetriebe eine ausgezeichnete Lösung. Er war gleich gut beim Pflügen wie bei Bestell- und Pflegearbeiten und kam ebenso mit dem gezogenen Mähdrescher zurecht. Der 1962 in stark modernisierter Bauform, mit der sog. Reitsitzposition des Fahrers, moderner Haubengestaltung usw. und 35 PS erschienene D 40 L wurde zum meistverkauften Schlepper seiner Zeit in Deutschland: ein deutliches Zeichen für den innerhalb von zehn Jahren heftig angestiegenen Leistungsbedarf.

1965 erfolgte mit der Überarbeitung der gesamten Typenpalette die Einführung der 05-Baureihe. Die Schlepper hießen nun z. B. D 4005 oder D 8005. Die Motoren der Baureihe FL 812 besaßen sämtlich Axialgebläse; wesentliche Baugruppen der gesamten Typenreihe waren vereinheitlicht. Neu war der Einstieg in die Klasse der Großtraktoren mit dem D 8005, von dem erstmalig eine Allrad-Version im Deutz-Programm stand. 1968 folgte die 06er-Serie und mit ihr die Ablösung der klassischen Wirbelkammermotoren durch solche mit Direkteinspritzung, die Baureihe FL 912.

**Deutz Intrac (oben), D 10006: Groß-
traktor von 1970/71 (Mitte links),
DX 90: der erste Deutz Fünfzylinder
(Mitte rechts) und der DX 230:
ein Gigant mit 200 PS (unten)**

Äußeres Kennzeichen war die völlig neue, eckige Haubenform mit waagerechten Luftschlitzen. Wichtiger waren wesentliche ergonomische Verbes-
serungen, z. B. hatten alle Schlepper
über 60 PS eine ebene Fahrerplattform. Große Fortschritte gab es bei der
Getriebetechnik und bei den Hydraulikanlagen, bei denen Eigenentwicklungen die ZF-Aggregate weitgehend ab-
lösten. Aus dieser Baureihe mögen mit
dem Typ D 5506 ein typischer Grün-
land-, mit dem D 6006 ein ebenso typischer Ackerbau-Schlepper als Beispiele dienen. Nach oben wurde das
Programm durch die Typen D 10006
und die in Deutschland relativ seltenen
D 12006 und D 16006 ergänzt.
   1972 folgte die revolutionäre Konstruktion des Intrac-Systems 2000. Mit
diesem Fahrzeug beschritt man völlig
neue Wege, indem man das Trac-Konzept der drei Anbauräume konsequent
umsetzte. Hinzu kam ein Geräte-
Schnellkuppler, der das Ankuppeln der
Geräte im Einmann-Verfahren ermöglichte, ohne daß der Schlepperfahrer
seinen Sitz verlassen mußte.

Deutz Großtraktor der neunziger Jahre: AgroStar 6.81 und Eicher Fahrgestell Nr. 7 (1936) auf einem Veteranentreffen 1989 (unten)

Es würde den Rahmen dieser Darstellung sprengen, auf die außerordentlich bedeutsamen Besonderheiten des Intrac näher einzugehen. Mit dem in den achtziger Jahren beschlossenen Zusammengehen in Trac-Entwicklung und -Absatz mit der Daimler-Benz AG war leider, hervorgerufen durch die weltweite Absatzkrise auf dem Landmaschinenmarkt, auch das Ende dieser fortschrittlichen Technik gekommen.

Auf dem Gebiet der Standard-Schlepper folgte ab 1978 die Baureihe DX. Zu ihren markantesten Vertretern gehörte der DX 90: erstmals wurde ein Deutz-Schlepper von einem Fünfzylindermotor angetrieben, vom F5L912, mit 88 PS und Deutz-Getriebe TW 90.20. Mit den Kabinen der Serie MasterCab wurde der Komfort auf ein Niveau gehoben, das in der gesamten Schlepperwelt bisher unerreicht war. Sowohl die Geräuschisolierung wie die Ergonomie (erstmals Seitenschaltung) waren vorbildlich. Für besonders hohe Leistungsanforderungen gab es von 1980 bis 1982 den DX 230, der aus seinem aufgeladenen Sechszylindermotor BF6L413 FR 200 PS bezog. Sein ZF-Lastschaltgetriebe verfügte über 18 Vorwärts- und sechs Rückwärtsgänge. Der Schlepper hatte als erster Deutz Zentralantrieb und war ausschließlich als Allradmaschine lieferbar. Das Leergewicht von 9 250 kg enthielt bereits die Hälfte des möglichen Frontballastes.

Eine neue Linie in der äußeren Gestaltung, die jedoch durchaus einen praktischen Nutzen hat, brachte 1990 die Baureihe AgroXtra mit ihren flach nach vorn abfallenden Motorhauben.

Die Sicht des Fahrers auf die Frontanbaugeräte wird dadurch entscheidend verbessert. AgroXtra-Schlepper gibt es von der unteren (3.57, F3L913, 60 PS, bis zu 24 Vorwärts- und 12 Rückwärtsgänge, höchstzulässiges Ges.Gew. 5 000 kg) bis zur oberen Mittelklasse (6.17, F6L913, 113 PS, bis zu 24 V/6 R, zulässiges Ges.Gew. 8 000 kg). Mit der Schräghaubenbauweise war Deutz einmal mehr Vorreiter, der zahlreiche Nachahmer gefunden hat.

Auf der agritechnica 1993 wurden die vorerst letzten Neuentwicklungen präsentiert: die Großtraktoren AgroStar 6.71 (160 PS) und 6.81 (185 PS), bei denen, erstmals in der Deutz-Geschichte, keine eigenen Motoren eingebaut sind, sondern solche aus dem Hause MWM (das allerdings, seit 1985, zum KHD-Konzern gehört). Mindestens ebenso sensationell ist die Tatsache, daß mit diesen Motoren die Wasserkühlung wieder Einzug in Deutz-Schleppern gehalten hat. Die Getriebe, als Wendegetriebe ausgelegt und in drei Gruppen zu je neun Gängen gestuft, stammen ebenso von dem italienischen Traktorenhersteller Same wie die Vorderachsen und Hydraulikanlagen. Die AgroStar-Kabine ist die anerkanntermaßen leiseste Schlepperkabine der Welt. Mit einer Fernbedienung, dem "Commander Stick", kann per Knopfdruck die Wahl des Ganges, der Fahrtrichtung und die Betätigung des Hubwerkes gesteuert werden.

Mit dieser langen Tradition im Traktorenbau ist Deutz der einzige Hersteller in Deutschland, dessen Schlepperproduktion bis in die Frühzeit der Motorisierung zurückreicht, und der mit Spitzenproduktionszahlen und -erzeugnissen seit Mitte der zwanziger Jahre ununterbrochen auf diesem Sektor tätig ist.

EICHER

$\mathcal{D}$ie Geschichte der Eicher Traktoren- und Landmaschinenwerke ist von Höhepunkten und Niederlagen gleichermaßen geprägt und weist im Verlauf ihrer letzten Jahre eine Dramatik auf, die ohnegleichen ist.

Sie beginnt 1936 in Forstern/Obb., als die Brüder Albert und Josef Eicher in der väterlichen Landmaschinenwerkstatt, fasziniert von allem, was durch Motorkraft angetrieben war, ihren ersten Traktor auf die Räder stellen. Dieser war konstruktiv so gut durchdacht und in der handwerklichen Ausführung so gekonnt, daß er schnell auf weite Anerkennung stieß. Mit den Rädern hatte es allerdings seine Bewandtnis: einer verbürgten Anekdote nach mußte der halbe Werkstattschuppen abgerissen werden, weil der fertige Schlepper nach Anbringen der Räder nicht mehr durch das Tor paßte! Er schlug mit seinem Deutz-Motor F2M414 und einem Prometheus-Getriebe so gut ein, daß die neue Traktorenfabrik im sog. Schell-Plan berücksichtigt wurde.

Während des Krieges wurden dann in Forstern jedoch keine Schlepper, sondern luftgekühlte BMW-Flugzeugmotoren gebaut. Die dabei gewonnenen Erfahrungen veranlaßten die Eicher-Brüder, einen luftgekühlten Schleppermotor zu entwickeln. Dessen Vorteile waren nicht zu leugnen: niedrigeres Gewicht, vereinfachte Wartung, ausgezeichnete thermische Eigenschaften. In der Folgezeit kam es zwischen Befürwortern und Gegnern der Luftkühlung zu Kontroversen, die nahe an einen Glaubenskrieg heranreichten.

Der luftgekühlte Motor im Schlepper war jedoch so erfolgreich, daß kaum ein Motoren- oder Schlepperhersteller darauf verzichten konnte, zu-

Der erste luftgekühlte Schlepper der Welt: Eicher ED 16 von 1949 und EKL 15 II bei einem Veteranen-Pflügen (unten)

mindest einige solcher Varianten ins Programm zu nehmen. 1948 wurde mit dem ED 16 der erste luftgekühlte Akkerschlepper der Welt vorgestellt. Der Eicher-Diesel, ein Direkteinspritzer, besaß ein auf der rechten Seite angeordnetes Radialgebläse, das die Luft an den Kühlrippen und am Zylinderkopf vorbeipreßte.

Der Hubraum des Einzylinders betrug 1425 ccm. Mit einem ZA-Getriebe (4 V/1 R) versehen, war der Schlepper 2422 mm lang, hatte einen Radstand von 1520 und einen Wenderadius von 4500 mm und wog 1450 kg. Bis zum Ende des ersten Produktionsjahres wurden 251 Stück des ED 16 abgesetzt: ein großer Erfolg für das Unternehmen, der noch dadurch gesteigert wurde, daß die für 1949 vorgesehene Stückzahl von 500 bereits im Februar ausverkauft war. Diese Entwicklung hielt in den Folgejahren an - 1953 wurde der 10 000ste Eicher-Diesel verkauft! Schnell wurde das Typenprogramm vergrößert, wobei zunächst auf wassergekühlte Motoren von Deutz und Südbremse zurückge-

griffen wurde, um die Nachfrage nach Eicher-Traktoren mit stärkeren Motoren zu befriedigen.

Die Leistung des ED 16 wurde auf 19 PS angehoben,er hieß nun ED 16 II. Dieser, nun mit Hurth-Getriebe ausgerüstet, war es vor allem, der den guten Ruf schnell über Süddeutschland hinaustrug. Im Zuge der Leistungssteigerung wurde aus diesem Schlepper der ED 22, während die 16-PS-Klasse vom Typ EKL 15 (II) mit 15 (16) PS abgedeckt wurde. Kennzeichnend für diese und fast alle weiteren Eicher-Traktoren war die Vorderachse mit doppeltem Blattfederpaket.

Für Eicher war es keine Frage, daß dem luftgekühlten Motor der Vorzug gebührte. In Ermangelung eigener Motoren größerer Leistung mußte auf die Deutz-Baureihe FL 514 zurückgegriffen werden. Keine schlechte Wahl, wie der Erfolg der Deutz-Schlepper bewies. Aus der Serie der Eicher mit Deutz-Motoren seien zwei sehr typische Beispiele angeführt: der L 28 mit 28 bis 30 PS (F2 L 514) und der L 40 (42 PS; F3L514). Dem Dreißiger war

ein weitgehend vergleichbarer Schlepper mit wassergekühltem MWM-Zweizylindermotor vorausgegangen, der 1949/50 der stärkste Eicher gewesen war. Mit dem Deutz-Motor und ZP- oder ZA-Getriebe (5 oder 7 V/1 R) ausgerüstet, war er 2980 mm lang, die Spurweite zwischen 1270 und 1540 mm verstellbar, der Radstand betrug 1850 mm, das Gewicht ca. 1800 kg. Mit seiner Bereifung von 6.00-16 vorn und 10-28 hinten und einer Zughakenkraft von 1350 kg im ersten Gang war der Eicher L 30 dem Deutz ein gleichwertiger Konkurrent.

Neuland betrat die Firma mit dem L 40. Einen Schlepper dieser ("Mähdrescher"-)Leistungsklasse hatte man bisher nicht angeboten. ZP-Getriebe (5 V/1 R), Bereifung 6.00-20 bzw. 13-24,

Eicher L 40 mit Deutz F3 L 514, ED 26 und ein schwerer Eicher mit 42 PS aus zwei Zylindern (oben von links nach rechts). Allrad-Eicher mit 26 und 42 PS (unten)

Eigengewicht 2190, Zughakenkraft im ersten Gang 1950 kg sowie eine Zugleistung auf ebener Straße von 20 t zeichneten ihn aus. Auch diese Schlepper erfüllten alle Erwartungen, wenn auch nicht mit Stückzahlen, die mit denen des Sechzehners vergleichbar waren. Während in einem zweiten Werk in Dingolfing die Eicher-Pflüge, Rekord-Lager, Pick-up-Pressen u. a. Landmaschinen und schließlich auch der Eicher-Geräteträger gebaut wurden, stiegen die Zahlen der Schlepper aus Forstern rapide: 1954 waren es insgesamt 25 000 verkaufte Exemplare.

Die Weiterentwicklung des eigenen Motors ging indessen zügig voran. Neben den Einzylinder traten nun die Zweizylinder ED 26, ED 30 (ED 33) und ED 40. Auch bei ihnen besaß jeder Zylinder sein eigenes Gebläse - eine Bauart, die von Eicher stets beibehalten wurde. Der ED 26 hatte 2596 ccm, das ZF-Getriebe A 15 (5 V/1 R, auf Wunsch Kriechgang), die Hinterradbereifung war wahlweise 10-28, 11-28 oder 9-36. Mit 1890 mm Radstand und einem zul. Höchstgewicht von 2400 kg gehörte er zu den leistungsstärksten Traktoren seiner Klasse, wenn auch nicht zu den Billigangeboten: 9 790 DM wurden im Jahr 1957 für ihn berechnet. Da den Eicher-Kunden aber bewußt war, daß Qualität ihren Preis hat, wurden die Schlepper gut verkauft. Relativ unbekannt ist die Tatsache, daß Eicher zu den Pionieren des Allrad-Antriebs gehört.

Eicher L 60 befördert 1993 kostbare Fracht an den Bodensee (oben). Eicher ED 40, Geräteträger G 30 und Eicher ED 50 (rechts von oben nach unten)

Sowohl vom 22-PS-Einzylinder wie vom ED 26 und ED 40 gab es Allrad-Ausführungen, die heute zu den größten Seltenheiten gehören. Man wählte dabei die technisch überzeugendste, wenn auch aufwendigste (und etwas unhandliche) Bauart mit vier gleich großen Rädern. Die Eicher-Motoren mit ihrem günstigen Drehmomentverlauf, die langgestreckte Bauart (der Radstand der 42-PS-Maschine be-

Eicher Königstiger, 3 Zylinder, 35 PS (oben)
und Mammut 65 Allrad von 1963/64 (unten)

trug 2000 mm) mit niedrigem Schwerpunkt, das gute Verhältnis von Eigen- und zul. Gesamtgewicht machten diese Allrad-Traktoren, die sich zusätzlich durch geringen Schlupf und geringe Bodenpressung auszeichneten, zu außerordentlich leistungsfähigen Ackerschleppern ihrer Epoche. Ihre Einsetzbarkeit in Hanglagen und gemischten Betrieben, die auch Wald bewirtschafteten, war nahezu unbegrenzt. Daß die verkauften Stückzahlen niedrig blieben, mag an den Preisen gelegen haben.

Besondere Hervorhebung verdient ferner der Eicher-Geräteträger, der zu den wichtigsten Maschinen dieser Kategorie zählte. Als "Muli", "Eicher-Kombi" oder "Unisuper" wurde er in der dem Lanz Alldog ähnlichen Bauweise mit zwei Längsholmen ab 1952 gebaut und vom 19- und 22-PS-Modell bis zum 40-PS-Typ weiterentwickelt. Obwohl im Konzept ausgezeichnet und mit den langen Radständen, vielfältigen Anbaumöglichkeiten (einschl. Frontlader) und spätestens mit Leistungen ab 30 PS auch gut motorisiert, blieb dem Geräteträger ein wirklicher Erfolg versagt. Eine nähere Darstellung dieses Sachverhaltes würde jedoch den Rahmen dieses Buches sprengen.

Obwohl man sich bewußt war, daß die erreichbaren Zahlen auch in der stärksten Schlepperklasse, die in den fünfziger Jahren bei 50 und 60 PS lag, gering bleiben würden, hatte man den Ehrgeiz, auch hier vertreten zu sein. Ein zunächst mit dem Deutz F4L514 angebotener 60-PS-Typ hatte, obwohl naturgemäß eine imposante Erscheinung, keine ganz klare Existenzberechtigung. Es zeigte sich ein Phänomen, das für die gesamte Eicher-Produktion bezeichnend werden sollte: Eicher-Kunden wollten Eicher-Motoren. So stellte man als "krönenden Abschluß" der Baureihe nach oben die Dreizylinder ED 50 und ED 60 vor.

Für land- und forstwirtschaftliche Großbetriebe ließen diese Boliden keinen Wunsch offen. Dank ihrer bärenstarken Motoren (115 x 150 mm, 4671 ccm) mit 50 bzw. 60 PS und ZF-Getriebe (Typ A 26, 5 V/1 R/2 Kriechgänge), ihrer Bereifung 6.50-16 bzw. 15-30 und ihrer Abmessungen (Länge 3830, Radstand 2450 mm, Eigengewicht 3320, zul. Gesamtgewicht 4700 kg) und ihrer ab 1957/58 lieferbaren Dreipunkt-Hydraulik waren für sie weder vier- bis fünfscharige Pflüge, Vollerntemaschinen noch schwerste Anhängelasten, etwa Langholzfuhren, ein Problem. Natürlich gab es zahlreiche Sonderausrüstungen wie Schnellganggetriebe, Motorzapfwelle, Seilwinde, Druckluft-Bremsanlage usw.

Eicher Tiger 25-28 PS (oben), ED 60 beim Pflügen und H-R mit hydrostat. Antrieb auf der Domäne Dahlem (Mitte) und Wotan II 95 PS mit neuer Haubenform (unten)

Ab 1959 wurde das gesamte Bauprogramm modernisiert. Selbstverständlich behielt man das bewährte Kühlsystem bei, jedoch hatten die Motoren im Gegensatz zu ihren Vorgängern jetzt einen kürzeren Hub. Mit der sog. Raubtier-Reihe gelang wieder ein großer Wurf. Noch heute sind zahlreiche Vertreter dieser Modelle im täglichen Einsatz und wohlgehütete und gepflegte Helfer auf manchem Hof. Ihre Erscheinung mutet so zeitlos an, daß es schwerfällt, sie bereits als Oldtimer zu sehen, obwohl sie das zweifellos heute sind. Die Modelle Leopard (1 Zyl., 19 PS), Panther (2 Zyl., 19, später 22 PS), Tiger (2 Zyl., 25 PS), Königstiger (3 Zyl., 35 PS) und Mammut (3 Zyl., 45 PS) gehören zu den gelungensten Schlepperkonstruktionen ihrer Epoche, in der sich der schnell wachsende Leistungsbedarf deutlich zu erkennen gab. Hierfür bot die neue Baureihe alle Voraussetzungen. Der Motor des Tiger (100 x 125 mm, 2100 ccm) gab seine Leistung bei 2000 U/min ab. Der Schlepper besaß das ZP-Getriebe A 208 (8 V/4 R), Doppelkupplung, Motor- und Wegzapfwelle, Differentialsperre, schlauchlose Blockhydraulik

mit Raddruckverstärker, Dreipunktaufhängung Kat. I, der Radstand betrug
1883 mm, das Eigengewicht 1460, das
zul. Gesamtgewicht 2000 kg. Mitte der
sechziger Jahre waren die Motorleistungen bei Panther und Tiger auf 22
bzw. 28 PS angestiegen, es gab den Tiger 2 mit 32, den Königstiger mit 38,
als Allradschlepper mit 40 PS, das
Mammut brachte es mit neuem Vierzylinder auf deren 50, 60 und sogar 62.

1964 kam eine technische Delika-
tesse ins Programm, die zwar von be-
achtlichem innovativen Potential der
Eicher-Ingenieure zeugte, der aber
kein Markterfolg beschieden war: der
H-R-Schlepper mit hydrostatischem,
reversierbaren Fahrantrieb. Bei ihm
gab es weder Kupplung noch Gang-
schaltung. Die Geschwindigkeiten waren stufenlos regelbar, der Wechsel der
Fahrtrichtung erfolgte mit nur einem
einzigen Pedal, mit dem auch angefah-

ren oder bis zum Stillstand abgebremst wurde. Beim Frontladerbetrieb, bei der vollkommen unabhängigen Motor-zapfwelle oder auch beim Mähen spielte diese Konstruktion ihre Überlegenheit aus. Angetrieben wurde der H-R-Schlepper vom Vierzylinder-Motor des Mammut, der hier 54 PS leistete. Der hydrostatische Drehmomentwandler "Dowty-Taurodyne" bekam ein eigenes Radialgebläse, so daß beim Anblick des Schleppers oft der irrtümliche Eindruck eines Fünfzylindermotors entsteht. Diesen revolutionären Antrieb gab es für Schlepper mit Allrad- und Hinterradantrieb.

Neben den Standardtraktoren war Eicher immer führend in der Herstellung von Schmalspurschleppern. Trotz großer Erfolge und eines ausgezeichneten Rufes begann Ende der sechziger Jahre der Stern der Marke zu sinken. Die allgemeine Krise jener Zeit, in der Fahr, Güldner, Hanomag, Hela u. a. die Schlepperproduktion aufgaben, erwischte Eicher spätestens in dem Moment, als ZF die Produktion von Getrieben für die unteren Leistungsklassen einstellte.

Neben dem Motoren- auch noch einen eigenen Getriebebau aufzuziehen, hätte die wirtschaftlichen Möglichkeiten des Unternehmens überfordert, die zudem durch wenig glückliche Versuche, ein dem Unimog ähnliches Fahrzeug unter dem Namen "Farm-Express", einen automatischen Kipp-Pflug "Uni-Robot" und sogar einen Dreitonner-Lkw zu produzieren, strapaziert waren. Auf der Suche nach einem potenten Partner im Schlepperbereich entschloß man sich 1970 zum Zusammengehen mit dem britischen Großkonzern Massey-Ferguson. Dieses Unternehmen wollte Getriebe an Eicher liefern, aber auch die Perkins-Dieselmotoren sollten fortan die Eicher-Schlepper antreiben.

Als Ausgleich sollte Eicher seine Schmalspur-Traktoren als MF-Fahrzeuge verkaufen. Die schon vorher, 1968, bei Eicher geborene neue Generation der "Panther, Tiger & Co." hatte 28, 35, 45, 52, 62, 80 und 95 PS, neugestaltete Hauben, teilweise Allradantrieb, eine aufgeräumte Plattform mit nach rechts verlegter Schaltung, einen ergonomisch ausgezeichneten Sitz, Doppelkupplung sowie ein (damals noch) ZF-Leichtschalt-Gruppengetriebe. Bei den nach Gott Wotan benannten Spitzenmodellen waren Sechszylindermotoren (100 x 125 mm, 5830 ccm) eingebaut, bis zu 16 Vorwärts- und acht Rückwärtsgänge standen zur Verfügung. Die Motorzapfwelle war von 540 auf 1000 U/min umschaltbar, die Blockhydraulik hatte eine Hubkraft von 2850 kp an den Unterlenkern.

Eicher Economy-Serie: Typ 3035, Zweizylinder, 35 PS (links oben) und 3085, Vierzylinder-Turbo, 85 PS (links unten). Oben: Eicher Großtraktor 3145 E (Wotan E), 145 PS

Die Pumpe förderte 40 l/min bei einem Arbeitsdruck von 175 atü. Es gab hydrostatische Lenkung, der Vorderachsantrieb war in Fahrt und unter Last zuschaltbar. Der Radstand des Wotan II (95 PS) betrug 2650 mm, sein Gewicht 4500 kg: alle diese Merkmale waren sehr wohl auf der Höhe der Zeit, wenn nicht ihr voraus. Als aber die ZF-Entscheidung alle Hoffnungen zunichte machte, schien das Zusammengehen mit MF unabweisbar. Der Einfluß dieses internationalen Branchenführers war jedoch so stark, daß, wie schon angedeutet, ab 1974 die Eicher-Motoren durch Perkins-Maschinen völlig verdrängt wurden. Lediglich die Wotan- und die Schmalspur-Modelle behielten ihre charakteristischen Motoren. Für die traditionellen Kunden der Bayern waren Eicher-Schlepper mit Perkins-Motoren jedoch vollkommen unakzeptabel: wer einen solchen Motor haben wollte, konnte ja gleich einen Massey-Ferguson kaufen! Das "Aus" schien gekommen, als MF das unprofitable Unternehmen Eicher 1982 stillegen wollte (immerhin war erst 1972 in Landau das neue Werk errichtet, die traditionellen Fabriken in Forstern und Dingolfing sogar verkauft worden!).

Rettung kam für die blauen Eicher-Traktoren buchstäblich aus dem fernen Morgenland. Ein ehemaliger Lizenznehmer, die inzwischen selbständig und rentabel gewordene Eicher Goo-dearth India Ltd. übernahm das gesamte bewegliche Inventar und sämtliche Arbeitskräfte, und es begann die erneute Produktion der (nunmehr hell-blauen) Eicher-Traktoren in gewohntem Qualitäts-Standard, mit den klassischen Motoren in überarbeiteter, extrem sparsamer Version - die Baureihe Economy von 35 bis 145 PS. Es sollte nichts helfen. Notwendige Investitionen, Pachtverträge für das Werksgelände, das im Bankbesitz verblieben war, alte Verpflichtungen und hohe Kreditkosten hatten die Kapitaldecke des schwer angeschlagenen Unternehmens völlig erschöpft. Der Verlust von Arbeitsplätzen drohte, das Gespenst der Zahlungsunfähigkeit ging um. Die letzten treuen Kunden (und auch Zulieferer) sprangen ab. Am 22. Mai 1984 kam es zum Konkurs.

Nun aber ereignete sich erneut etwas bisher nie Dagewesenes. Eicher-Händler, die die Schlepper für absolut konkurrenzfähig hielten, gründeten eine Auffanggesellschaft und stellten dem Unternehmen Finanzmittel, für die das Land Bayern bürgte, zur Verfügung, die die Weiterführung der Traktorenproduktion ermöglichten. Mit geringen, bald aber auch schon wieder steigenden Stückzahlen wurden die Standardschlepper weitergebaut, darunter die Leistungsklassen von 80 bis 146 PS mit Vier- und Sechszylinder-Turbomotoren. Der in den späten achtziger, anfangs der neunziger Jahre erneut einsetzende, weltweite Wettbewerbsdruck auf dem Schlepper- und Landmaschinenmarkt führte jedoch bedauerlicherweise zum nunmehr endgültigen Ende.

FAHR

*J*ohann Georg Fahr gründete 1870 in Gottmadingen (Baden) eine Landmaschinenfabrik, die schnell zu einem der führenden Unternehmen der Branche in Europa wurde. Vor allem auf dem Gebiet der Erntetechnik (Maschinen für die Heuernte, Bindemäher, später auch Mähdrescher) gab es kaum einen Bereich, in dem Fahr nicht Maßstäbe gesetzt hätte.

Erst 1938 jedoch wurde der erste Ackerschlepper gebaut, dies allerdings gleich in einer Perfektion, wie sie nur von einem Hersteller erwartet werden konnte, der genau wußte, worauf es ankam: der Typ F 22. Er hatte, wie nahezu alle Schlepper seiner Leistungsklasse in dieser Zeit, den Deutz-Motor F2M414 mit 22 PS, den Deutz wohl nie in einem eigenen Schlepper verwandte. Das Getriebe (5 V/1 R) wurde bei Fahr selbst gebaut. Es war mit dem Motor zur rahmenlosen Blockbauweise verflanscht. Die serienmäßige Zapfwelle war mittig angeordnet, der F 22 war bei einem Radstand von 1700 mm mit Ackerluftbereitung 1820 kg schwer, das zul. Gesamtgewicht betrug 2200 kg. Relativ niedrig und langgestreckt, war er eine sehr ausgewogene und überzeugende Konstruktion, bei der in der Anordnung und Gestaltung der Antriebs- und Anhängepunkte die Erfahrungen aus dem Landmaschinenbau zum Tragen kamen.

Ab 1942 gehörte das Unternehmen zu denen, die in großer Stückzahl Holzgas-Schlepper bauten, den Typ HG 25.

Es dauerte bis zum Jahr 1948, ehe man mit dem Typ D 28 die Produktion wieder beginnen konnte. Dieser besaß den Zweizylinder-Wälzkammermotor 2 F von Güldner (105 x 150 mm, 2558 ccm), der 28, bald darauf 30 PS (D 30) bei 1500 U/min leistete sowie das Fahr-Getriebe F 15 (5 V/1 R). Der D 28 zeichnete sich durch eine sehr markante Formgebung aus, die vielleicht, obwohl ihn seine Daten (Länge 2990, Radstand 1880 mm, Eigengew. 1980, zul. Gesamtgewicht 2600 kg, Bereifung 6.00-16 bzw. 11.25-24) durchaus

Fahr F 22, Holzgaser HG 25 mit dem Prototyp eines Fahr-Mähdreschers und Holzgas-Diesel-Umbau nach 1945 (von oben nach unten)

empfehlenswert erscheinen ließen, einen größeren Verkaufserfolg verhinderten. Mit dem D 22, ein Jahr später mit dem bewährten Deutz-Motor F2M414, der nun 25 PS leistete, und dem Getriebe ZP A 15 (5 V/1 R) der Zahnradfabrik Passau auf den Markt gebracht, begann dann die kontinuierliche Entwicklung einer ersten, ausgebauten Typenreihe.

Fahr D 30 L mit Deutz F2 L 514, D17 / D17 H und D45 L mit F3 L 514 (links von oben nach unten). Erste Neukonstruktion: D 28 / D 30 und Neuauflage des bewährten Bauernschleppers: der D 22 (kleine Abbildungen)

Bald schon wurden luftgekühlte Deutz-Motoren verwendet, erstmals beim Modell D 30 L mit dem F2L514, 30 PS und dem eigenen Getriebe F 12 N (5 V/1 R). Wie der L 30 von Eicher, so war auch der Fahr ein Schlepper, der sich mit dem entsprechenden Deutz-Modell in jedem Punkt vergleichen lassen konnte: 2990 mm lang, Radstand 1843 mm, Eigengewicht 1975, zul. Gesamtgewicht 3480 kg (!), Bereifung hinten 11-28 - mit diesen Daten vermochte er zu beeindrucken. In seiner Bauzeit von 1951 bis 1953 war der D 30 L einer der meistverkauften Traktoren seiner Klasse. 1951 verließ bereits der insgesamt 10 000ste Fahr-Schlepper das Werk. Auch im unteren Leistungsbereich war man aktiv, z. B. mit dem Typ D 17 (Motor Güldner 2 D 15, 85 x 115 mm, 1304 ccm, 17 PS bei 1800 U/min) und anderen ausgereiften, leichten Universalschleppern. 1952 stieg man, mit allerdings bescheidenen Stückzahlen, in die

ganz schwere Klasse ein: mit den Motoren F3L und F4L514 wurden die Fahr-Schlepper D 45 L und D 60 L auf den Markt gebracht. Diese Typen wurden als D 400 und D 540 immerhin bis 1958 beibehalten.

Bis 1958 gebaut: Fahr D 400 mit 45 PS - vorne etwas zu leicht, D 180 H mit 24 PS und ein perfekter Allzweckschlepper: D 240 H mit F2 L 514 (links von oben nach unten). Der schwerste Fahr: D 60 L mit Deutz F4 L 514 (kleine Abbildung)

Die eigentliche Domäne von Fahr waren aber stets Schlepper der kleineren und mittleren Leistungsklasse. Es ist durchaus nicht falsch (und schon gar nicht abwertend), wenn man sagt, daß ihnen immer etwas Spektakuläres abging. Ohne sonderlich viel von sich reden zu machen, wurden sie, bis ins Detail mit großer Sachkenntnis durchkonstruiert und aus erstklassigem Material hergestellt, zum Synonym für robuste und absolut zuverlässige Bauernschlepper, die auf eine treue Anhängerschaft zählen durften. Weitere, herausragende Beispiele dafür sind die Typen D 180 H (1954 bis 1959) und D 270/D 270 H (1954 bis 1958).

Der 180er besaß den luftgekühlten MWM-Motor AKD 12 Z/112 Z (98 x 120 mm, 1810 ccm), einen Direkteinspritzer mit 24 PS bei 2000 U/min und das Fahr-Getriebe F 9 C 1 (5 V/2 K/1 R). Radstand 1818 mm, Eigengewicht 1453, zul. Gesamtgewicht 2000 kg - immer wieder findet sich diese Ausgewogenheit der Gesamtkonstruktion. Ab 1953/54 wurden hydraulischer Kraftheber und Dreipunktaufhängung in der Zusatzausrüstung immer wichtiger. Der D 270 H war der direkte Nachfolger des D 30 L, die Leistung des Deutz-Motors betrug nun 32 PS. Auch bei ihm war das Getriebe vom Typ F 16 bzw. F 16 H hausgemacht. Auch formal besticht dieser Allzweck-Schlepper mit seiner hohen Hinterradbereifung von 9-42, 11-38 oder 13-30.

1956 begann eine enge Zusammenarbeit mit Güldner. Schon immer hatte man ja die Motoren der Aschaffenburger verwendet, auch luftgekühlte Aus-

se Motoren Schäden in bisher völlig ungekanntem Umfang: der D 133 war ein wirklicher Flop.

Völlig anders hingegen verhält es sich mit dem D 177. Er war bereits 1958, also ein Jahr vor der Einführung der Baureihe, auf den Markt gekommen und verfügte über einen legendären Motor: den OM 636 von Mercedes-Benz, der auch den Unimog (und den Pkw 180 D) antrieb. Mit 34 PS bei 3000 U/min und dem Getriebe ZP A 208 (drei Schaltgruppen, bei D 177 S bis zu 27,3 km/h), Differentialsperre, Motor- und Getriebezapfwelle, in der eleganten, flachen und langgestreckten Bauweise für Geräteanbau zwischen den Achsen wie hinten gleich gut geeignet, mit einem Radstand von 1950 mm, einem Eigengewicht von 1630 und einem zul. Gesamtgewicht von 2600 kg, mit eigenem hydraulischen Kraftheber (Fabrikat Fahr-Bucher) von 1300 kg Hubkraft, gefederter Vorderachse und Steuergerät mit Raddruckverstärker (beides auf Wunsch) und einer Fülle anderer Zusatzausrüstungen war dieser Schlepper Krönung der "Europa-Reihe" - und auch krönender Abschluß der gesamten Fahr-Schlepper-Produktion.

1961, über 100 000 betrug die gesamte Produktionsziffer aller Fahr-Traktoren, kam das Ende. Die Ertragslage war unbefriedigend, obwohl hohe Nachfrage bestand. Man kündigte die Zuammenarbeit mit Güldner auf, suchte die Partnerschaft mit KHD und mußte dafür in Kauf nehmen, fortan wieder "nur" Hersteller von Erntemaschinen zu sein. 1968 ging die Aktienmehrheit an KHD über.

Fahr Kleinschlepper D 88, 14 PS, ab 1959 (oben links) und der D 133, dessen Motor Ärger machte (Mitte links). Der Fahr D 177 S 1984 im Markgräfer Land (unten)

führungen bei leichten Schleppern. Am Anfang der neuen Unternehmensbeziehungen standen die Kleinschlepper D 66 und D 88. In moderner Haubengestaltung, mit "Reitsitzposition" des Fahrers u. a. neuen Details deutete sich die im Entstehen begriffene "Europa-Reihe" an. Von diesem Zeitpunkt an wurde bei Güldner stets eine identische Parallel-Produktion aufgelegt.

Der D 66 ·mit dem luftgekühlten Einzylindermotor LX leistete 11 PS bei 2500 U/min, er war 2555 mm lang (Radstand 1650 mm), wog nur 750 kg, wobei sein zul. Gesamtgewicht aber 1300 kg betrug. Das ZP-Getriebe A 4 verfügte über sechs Vorwärts- und zwei Rückwärtsgänge in drei Schaltgruppen. Auch in dieser kleinsten Leistungsklasse, die von Fahr immer durch entsprechende Modelle bedient worden war, hatte man also eine vernünftige Alternative anzubieten.

Die wirkliche "Europa-Reihe" lief im Mai 1959 an. Bei Fahr bestand sie aus vier Typen: D 88 (15 PS), D 131 W/L (20 PS), D 133 N/T (25 PS) und D 177/D 177 S (34 PS).

Zwei dieser Traktoren sind, insofern muß die Bemerkung über das "Unspektakuläre" relativiert werden, doch wirklich berühmt (bzw. berüchtigt) geworden. Der D 133 besaß den Güldner-Motor 3 LKN, einen luftgekühlten Dreizylinder, der wegen seiner thermischen Probleme gefürchtet war. Speziell dann, wenn Staub und Schmutz im Kühlluftstrom vorhanden war, was in der Landwirtschaft eigentlich nie auszuschließen ist, erlitten die-

47

FAMO

ie FAMO (Fahrzeug- und Motorenwerke GmbH), 1935 aus den Linke-Hofmann-Werken in Breslau ausgegliedert und als Tochterunternehmen des Junkers-Konzerns gegründet, war in der guten Ausgangsposition, mit dem LHW-Raupenschlepper ein ganz hervorragendes Fahrzeug für landwirtschaftliche Großbetriebe, für Bauwirtschaft u. a. Zwecke im Programm zu haben. Sowohl die "Boxer"- als auch die "Rübezahl"-Raupen gehörten zu den besten Kettenschlepper-konstruktionen nicht nur in Deutschland.

Beide zeichneten sich neben ihren leistungsstarken Dieselmotoren vor allem durch die Verwendung des Cletrac-Doppeldifferential-Lenkgetriebes aus, für das LHW seit 1929 eine Lizenz besaß.

Bei diesem Lenksystem wird der Schlepper durch Abbremsen der Kettenantriebswellen im Getriebe gesteuert, die Lenkung wird durch ein herkömmliches Lenkrad, nicht durch zwei Hebel betätigt. Auch in den Kurven werden die Kettenzahnräder, die in die Laufkette eingreifen, angetrieben, so daß kein Kraftverlust entsteht. Außerdem bestand das Laufwerk aus zwei unabhängig voneinander beweglichen Laufrollkästen, die vorn mittels gelenkig gelagerter Querfedern gegen den Motorblock abgestützt waren. Den hinteren Drehpunkt der Kettenkästen bildeten Schwingachsen. Auch in unebenem Gelände lagen beide Ketten stets mit ganzer Fläche auf und brachten die volle Kraft an den Boden. Die großvolumigen FAMO-Dieselmotoren (Boxer: 105 x 145 mm, 5024 ccm; Rübezahl: 125 x 175 mm, 8596 ccm) leisteten 42 bis 45 PS bei 1250 U/min bzw. 60 bis 65 PS bei 1150 U/min. Beide Kettenschlepper verfügten über Getriebe mit drei Vorwärtsgängen und einem Rückwärtsgang, auf die die Motorkraft durch eine Einscheiben-Trockenkupplung übertragen wurde.

Famo-Raupen auf der Baustelle: links der legendäre Riese, rechts der Rübezahl (oben). Rübezahl pflügt auf der Domäne Dahlem (Mitte). Verkehrsschlepper mit schweren Radgewichten (unten)

48

Die Boxer-Raupe wog 3500, die Rübezahl 4700 kg, ihr Bodendruck betrug nur 0,36 kg/qcm. Die normale Kettenbreite war 300 mm. Die Zughakenkraft einer Boxer-Raupe lag im ersten Gang bei 2300, die der Rübezahl bei 3200 kg. Mit fünfscharigem Anhängepflug war die Rübezahl bei einer Arbeitstiefe von 30 cm gut für eine Leistung von drei Morgen pro Stunde.

1940 kam noch ein weiterer Raupenschlepper, der Typ "Riese", ins Programm. Er bezog aus seinem Sechszylindermotor 100 PS und war damit theoretisch der stärkste und schwerste Ackerschlepper deutscher Produktion bis weit in die sechziger Jahre hinein. Allerdings dürften nur sehr wenige Fahrzeuge dieses Typs gebaut worden sein, die dann wohl ausschließlich der militärischen Verwendung im Osten zugeführt wurden.

Das Raupenschlepper-Programm wurde 1936 durch einen neu entwickelten Radschlepper ergänzt, der ebenfalls der damals obersten Leistungsklasse angehörte. Mit dem 42-PS-Motor der Boxer-Raupe und einem Getriebe mit fünf Vorwärts- und einem Rückwärtsgang in rahmenloser Blockbauweise gehalten, besticht dieser schwere Traktor durch relativ lange, niedrige Bauart. Es gab ihn mit Eisen- oder Ackerluftbereifung (7.00-20 vorn, 12.75-28 hinten). Seine Abmessungen waren: Länge 3350, Radstand 2800 mm, Eigengewicht 3510 kg, Bodenfreiheit 240 mm.

Die Zughakenkraft des luftbereiften Schleppers im ersten Gang betrug 1830 kg. Dieser Schlepper bewährte sich in kurzer Zeit hervorragend und veranlaßte den Hersteller, zusätzlich eine Straßenversion mit verändertem Getriebe, entsprechender elektrischer Ausrüstung, Druckluftanlage und wahlweise festem Führerhaus anzubieten, die im ersten Gang bei 4,4 km/h 40 t, im fünften Gang bei 25 km/h noch immer 16 t Brutto-Anhängelast bewegen konnte.

Eine technische Besonderheit der FAMO-Vorkammermotoren verdient Hervorhebung: das Benzin-Anlaßverfahren. Zu diesem Zweck weist der Zylinderkopf zusätzliche Brennräume auf, die die für Benzinbetrieb niedrigere Verdichtung ermöglichen. Die Zündung des Benzin-Luftgemisches, das in einem Solex-Vergaser erzeugt wird, erfolgt durch Zündkerzen und -magnet. Die Einstellung des Vergasers ist so gewählt, daß der Motor gerade schnell genug läuft, um beim Umschalten auf Dieselöl anzuspringen. Das Umschalten erfolgt durch Betätigung federbelasteter Ventile, die die zusätzlichen Brennräume abschließen, mittels eines Handhebels.

Der Bau des Radschleppers mußte nach den Vorgaben des "Schell-Planes" eingestellt werden, der der Raupenschlepper durfte fortgesetzt werden. Allerdings erging die Auflage, sie auf Holzgas-Betrieb umzurüsten - eine Maßnahme, die sowohl ihre hohe Leistung als auch ihr Aussehen stark beeinträchtigte. Während des Krieges wurden in dem Breslauer Werk hauptsächlich schwere Halbketten-Fahrzeuge für die Wehrmacht gebaut.

Wegen heftiger Luftangriffe auf die Stadt wurden die Fabrikationsanlagen für den Schlepperbau nach Westen verlagert. In Schönebeck an der Elbe sollte ein Auslagerungsbetrieb entstehen. Nach dem Ende des Krieges wurde das gesamte Material von den Behörden in der damaligen sowjetischen Besatzungszone übernommen, und man begann, nach erneuter Verlagerung nach Zwickau, mit dem Original-Maschinenpark der FAMO, im Jahr 1949 dort mit dem Bau des ersten Ackerschleppers der DDR, des Typs RS 01, der nichts anderes war als ein Nachbau des FAMO-Rad-Schleppers.

Im Westen Deutschlands gestaltete sich der Wiederanfang für die ehemaligen FAMO-Mitarbeiter äußerst schwierig. Nach Fehlschlägen in Krefeld kam es schließlich zur Zusammenarbeit mit der Münchener Waggonfabrik Rathgeber. Ab 1951 wurde dort die überarbeitete Boxer-Raupe als Rathgeber-FAMO Boxer mit einem Vierzylinder-Dieselmotor von Kämper (52 PS) für Land- und Bauwirtschaft produziert. Die große Bedeutung der Vorkriegs-Schlepper konnte jedoch nicht wiedererlangt werden.

Der Autor mit seinem Famo-Radschlepper auf dem historischen Treffen in Markkleeberg, 1990 (oben) und Famo Boxer (unten)

FENDT

Auch bei Fendt, dem heute seit vielen Jahren marktführenden Schlepperhersteller in Deutschland, stand am Beginn ein selbstfahrender Motormäher, der 1929 von Hermann Fendt in der väterlichen Landmaschinenwerkstatt in Marktoberdorf (Allgäu) gebaut und nach nur einem Versuchsmodell sofort entscheidend verbessert wurde, indem ein liegender Deutz-Dieselmotor (MAH 711) mit Verdampfungskühlung und sechs PS auf den Rahmen gesetzt wurde: das "Dieselroß" war geboren. Sein Getriebe war ein Eigenbau. Das mitgelieferte Mähwerk wurde von einer Zapfwelle angetrieben, war aber vom Fahrantrieb unabhängig. Das Dieselroß konnte angehalten werden, und das verstopfte Mähwerk arbeitete sich frei. Damit kann Fendt als Erfinder der kupplungsunabhängigen Zapfwelle gelten. Neben dem Mähwerk wurde noch ein einschariger Anbaupflug geliefert.

Das Dieselroß begründete eine lange Reihe außerordentlich bewährter Bauernschlepper auf hohem Qualitätsniveau. Bald waren die Motoren stärker (MAH 514, neun bis 12 PS), und 1937 entstand der berühmte Typ F 18 (Motor MAH 816, 16 bis 18 PS bei 1400 U/min), mit wiederum eigenem Getriebe (4 V/1 R) und der ersten in einem europäischen Schlepper eingebauten, lastschaltbaren, unabhängigen und genormten Zapfwelle. Der F 18 wurde ein großer Erfolg: schon ein Jahr später war das 1 000ste Dieselroß verkauft. Der Deutz-Motor verlieh dem Schlepper mit seinen schweren Schwungrädern das typische, hochwillkommene Durchzugsvermögen unter schweren Bedingungen. Im Aufbau war der F 18 noch eng mit dem Grasmäher verwandt: Rahmen und Antrieb der Hinterräder durch Kette auf der rechten Seite waren seine charakteristischen Merkmale. Er war 2 600 mm lang, der Radstand betrug 1 700 mm, die maximale Zughakenkraft 600 kg.

Das erste Dieselroß, 1929/30 (oben). Das Dieselroß F 18, 16 PS, konnte mit einer fahrunabhängigen und lastschaltbaren Zapfwelle ausgestattet werden (Mitte). Der rahmenlose F 22 mit Deutz F2 M 414 (unten)

Der erste Fendt in rahmenloser Blockbauweise war der Typ F 22, bei dem der bekannte Deutz-Motor F2M414 mit einem Prometheusgetriebe (5 V/1 R) verblockt war. Damit verkörperte der F 22 den Einheitsschlepper dieser Leistungsklasse in jener Zeit. Dieser robuste Konfektionsschlepper war noch bis weit in die fünfziger Jahre ein unermüdlicher Helfer auf vielen bayerischen Bauernhöfen. Baugleich mit ihm war übrigens ein Schlepper der ebenfalls im Allgäu angesiedelten Firma Otto Martin. Bis 1942 wurden jährlich über 1 000 Fendt F 18 und F 22 hergestellt. Danach mußten Holzgas-Traktoren gebaut werden.

Vom Dieselroß F 18 H wurden 1948 monatlich 20 Stück produziert, F 40 mit Claas-Mähdrescher Super und der seltene F 40 Allrad (links von oben nach unten). Holzgas-Typ G 25 in Brokstedt und der F 28 (kleine Abbildungen)

Sie besaßen den Einheits-Gasmotor von Deutz mit 25 PS und ein ZF-Getriebe (ein solcher Fendt G 25 ist heute einer der wenigen komplett und fahrbereit erhaltenen Holzgas-Schlepper in Sammlerhand). Aus dem F 18 wurde in überarbeiteter Form ab 1948 der F 18 H abgeleitet. Er besaß den Motor MAH 916, 18 PS, der mit dem Zylinderkopf nach hinten, zum Fahrer hin, eingebaut und unter einer Haube verborgen war, bei der die Schwungräder seitlich herausstanden, sowie ein eigenes Getriebe (4 V/1 R), die unabhängige Zapfwelle und Differentialsperre. Er war 2 750 mm lang (Radstand 1 600 mm) und wog 1 485 kg, die Bereifung war 5.00-16 bzw. 8.00-20. Der

Verfasser, man möge ihm das subjektive Urteil nachsehen, hält den F 18 H für den auch formal gelungensten Vertreter dieser Kategorie der "Schwungradschlepper".

1949 war es kurzfristig auch noch einmal zur Produktion des F 22 gekommen: er besaß nun, als Typ F 22 VZ, ein ZF-Getriebe und ist insofern von besonderer Bedeutung, als sein Motor von MWM geliefert wurde: mit diesem Schlepper begann die bis heute reichende, nahezu ausschließliche Zusammenarbeit von Fendt mit der Motorenfabrik MWM. Der F 22 VZ kostete 8 500 DM. Für mittlere und größere Betriebe wurde bereits im gleichen Jahr der F 25 gebaut, ein starker Universalschlepper mit dem MWM-Zweizylindermotor KD 415 Z (100 x 150 mm, 2356 ccm, 25 PS bei 1500 U/min). Er war mit dem Fendt-Getriebe (4 V/1 R) verblockt. Auf Wunsch konnte er mit acht Vorwärtsgängen, Kriechgang und einer Höchstgeschwindigkeit von 24 km/h ausgerüstet werden. Die Vorderachse besaß ein Blattfederpaket, der Schlepper war 2 840 mm lang (Radstand 1 860 mm) und wog ca. 1 800 kg. Die maximale Zughakenkraft betrug 1 780 kg.

Weitaus höhere Verkaufsergebnisse erzielte der Typ F 15, Fendts Beitrag zur Kategorie der typischen kleinen Bauernschlepper für die süddeutschen Grünland- und Gemischtbetriebe. Auch er war in der rahmenlosen Blockbauweise gehalten. Sein Einzylindermotor KD 415 E (100 x 150 mm, 1178 ccm) leistete 15 PS bei 1600 U/min und war ebenfalls mit dem bekannten Getriebe aus eigener Produktion (4 o. 8 V/1 K/1 oder 2 R) verblockt. Natürlich hatte auch der F 15 die unabhängige Zapfwelle, ein Mähwerk mit Rutschkupplung, Lenkbremsen, usw. Er war 2 433 mm lang (Radstand 1 593 mm), die Spurweite war verstellbar, der äußere Wenderadius betrug 2 160 mm, das Gewicht 1 150 kg. Für 6 095 DM war der F 15 ein nahezu perfekter Schlepper für den bäuerlichen Familienbetrieb.

Mit diesem Bauprogramm erzielte Fendt einen Marktanteil von 10 % und damit den vierten Platz in der Zulassungsstatistik des Jahres 1950. Dieses Ergebnis wurde in den nächsten Jahren zielstrebig ausgebaut. Modellpflege einerseits, Weiterentwicklung der be-

Fendt F 12 GT: ihm gelang der Durchbruch in dieser Kategorie, F 24 L: bis heute unverwüstlicher Helfer, Fendt Farmer 2 (1961): erfolgreicher als das Überkopf-Bunkerverfahren war der Schlepper (von oben nach unten)

währten Typen andererseits verschafften dem Unternehmen eine weit über Süddeutschland hinausreichende, starke Marktposition: 1955 wurde so der 50 000ste Schlepper verkauft. Verkauf und Kundendienst liefen in hohem Maße über das landwirtschaftliche Genossenschaftswesen (wie Raiffeisen, BayWa u. a.). Jedoch nicht nur das Festhalten am Bewährten zeichnete die Marke aus: vielmehr gab es auch herausragende technische Innovationen, die in den frühen fünfziger Jahren auf Neuland führten. So ist heute kaum noch bekannt, daß Fendt mit dem F 25 und, etwas später, mit dem starken F 40, der ohnehin eine Sonderrolle im Bauprogramm einnahm, zu den Pionieren des Allrad-Antriebs gehörte. Mit einer angetriebenen Vorderachse von ZF (der gleichen, die auch von MAN verwendet wurde) war schon im Jahr 1950 der F 25 zu haben!

Der F 40 war schon in der Normalausführung mit Hinterradantrieb, ein imposanter Vertreter der schweren Klasse. Er erschien 1951 auf dem Markt. Der Dreizylinder KDW 415 D mit 3534 ccm Hubraum (inzwischen waren die MWM-Motoren auf das Wirbelkammer-Verfahren umgestellt) leistete 40 PS bei 1500 U/min und war mit einem Fünfgang-Getriebe (1 K/1 R) verblockt. Die kupplungsunabhängige Zapfwelle war ebenso vorhanden wie Einzelradlenkbremsen, gefederte Vorderachse und die große Hinterradbereifung 13-30. Damit war der F 40 für schwere, dreischarige Pflugarbeit oder den Betrieb mit gezogenen Mähdreschern ausgezeichnet geeignet.

Fendt Favorit 1 vor dem Mähdrescher und Geräteträger 231 GT (rechts). Die Fendt werden eckig: Farmer 4 S, 55 PS (unten)

Natürlich gab es für diesen Großschlepper auch Seilwinde mit Bergstütze, Druckluft-Bremsanlage, Dach mit Windschutzscheibe usw., mit denen er in der Forstwirtschaft eingesetzt werden konnte. Er war 3 440 mm lang, sein Radstand betrug 2 259 mm, das Eigengewicht 2 400, das zulässige Gesamtgewicht 5 300, die Hinterachslast 2 700 kg! Mit diesen Werten gehörte er zu den leistungsstärksten Schleppern seiner Bauepoche. Die hervorragenden Leistungen konnten durch den Vierrad-Antrieb, mit der vorderen Triebachse von ZF, natürlich wesentlich gesteigert werden. Daß die gebaute Stückzahl nicht allzu hoch war, mag am Preis gelegen haben. Ein F 40 Allrad gehört heute zu den größten Raritäten.

Eine Ausnahmerolle spielte (und spielt) Fendt auf dem Gebiet des Geräteträgers. Der kleine Standardschlepper

F 12 wurde 1953 abgeleitet vom Geräteträger F 12 GT, eine für den Einmannbetrieb konstruierte "selbstfahrende Arbeitsmaschine" mit vier Anbauräumen vor, unter, auf und hinter dem Fahrzeug. Im Gegensatz etwa zum Lanz Alldog oder zum Eicher-Geräteträger besaß der Fendt einen einzigen Zentralholm. Bei den Geräteträgern wurden stets luftgekühlte Motoren eingebaut, die, zusammen mit dem Getriebe, dicht vor der Hinterachse, also ziemlich genau im Fahrzeugmittelpunkt angeordnet waren. Der F 12 GT besaß den Einzylindermotor AKD 112 E (98 x 120 mm, 905 ccm, 12 PS bei 2000 U/min). Das Fendt-Getriebe (6 V/2 R) erlaubte von der Kriechgangbis zur Höchstgeschwindigkeit von 20 km/h sämtliche in der Landwirtschaft vorkommenden Arbeiten. Unabhängige Zapfwelle, Mähwerk, hydraulisch betätigte Ladepritsche und hydrauli-

Fendt Farmer 310 LSA

scher Kraftheber, deren Pumpe vom Motor direkt angetrieben wurde, gehörten zur Serienausstattung. Die Anbaumöglichkeiten und Gerätekombinationen waren nahezu unbegrenzt.

Das "Fendt-Einmannsystem" wurde 1955 mit der Silbernen Preismünze der DLG ausgezeichnet. Eines der erfolgreichsten Modelle wurde der F 220 GT von 1958 mit dem Zweizylindermotor AKD 311 Z (90 x 110 mm, 1399 ccm, 19 PS bei 2000 U/min). Das Getriebe hatte sechs Vorwärts-, drei Kriech- und zwei Rückwärtsgänge. Der Kraftheber verfügte über Anschlüsse vor, zwischen den Achsen und hinten. Es gab verstellbare Spurweite, Mähwerk, Getriebe- und Wegzapfwelle, Frontlader u. a. Der F 220 GT wog 1 250 kg, sein zulässiges Gesamtgewicht betrug 2 500 kg. Damit war er ein sicherer Zweischarschlepper unter allen Bedingungen.

Natürlich mußte dem in den fünfziger Jahren aufkommenden Kundenwunsch nach luftgekühlten Motoren entsprochen werden. Fendt stellte in der Regel je einen wasser- und einen luftgekühlten Schlepper gleicher Leistung zur Wahl. Ein weit verbreitetes Beispiel hierfür ist der F 24 L. Er besaß den Motor AKD 12 Z (98 x 120 mm, 1810 ccm, 24 PS bei 2000 U/min) mit Axialgebläse, der mit dem Fendt-Getriebe (6 V/1 K/2 R) verblockt war.

Die Vorderachse hatte Einzelradfederung, es gab sämtliche Ausrüstungen, die für einen Bauernschlepper um 1955 bereit standen, einschließlich des Fendt-Mähwerkes und des hydraulischen Fendt-Krafthebers. Der F 24 L war 2 945 mm lang (Radstand 1 809, Bodenfreiheit 400 mm), sein Eigengewicht betrug 1 385, das zulässige Gesamtgewicht ca. 2 800, die Hinterachslast 1 600 kg. Kaum verwunderlich, daß ein solcher Schlepper hohe Verkaufszahlen erreichte. Sowohl luft- wie wassergekühlte F 24, FL 236 oder 237, F 28 und andere Typen der fünfziger Jahre sind häufig noch heute anzutreffen.

1958/59 entstand eine hochmoderne, formschöne Schlepper-Familie mit den Baureihen "fix", "Farmer" und "Favorit", 1961 wurde der 100 000ste Fendt, ein Farmer 2, verkauft. Er besaß den Motor KD 10,5 D (90 x 105 mm, 2010 ccm, 34 PS bei 2600 U/min) sowie ein neues Getriebe (8 V/4 R, a. W. Schnellgänge) und eine serienmäßige Bereifung von 5.50-16 bzw. 9-32, a. W. 11-32. Die Schwingvorderachse mit im Kastenprofil liegender Blattfeder war aufwendig konstruiert. Vielfach verstellbare Spur, Dreipunkt-Re-

gelhydraulik (Kat. 1), das Eigengewicht von 1 800 kg (zulässiges Gesamtgewicht 2 550 kg) und der Radstand von 1 980 mm verdeutlichen, daß mit dem Farmer 2 ein dem Trend zum stärker motorisierten Universalschlepper für die sechziger Jahre entsprechendes, überzeugendes Modell präsentiert wurde. Die Farmer-Serie wurde ein großer Erfolg - Fendt war auf dem Weg zur Position des Marktführers in Deutschland.

Die oberste Leistungsklasse heißt seither bei Fendt "Favorit". Der Favorit 1, seit 1959 auf dem Markt, besaß den Motor KD 412 D (105 x 120 mm, 3120 ccm, 40 PS bei 2100 U/min). Das Getriebe (5 V/4 K/2 R), wahlweise schaltbare Motor- oder Wegzapfwelle, verschiedene Bereifungsgrößen und vielfältige Zusatzausstattungen zeichneten ihn aus. Der Radstand betrug 2 170 mm, das Eigengewicht 2 350, das zulässige Gesamtgewicht 3 390 kg. Durch die langgestreckte, relativ niedrige Bauweise bei hoher Bodenfreiheit zählten Farmer und Favorit auch formal zu den schönsten deutschen Traktoren ihrer Epoche. 1962 folgte der Favorit 3 mit einem neuen Vierzylindermotor (52 PS bei 2300 U/min). Ihn gab es auch als Allrad-Version, bei der der Vorderachsantrieb jederzeit, ohne anzuhalten, durch eine Überlast-Rutschkupplung ein- oder ausgeschaltet werden konnte. Damit, sowie mit der hubkraftstarken Regelhydraulik (1 800 kg an der Ackerschiene), markierte dieser Schlepper deutlich den Weg des Herstellers hin zu Modellen, die künftig die Leistungsspitze verkörpern sollten. Das Getriebe mit 16 Vorwärts-, darunter Kriech- und Superkriechgängen und vier Rückwärtsgängen war teilsynchronisiert.

Ab 1968 wurden die Fendt-Traktoren, dem Zug der Zeit folgend, eckig. Neben der neuen Haubenform waren starker Anstieg der Motorleistung, hochdifferenzierte Getriebe- und Antriebstechnik, deutliche Steigerung des Fahrkomforts und der Fahrsicherheit die charakteristischen Merkmale der neuen Ära. Die "turbomatic", eine Turbokupplung, mit der in jedem Gang, in dem eine Last gezogen werden konnte, angefahren werden konnte, wurde erstmals mit dem neuen Farmer 3 S eingeführt. Der Schlepper wurde mit der Handbremse gehalten, zum weichen, ruckfreien Anfahren wurde nur Gas gegeben und die Bremse gelöst.

Die Farmer-Modelle, z. B. der 104 S mit seinem 55-PS-Motor, deckten in den siebziger Jahren die Mittelklasse ab. Sie gehörten zu den meistverkauften deutschen Traktoren und sind bis heute im Einsatz. Die Leistung des Geräteträgers stieg ebenfalls stark an und betrug, bei äußerlich fast unverändertem Aussehen, 35 bis 40 PS. Die Motoren waren luftgekühlte MWM-Dreizylinder, die Getriebe hatten 16 Vorwärts- und 8 Rückwärtsgänge. Der 1978 erschienene 275 GT besaß bereits eine vorbildlich gestaltete Kabine, deren großzügige Verglasung beste Rundumsicht garantierte. Er hatte eine Transportkapazität von 1,5 t. Sein Motor (Vierzylinder, 100 x 120 mm, 3800 ccm) leistete 70 PS bei 2300 U/min, das Getriebe war vollsynchronisiert, die Zapfwelle (540 und 1000 U/min) lastschaltbar, die Hydraulik hatte eine Hubkraft von 2 500 kg. Vom Pflügen über die Bestellkombination, bis zum Pflanzenschutz, vom Heben und Laden bis zum Hackfrucht-Vollernter, war der 275 GT für den Einmannbetrieb konzipiert.

Großtraktoren der achtziger Jahre: Fendt Favorit 622 und 626 LS (oben). Freisichttraktor 380 GTA (oben rechts). Die 500er Favorit-Reihe der neunziger Jahre (unten)

Erstmals wurde eine verkürzte Form, mit Front-, Seiten- und Heck-Mähwerken als Futterbau-Geräteträger, für Frontanbau von Schwader und Schwadrechwender und hoher Wendigkeit angeboten.

In den achtziger Jahren behauptete Fendt die Position des Marktführers bei den Großschleppern mit der neuen Favorit-Reihe. Das Top-Modell war der 626 LS mit seinem MAN-Sechszylinder (125 x 155mm, 11400 ccm, Direkteinspritzer, Mittenkugel-Brennverfahren, Abgasturbolader, 252 PS bei 2200 U/min). Damit war er einer der stärksten Traktoren auf dem europäischen Markt. Für Großbetriebe ergaben sich völlig neue Möglichkeiten zur Steigerung der Arbeitsproduktivität. Bodenbearbeitung mit großer Arbeitsbreite, mehrreihiges Maishäckseln, mehrreihige Rübenernteverfahren, 40 km/h Höchstgeschwindigkeit waren

die Kennzeichen. Die Halbrahmen-Transaxle-Bauweise gestattete eine Gewichtsverteilung von 50:50. Großdimensionierte Bereifung ermöglichte es, ein Höchstmaß an Zugkraft auf dem Boden abzustützen bei gleichzeitig relativ geringem Bodendruck. Der Motor war in einem Stahlgehäuse auf Gummielementen schwingungsfrei vor der Vorderachse gelagert, der Radstand des Favorit 626 LS betrug bei einer Baulänge von 5 600 mm 2 750 mm. Der Wenderadius lag unter sieben Meter, was für einen Schlepper dieser Größenordnung sensationell war. Das Lastschaltgetriebe verfügte über 18 Vorwärts- und 6 Rückwärtsgänge. Seine Hauptarbeitsgänge konnten über eine Dreifachsplittung unter Last und ohne Unterbrechung des Kraftflusses sowohl um eine Stufe heraus- wie heruntergeschaltet werden. Somit standen in jedem Hauptgang drei Lastschaltstufen zur Verfügung. Die Integralkabine war voll klimatisiert und bot höchsten Komfort und beste Sichtverhältnisse. Differentialsperre und Allrad-Antrieb wurden elektrohydraulisch betätigt.

Der Favorit 626 LS konnte auch als Zweiwege-Schlepper eingesetzt werden. Das Eigengewicht dieses Giganten war 9 500, das zulässige Gesamtgewicht 12 260 kg.

Das Trac-System Xylon von 1994

In der Mittelklasse, die ja mittlerweile Leistungen zwischen 80 und 110, 120 PS aufwies, nehmen die Schlepper der Farmer-300-Serie eine beherrschende Stellung ein. Der Farmer 310 LSA besaß einen Vierzylinder-MWM-Motor mit Abgasturboladung (105 x 120 mm, 4154 ccm, 95 PS bei 2350 U/min). Sein max. Drehmoment beträgt 358 Nm bei 1500 U/min, der Drehmomentanstieg 26 %. Das Overdrive-Vollsynchron-Lastschaltetriebe verfügt in der 40-km/h-Ausführung über 21 Vorwärts- und sechs Rückwärtsgänge, die elektromagnetisch vorgewählt werden. Die Steuerung der Hydraulik erfolgt elektronisch ("Fendt-tronic"), ihre Hubkraft beträgt 5 140 kg. Eine Vielzahl von Bereifungsvarianten steht zur Auswahl, die Kabine bietet höchsten Komfort- und Sicherheitsstandard. Fronthydraulik und hydraulische Scheibenbremsen sind ebenso selbstverständlich wie die Vielzahl von Bereifungsmöglichkeiten. Das Eigengewicht des Farmer 310 LSA beträgt 4 450, das zulässige Gesamtgewicht 7 500 kg, sein Radstand 2 330 mm. 1992 kostete dieser Schlepper zwischen 94 400 und 101 000 DM.

Eine völlig neue Konzeption bietet Fendt seit Beginn der neunziger Jahre mit dem vom Geräteträger abgeleiteten sogenannten Freisicht-Traktoren. Bei ihnen stört keine Motorhaube die Sicht des Fahrers auf die Frontanbaugeräte. In der Fahrzeugmitte gibt es ein Zentralgelenk, die Gewichtsverteilung beträgt 70 % auf der Hinter-, 30 % auf der Vorderachse. Der 380 GTA besitzt einen luftgekühlten Deutz-Vierzylinder mit Direkteinspritzung (102 x 125 mm, 4086 ccm, 80 PS bei 2600 U/min), der im Fahrzeugmittelpunkt eingebaut ist. Auch bei ihm finden sich das Overdrive-Vollsynchron-Getriebe mit Feinabstufung (21 V/6 R), leistungsstarke Front- und Heck-Hydraulik, Geräte-Schnellkupplung ("Weiste-Dreieck") und der hohe Kabinenstandard. Der 380 GTA ist 4 310 mm lang (Radstand 2 598 mm), die Bodenfreiheit beträgt 650 bis 700 mm, das Eigengewicht 4 170, das zulässige Gesamtgewicht 7 000 kg. Der Preis beträgt zwischen 108 000 und 114 000 DM.

Das aktuelle Bauprogramm umfaßt die Standardtraktoren Farmer 200 mit Leistungen von 40 bis 75 PS, die Spezialtraktoren Farmer 200 V (50 bis 80 PS) mit Außenbreiten unter einem Meter, die außerordentlich bewährte und in vielen Details weiter verbesserte Reihe Farmer 300 (70 bis 120 PS), von der seit ihrer Einführung im Jahr 1980 über 75 000 Einheiten verkauft wurden, die Reihen Favorit 500 (105 bis 140 PS) sowie die Hochleistungsschlepper Favorit 800 (165 bis 230 PS). Bei diesen kommen wieder MAN-Motoren mit Turbolader und Ladeluftkühlung zum Einbau, deren Drehmomentanstieg bis zu 35 % beträgt!

Die Getriebe haben 24/24 Arbeits- und 20/20 Kriechgänge. Turbokupplung, Fendt-Turboshift-Lastschalt-Wendegetriebe und Vorwahl per Fingertip, Hubkraft der Heckhydraulik 9 180 kg - dies sind nur einige wenige Merkmale, die diese Spitzentraktoren auch nicht annähernd komplett beschreiben können. Weiter aktualisiert sind die Geräteträger und Freisicht-Traktoren mit Leistungen von 45 bis 60 PS bzw. 65 bis 115 PS, mit luftgekühlten Drei-, Vier- und Sechszylindern, thermostatisch geregeltem Kühlgebläse und Direkteinspritzung und Getrieben mit bis zu 30 Vorwärts- und 9 Rückwärtsgängen. Diese Fahrzeuge sind nach wie vor ohne echte Konkurrenten als wirkliche Einmannsysteme auf dem Markt.

Die Zukunft, deren Markteinführung, soweit sie Fendt betrifft, für Herbst 1994 endgültig bevorsteht, stellt der neuentwickelte Trac "Xylon" dar: ein Systemfahrzeug für Land-, Kommunal- und Bauwirtschaft. Er kombiniert alle Merkmale eines Standardschleppers mit denen eines Geräteträgers und fügt den drei Anbauräumen bisheriger Trac-Schlepper einen vierten hinzu: direkt vor der Zweimann-Kabine, über der Vorderachse ermöglicht durch den Einbau eines liegenden Vierzylinder-Mittelmotors von MAN. Die Leistung reicht von 105 bis 140 PS; Turbolader und LLK ab 125 PS. Die Kabine verfügt über Komfort und Sicherheit einer modernen Lkw-Kabine, die Höchstgeschwindigkeit beträgt 50 km/h. Das Eigengewicht des Xylon liegt zwischen 5 500 und 5 950, das zulässige Gesamtgewicht beträgt bis zu 11 000 kg.

Mit diesem Fahrzeug versucht Fendt, auf dem von anderen Herstellern (Daimler-Benz, Deutz) aufgegebenen Terrain des Tracs im Mittelklasse Fuß zu fassen. Der Xylon hat alle Voraussetzungen, ein voller Erfolg zu werden. Die Position des Marktführers, 1993/94 an John Deere abgegeben, könnte damit zurückgewonnen werden.

GÜLDNER

ie 1904 von Hugo Güldner, einem Pionier des Verbrennungsmotors in Deutschland, zusammen mit Georg von Krauss und Karl von Linde gegründete Güldner Motoren Gesellschaft war Mitte der dreißiger Jahre einer der führenden Anbieter von stationären Dieselmotoren, dessen Produktionsumfang vom Kleindiesel bis zum 700-PS-Motor reichte. Auf vielen Höfen, in Mühlen, Fabriken und Werkstätten, auf Schiffen, in Kraftwerken usw. waren die zuverlässigen, startfreudigen und sparsamen Maschinen, die nach dem "Lanova"-Luftspeicherverfahren arbeiteten, unverzichtbare Helfer. Auch für Traktoren wurden verdampfungsgekühlte Güldner Kleindiesel verwendet, so etwa in den ersten Straßenschleppern von Deuliwag.

Den Bau eines kompletten, eigenen Ackerschleppers nahm man in dem Aschaffenburger Unternehmen jedoch erst im Jahr 1938 auf. Mit dem Typ A 20 (Wälzkammermotor 1 F; 115 x 150 mm, 1547 ccm) stellte man einen Bauernschlepper mit 20 PS Leistung bei 1500 U/min in Blockbauweise vor, bei dem wahlweise das Prometheus-Getriebe Ass 14 oder das ZP-Getriebe A 12 eingebaut war, das eine andere Geschwindigkeitsabstufung aufwies. Der A 20 besaß eine Zapfwelle, Riemenscheibe und Mähwerk waren nur als Sonderausstattung lieferbar. Der Schlepper hatte die Bereifungsgröße 5.25-16 vorn, 8.00-20 hinten. Seine Abmessungen waren: Länge 2650, Radstand 1660, Bodenfreiheit 250 mm, das Gewicht betrug 1600 kg, die maximale Zughakenkraft im ersten Gang des Prometheus-Getriebes 750 kg. Von diesem Schlepper wurden insgesamt 1528 Stück gebaut. Sein spätes Erscheinungsjahr einerseits, die bald in Aschaffenburg einsetzende Rüstungsproduktion andererseits führten dazu, daß er ab 1939/40 von der Berliner Firma Deuliewag als Gemeinschaftsproduktion Deuliewag-Güldner, Typ 20, weitergebaut wurde.

Güldner A 20, der erste Nachkriegs-Güldner A 28 und der AF 15, der noch immer im Einsatz ist (von oben nach unten)

Güldner absolviert das KTL-Test-programm in Darmstadt (oben). Luftgekühlter Tragschlepper ALD, 17 PS (Mitte). Makellos restauriert der ABL 10, 24 PS, 1958 (unten). Noch kein Feierabend für diesen ADA, 22 PS (kleine Abbildung)

Güldner absolviert das KTL-Test-programm in Darmstadt (oben). Luftgekühlter Tragschlepper ALD, 17 PS (Mitte). Makellos restauriert der ABL 10, 24 PS, 1958 (unten). Noch kein Feierabend für diesen ADA, 22 PS (kleine Abbildung)

Nach Kriegsende, ab 1946, wurde mit dem bewährten Zweizylindermotor 2 F, der u. a. schon den schweren Deu-liewag DA 32 angetrieben hatte, der Güldner-Ackerschlepper A 28 auf den Markt gebracht. Der etwas klobig ge-ratene, aber wuchtige Schlepper in Blockbauweise entsprach deutlich der Vorkriegszeit, war aber robust und lei-stungsstark. Das ZA-Getriebe (Renk) vom Typ SG 22 - 28/4 (4 V/1 R) besaß serienmäßig Zapfwellenabtrieb. Die Bereifung war 6.00-16 bzw. 11.25-24, die Länge betrug 2920, der Radstand 1790 mm, das Eigengewicht 1825 kg. Im Zuge der Weiterentwicklung wurde aus dem A 28 nach zwei Jahren und 1 113 Stück der Typ A 30, der u. a. ei-ne Blechverkleidung des (durchaus markanten) Kühlers erhielt.

Ebenfalls 1949 kam ein völlig neu entwickelter Kleinschlepper auf den Markt, der A 15. Er besaß den neuen Zweizylindermotor 2 D 15 (85 x 115 mm, 1304 ccm, 16 PS bei 1800 U/min) und das ZA-Getriebe (Renk) SG 14/4 (4 V/1 R). Seine Bereifung war 5.00-16 bzw. 8.00-20, der A 15 war 2650 mm lang (Radstand 1550 mm) und wog 1225 kg. Mit diesem Typ, der be-

reits ein Jahr später vom AF 15 (mit Fünfganggetriebe ZP A 8) abgelöst wurde, begann bei Güldner die "Hai-fischmaul"-Baureihe, so bezeichnet nach der charakteristischen, über dem Kühler ein Dreieck mit abgerundeten Ecken bildenden Motorhaube. Diese Gestaltung wurde bis Ende der fünfzi-ger Jahre beibehalten, auch parallel zu einem inzwischen wesentlich moder-neren Design der Haubenform. Vom A 15/AF 15 wurden insgesamt 7 368 Stück produziert.

Von diesem Modell ausgehend er-folgte die Entwicklung einer außeror-dentlich umfangreichen Typenreihe leichter und mittlerer Bauernschlepper

mit Getrieben von ZF oder ZP; bis 1953 verwendete Güldner insgesamt sieben eigene Einspritzpumpen-Modelle, die dann durch Bosch-Aggregate ersetzt wurden (diese Güldner-Einspritzpumpen stellen für die Restaurierung der mit ihnen ausgerüsteten Schlepper oder Motoren heute zuweilen ein Problem dar). Markante Typen der fünfziger Jahre sind u. a. der ADA (Motor 2 DA, 95 x 115 mm, 1630 ccm, 22 PS bei 1800 U/min), 1952 - 55, mit 2 748 Exemplaren oder, nachdem auch die Aschaffenburger dem Wunsch der Käufer nach luftgekühlten Motoren stattgaben, der von 1954 bis 1959 gebaute Tragschlepper ALD. Er besaß den Zweizylindermotor 2 LD (85 x 115 mm, 1305 ccm, 17 PS bei 2000 U/min). Die Kühlung besorgte ein zwischen Motor und Kupplung angeordnetes Schwungradgebläse, das genauso groß war wie die Kupplungsglocke und direkt von der Kurbelwelle angetrieben wurde. Der ALD besaß das ZP-Fünfganggetriebe A 5. Er folgte dem Mitte der fünfziger Jahre hochaktuellen Konzept der "Wespentaillen-Bauweise", war also als Tragschlepper für den Zwischenachsanbau der Geräte ausgelegt. Der Schlepper war 2860 mm lang, der Radstand betrug 1775 mm, das Gewicht 1050 kg. Die Hinterradbereifung war 8.00-24, auf Wunsch gab es 9.00-24 oder 10-28 für Pflegearbeiten. 2 737 Exemplare dieses Modells wurden in fünf Jahren gebaut.

Mit dem gleichen Motor war auch der Geräteträger "Multitrac" ausgerüstet, mit dem Güldner von 1955 bis 1957 auf diesem Markt Fuß zu fassen suchte (486 Stück). Der geringe Erfolg des nach dem Zweiholm-System aufgebauten Fahrzeugs führte zum Rückzug vom Geräteträger; der "Multitrac" war von der Firma Ritscher übernommen worden, die ihn entwickelt hatte.

Ab 1956 kam es zu einer engen Zusammenarbeit mit der Firma Fahr. Völlig neu und im typischen Stil der fünfziger Jahre, nahezu stromlinienförmig und geringes Gewicht andeutend gestaltet, präsentierten sich die Güldner-Traktoren der neuen Generation. Die Länge betonende Hauben und hintere Kotflügel, fast durchgängig die "Wespentaillen-Bauart" mit Portal-Hinterachse und luftgekühlte Motoren waren bestimmend für die leichteren Typen (z. B. den AX, 11 PS oder den AK, 13 PS). In der Klasse um 25 PS gab es sowohl luft- als auch Wasserkühlung. Ein bewährtes Modell dieser Baureihe war der ABL, der es in nur einem Jahr (1958/59) auf 1 430 Exemplare brachte. Sein luftgekühlter Zweizylindermotor (Typ 2 LB; 95 x 130 mm, 1840 ccm) leistete 24 PS bei

Güldner Toledo - das Gegenstück zum Fahr D 177 (oben) und der G 40 A - der erste Allrad-Güldner, 38 PS, 1963

1800 U/min. Das ZP-Sechsganggetriebe ließ ihn allen Arbeiten gerecht werden. Die Abmessungen waren: Länge 3122, Radstand 1965 mm, Eigengewicht 1460 kg, Bereifung 5.00-16 bzw. 10-28, auf Wunsch 8-32 hinten. Bemerkenswert indessen, daß auch Ende der fünfziger Jahre bei diesem modernen Tragschlepperkonzept der hydraulische Kraftheber mit Dreipunktaufhängung noch immer zur Sonderausrüstung zählte. Nur am Rande sei darauf verwiesen, daß der stärkste Güldner dieses Programms mit einem 32-PS-Perkins-Dieselmotor ausgerüstet war (ZP-Getriebe A 10) - sicher keine alltägliche Lösung für eine ausgewiesene Motorenfabrik! Das Gesamtkonzept paßte nicht recht, der Schlepper war ein unglücklicher Kompromiß, der, weil auf der Hinterachse zu leicht, die Leistung nicht auf den Boden brachte.

Ab 1959 wurde die gesamte Modellreihe im Rahmen der Parallelfertigung mit Fahr ebenfalls als "Europa-Reihe" bezeichnet. Bei Güldner bekamen die Schlepper so klingende Namen wie "Spessart" (Motor 2 LKN, 15 PS), "Tessin" (Motoren 2 DNS oder 2 LD, 20 PS), "Burgund" (Motor 3 LKN, 25 PS mit der Problematik wie beim Fahr D 133) und "Toledo" (Mercedes-Motor OM 636, 34 PS).

Neben der Europa-Reihe wurden bei Güldner aber weiterhin "eigene" Traktoren gebaut, mit denen man die Lücken des gemeinsamen Angebots schließen wollte, so z. B. der Typ A 2 (Motor 2 BS, 95 x 130 mm, 1840 ccm, 25 PS bei 1800 U/min).

Krönung bei Güldner war der G 75 A - ein beeindruckender Großschlepper

Mit verstellbarer Spurweite, Portalachse und hoher Bodenfreiheit, mit ZP-Getriebe A 8/6 und sehr ausgewogenen Abmessungen (Länge 3138, Radstand 1980 mm, Eigengewicht 1460, zul. Gesamtgewicht 2000 kg, Bereifung hinten wahlweise 10-28, 9-32 oder 11-28) war dieser Universal- und Pflegeschlepper eine gelungene Konstruktion und dem entsprechenden "Europa"-Modell hoch überlegen. Nicht zuletzt diesen unabhängig von der Produktionsgemeinschaft mit Fahr gebauten Traktoren war es zu verdanken, daß die Schlepperproduktion bei Güldner nicht abrupt endete, als Fahr die Gemeinschaft 1961 aufkündigte. Im Gegenteil: inzwischen war eine völlig neue ("quadratische") Motorenbaureihe serienreif geworden, die als L 79 bezeichnet wurde (Hubraum eines Zylinders 790 ccm), sämtlich luftgekühlt und im Baukastensystem vom Zwei- bis zum Sechszylinder.

Die Typenbezeichnung der Schlepper bestand nun aus dem Buchstaben G, kombiniert mit der ungefähren Leistungsangabe. Völlig neu waren das zeitlose, aber markante Design und die Farbgebung (rot). Der G 40 war der erste Güldner, den es mit Allradantrieb gab. Bald folgte der G 50 (A) und, von 1965 bis 1967, der G 75 (A) mit dem Motor 6 L 79 (100 x 100 mm, 4712 ccm, 65 PS bei 2000, 70 PS bei 2200 U/min).

Dieser große Schlepper war 4200 mm lang, besaß einen Radstand von 2416 mm und wog 3500 kg, sein zul. Gesamtgewicht betrug 5000 kg! Mit dem ZP-Getriebe T 318 II, das in drei Gruppen über je 8 Vorwärts- und 4 Rückwärtsgänge verfügte, war der G 75 eine hervorragende Maschine, mit der (wie auch mit den anderen Typen der G-Reihe) das Aschaffenburger Werk in hohem Maß Kompetenz im Schlepperbau bewies. Vorbildlich waren Sitz und Bedienungselemente (allerdings war man, um die Plattform frei zu bekommen, auf eine Lenkradschaltung verfallen, die im Automobilbau ihre große Zeit hinter sich hatte).

Es gab für ihn zahlreiche Zusatzausrüstungen (Kriechgänge, Druckluftanlage, Ballastgewichte, Seilwinde, Forstausrüstung usw.).

Die G-Reihe verkörperte modernste Schleppertechnik, die, robust, ausgereift und auf höchstem Qualitätsniveau, Spitzenprodukte verhieß. Oft ist von Praktikern in der Landwirtschaft das Urteil zu hören: "Als sie es bei Güldner richtig konnten, mußten sie aufhören, Schlepper zu bauen". Zahlreiche Traktoren gerade dieser letzten Bauepoche versehen heute noch, zumeist erstklassig erhalten und gepflegt, ihren Dienst. Die selbstgesetzten Maßstäbe (u. a. versah man die von Zulieferern bezogenen Einspritzpumpen stets mit eigenem Präzisions-Reglergestänge!) verlangten aber ihren Preis. Als ZP die Getriebefertigung für Schlepper unter 80 PS aufgab, kam angesichts der Sättigung des Marktes und der immer stärker vordringenden Konkurrenz aus dem Ausland im Jahr 1969 das Ende der Schlepperproduktion bei Güldner. Bis dahin waren ca. 300 000 Dieselmotoren und insgesamt 100 000 Traktoren von den Bändern gelaufen.

HAGEDORN

Eine Reihe etablierter Landmaschinenhersteller begann in den dreißiger Jahren mit dem Bau motorisierter, selbstfahrender Mähmaschinen. Zunächst mit Vergasermotoren geringer Leistung ausgestattet, war der Schritt zum Bauernschlepper nicht mehr groß, als zuverlässige, wirtschaftliche Kleindieselmotoren (etwa von Deutz, Güldner, Hatz, MWM) mit Verdampfungskühlung zur Verfügung standen. Eines dieser Unternehmen, das dabei über regionale Bedeutung hinausgelangte (so übernahm zunächst die Primus Traktoren-Gesellschaft, Berlin-Lichtenberg, mit ihren Verkaufsniederlassungen den Vertrieb in einigen Regionen), ist die Landmaschinenfabrik und Eisengießerei Gebr. Hagedorn & Co. in Warendorf.

Auf der "Reichsnährstandausstellung" (das ist das, was die Nationalsozialisten aus der altehrwürdigen DLG gemacht hatten) des Jahres 1937 wurde der "Bauern-Universal-Schlepper" vorgestellt. Auf einem sehr einfachen, aber stabilen Gußstahlrahmen befand sich, nahezu im Fahrzeug-Mittelpunkt, ein liegender Deutz-Einzylindermotor vom Typ MAH 514 (100 x 140 mm, 1100 ccm). Die Leistungsangabe im Prospekt lautete "8/14 PS", die Dauerleistung von 8 PS wurde bei 1250 U/min abgegeben. Die schweren Schwungräder sorgten für hohe Durchzugskraft beim Mähen am Hang usw. Auf dem rechten Kurbelwellenende saß außerdem die Riemenscheibe.

Die Motorleistung wurde auf ein Dreiganggetriebe übertragen, der Antrieb der Hinterräder erfolgte durch eine Kette. Durch Einbau eines größeren Kettenrades konnte die Geschwindigkeit im dritten Gang bis zu 15 km/h betragen. Der 4 1/2-Fuß-Mähbalken war serienmäßig, gegen Aufpreis waren Zapfwelle, Kreissäge, ein zweischariger Pflug und Luftbereifung (sogar hintere Zwillingsbereifung) erhältlich. Der Hagedorn war 2800 mm lang, wog 1250 kg und zeichnete sich durch einen sehr niedrigen Schwerpunkt aus. Auf jegliche Verkleidung wie Motorhaube, Kotflügel usw. wurde verzichtet. Spektakulär war die Lenkung: ein straff gespanntes Drahtseil ersetzte die bei üblichen Lenkungen vorhandene Spurstange. Dies entsprach in etwa einer geteilten Spurstange. Anstelle des Lenkgetriebes wurde das Seil über eine Rolle, nach Art einer überdimensionierten Garnrolle, geführt. Eine kombinierte Hand- und Fußbremse wirkte durch das Differential auf beide Hinterräder.

Hagedorn Westfalia beim Pflügen (oben) und eine Ladung Hagedorn auf dem Weg zum Kunden

Die erwähnte "Reichsnährstandsausstellung" von 1937 war für die Entwicklung des Bauernschleppers von hoher Bedeutung. Zahlreiche Konstruktionen vieler Hersteller mußten sich nach strenger Bewertung dem Urteil: "noch nicht genügend ausgereift" beugen. Nicht so der Hagedorn "Westfalia". Bis 1939 waren über 1 000 Stück des äußerst einfach, aber robust aufgebauten Treckers verkauft: ein beachtliches Ergebnis, das die Berücksichtigung des Unternehmens als Schlepper-Hersteller im "Schell-Plan" zur Folge hatte. Nach 1945 waren Versuche, mit Traktoren von 15 und 25 PS Leistung daran anzuknüpfen, nicht erfolgreich. Hagedorn zog die Konsequenzen und beschränkte sich wieder auf den Bau von Landmaschinen, wobei die Kartoffelernte-Technik bis hin zum schweren Zapfwellen-Vollernter im Mittelpunkt stand. Die Firma existiert heute jedoch nicht mehr.

HANOMAG

$\mathscr{D}$ie 1871 gegründete "Hannoversche Maschinenbau-Aktiengesellschaft, vormals Georg Egestorff" in Hannover-Linden war bereits seit langer Zeit ein bedeutendes Unternehmen, als sie sich kurz vor Ausbruch des Ersten Weltkrieges der Motorisierung der Landwirtschaft zuwandte. Mit allgemeinem Maschinenbau, besonders mit Dampfmaschinen und -lokomotiven hatte sie eine führende Stellung auf dem Weltmarkt erobert.

Ausgehend von der epochemachenden Konstruktion der Berliner Firma Robert Stock hatten seit 1912 der Ingenieur Ernst Wendeler und der Landwirt Boguslav Dohrn ebenfalls einen schweren Tragepflug, den WD, bei der Hanomag gebaut, der das Stock'sche Vorbild entscheidend verbesserte. Auf diese Maschinen soll in unserem Zusammenhang aber nicht eingegangen werden.

Die Bezeichnung "WD", als Ehrenbezeugung für die beiden Konstrukteure eingeführt, steht jedoch auch für den Beginn der Produktion echter Traktoren bei Hanomag. Wie andernorts auch, wurde nach den Erfahrungen mit Panzern oder Tanks während des Krieges auf Betreiben Wendelers der Bau eines Kettenschleppers aufgenommen. Für den Entwurf zeichnete Josef Vollmer verantwortlich, einer der wichtigsten Kraftfahrzeug-Konstrukteure jener Epoche. Ab 1919 wurde ein 20-PS-Typ angeboten, dem schon ein Jahr später ein schwerer 50-PS-Schlepper folgte. Ab 1922 gab es dann die beiden Hanomag WD-Raupenschlepper Z 25 und Z 50 nebeneinander: frühe Meisterwerke des Traktorenbaus, gewiß die bedeutendsten Vertreter ihrer Art in dieser Zeit und maßgeblich für den Ruhm der Hanomag-Schlepper von der ersten Stunde an. Beide besaßen Vierzylinder-Vergasermotoren für Benzin oder Petroleum, Konuskupplungen in den Schwungrädern sowie Getriebe mit je 3 Vorwärtsgängen und einem Rückwärtsgang.

**Die Hanomag-Kettenschlepper
Z 25 und Z 50, WD-Radschlepper
(Verkehrsausführung) und WD-
Radschlepper in Ackerausführung
auf dem historischen Werksgelände, Sammlung Bölling (von oben
nach unten)**

In Leistung und Größe unterschieden sie sich beträchtlich, wenn auch beide Spitzenwerte reklamieren konnten. Die Z 25 (Motor 95 x 150 mm, 4252 ccm, 25 PS bei 950 U/min) war 3260 mm lang und wog 3300 kg, ihre Zughakenkraft im ersten Gang betrug 2700 kg.

Die Z 50 (Motor 135 x 185 mm, 8876 ccm, 50 PS bei 800 U/min) war 4440 mm lang, wog 6800 kg und wies eine Zughakenkraft von sage und schreibe 6200 kg auf - eine Bestmarke, die lange nicht überboten werden sollte. Der Bodendruck war bei beiden Raupenschleppern einheitlich 0,52 kg/qcm. Die Lenkung erfolgte mittels zweier Handhebel, durch die Bremsbänder auf Bremsscheiben wirkten, die wiederum auf Vorgelegewellen saßen. Durch Anziehen eines Hebels wurde die entsprechende Kette abgebremst, während die andere mit unverminderter Geschwindigkeit weiterlief. Somit erfolgte die Drehung des Fahrzeugs zur abgebremsten Seite hin. Beide Kettenschlepper waren außerordentlich erfolgreich und zum Teil sehr lange im Einsatz.

Der erste Dieselschlepper RD 36, der klassische Ackerschlepper AR 38 und der Straßenschlepper SR 45 (links von oben nach unten). Der vom Raupenschlepper abgeleitete große AGR 50 (kleine Abbildung)

Die Hanomag und ihr Konstrukteur Vollmer gehörten zu den wenigen, die auf Anhieb die Bedeutung des Fordson erkannten, der, 1917 auf dem Markt erschienen, den Traktorenbau revolutionierte und ihn bis heute beeinflußt. Vollmer ging an die Konstruktion eines Radschleppers, der, in rahmenloser Blockbauweise (Motor, Getriebegehäuse und hintere Halbachsen bilden einen miteinander verschraubten, selbsttragenden Block) und Großserienfertigung hergestellt, sowohl technisch wie wirtschaftlich dem amerikanischen Vorbild folgte und es schnell übertreffen sollte. 1924 wurde der Ha-

nomag WD-Radschlepper R 26 (25 PS) vorgestellt. 1925 begann die Serienproduktion des R 28. Sein Vierzylindermotor (95 x 150 mm, 4252 ccm) hatte 26 PS bei 1100 U/min, ab 1927 wurde die Leistung auf 28 bis 32 PS (je nach Treibstoffart und Vergaser) bei gleicher Drehzahl erhöht. Er war nach neuesten Erkenntnissen aufgebaut: abnehmbarer Zylinderkopf mit hängenden Ventilen, Block und Kurbelgehäuse-Unterteil, zugleich Ölwanne und Träger des Kühlers. Der Motor ruhte mit der Ölwanne auf der gefederten Vorderachse. Er war mit Druckumlaufschmierung und Ölpumpe versehen, besaß auswechselbare Lagerschalen, Umlaufkühlung mit Pumpe und Ventilator und Bosch-Magnetzündung. Eine Lamellenkupplung übertrug die Kraft auf das Getriebe (3 V/1 R), von dort erfolgte die Übertragung durch Stirn- und Kegelräder zum sperrbaren Differential. Zapfwelle und Riemenscheibe waren auf Wunsch lieferbar.

Der WD war als eisenbereifter Acker- oder, mit Elastik- (=Vollgummi-), später sogar mit "Riesenluftbereifung" als Straßenschlepper erhältlich. Zahlreiche Sonderausrüstungen wie Klappverdeck, Frontanbau-Seilwinde, Sandstreueinrichtung, elektrische oder Karbid-Beleuchtung, schwere Gußfelgen, sogar MTW-Anbauraupen u. a. erweiterten seinen Einsatzbereich beträchtlich. Die Abmessungen des Schleppers waren: Länge 3130, Radstand 1692 mm; das Eigengewicht betrug mit Eisenbereifung 1950, mit Zwillings-Gußfelgen und Elastikbereifung 3500 kg. Die mechanische Fußbremse wirkte auf die Hinterräder, die Handbremse auf das Getriebe.

Der WD setzte sich auf Anhieb durch. Sein Konzept war perfekt, seine Leistung aufsehenerregend, seine Zuverlässigkeit sprichwörtlich. Den Landwirten wurde er ab 1924 durch eine zum Kauf von Landmaschinen ins Leben gerufene Kreditanstalt, die Figelag, zu günstigen Bedingungen vermittelt, die unmittelbar seinen Absatz förderten. Deutlich unter 5 000 RM blieb der Preis bis 1929. Damit lag er freilich beinahe doppelt so hoch wie der des Fordson, dem er ansonsten jedoch deutlich überlegen war.

Hanomag Bauernschlepper RL 20, R 40 mit Claas Pick-up-Presse und K 50 bei Kultivierungsarbeiten (links von oben nach unten). Rechts: Erste Neuentwicklung nach dem Krieg: R 25 mit Motor D 19 und KV 50 beim Federversuch

Erstaunlich spät kam es bei Hanomag zum Übergang auf den Dieselmotor. Erst 1931 war der von Lazar Schargorodsky entwickelte Vierzylinder-Vorkammermotor D 52 produktionsreif: Bohrung 105, Hub 150 mm, Hubraum 5195 ccm. Sein besonderes Merkmal war die Hanomag-Schrägnocken-Einspritzpumpe, die linksseitig angebracht war. Mit Hilfe von Glühkerzen und verminderter Kompression wurde er von Hand angedreht. Mit ihm war nun allerdings ein Motor entstanden, der seinesgleichen suchte. Über 20 Jahre sollte dieser echte Klassiker unter den Dieselmotoren in Produktion bleiben.

Der erste Schlepper, der mit diesem Motor ausgerüstet wurde, war der Radschlepper RD 36. Er glich dem Vorgänger äußerlich durch Verwendung bestimmter, sehr markanter Bauteile wie des spitzgiebligen Gußkühlers (der allerdings den Schriftzug "Hanomag Diesel" trug), der Motorhaube oder des ganz charakteristischen, quer vor dem Fahrer angeordneten, runden Kraftstofftanks. Allerdings war der RD 36 länger und erheblich schwerer (3420, Radstand 1990 mm; mit Eisenbereifung 2750 kg). Die Motorleistung betrug 36 PS bei 1100 U/min. Das Dreiganggetriebe war unverändert geblieben, die Lamellenkupplung allerdings war einer Einscheiben-Trockenkupplung gewichen. Dank des Zuwachses an Länge und Gewicht war die Zughakenkraft auf 1828 kg im ersten Gang gestiegen. Mit Hochdruck-Elastikbereifung, auf Gußfelgen, wog der RD 36 3700 kg.

Die Leistung von 36 PS war das Minimum für den D 52. Chronologisch folgte, ab 1933, ein sehr schwerer 50-PS-Typ, der jedoch nicht aus dem RD 36 heraus entwickelt war, sondern von dem im gleichen Jahr vorgestellten Kettenschlepper K 50 abstammte. Dessen gesamter Block (Motor, Getriebe, Portalhinterachse) wurde für den Radschlepper übernommen, der dadurch sehr hoch baute und beträchtlicher konstruktiver Maßnahmen an Vorderachse, Zugvorrichtung usw. bedurfte. In einer der Bauvarianten, mit Zwischengetriebe (Typ AG 50/GR 50), standen Ackerluftbereifung sowie sechs Vorwärts- und zwei Rückwärtsgänge, in zwei Schaltgruppen mit zwei Schalthebeln zu bedienen, zur Verfügung. Die Zapfwelle war serienmäßig. Der GR 50 war 3600 mm lang, hatte einen Radstand von 2180, einen Wenderadius von 4600 mm und wog 3800 kg. Das zul. Gesamtgewicht betrug 4100, die maximale Zughakenkraft 2000 kg. Bereifungsgröße: 6.00-20 vorn, 12.75-28 hinten.

Trotz schwerster Belastungen durch die Weltwirtschaftskrise Ende der zwanziger Jahre (u. a. wurde der Lokomotivbau ganz eingestellt, 1931 waren Zahlungsunfähigkeit und Vergleich unausweichlich geworden) ging die Traktorenentwicklung bei geringen Stückzahlen weiter. 1936 folgte der äußerlich unveränderte Nachfolger des RD 36, der Typ AR 38 bzw. AGR 38, der bei gleicher Drehzahl 38 PS leistete. Er war mit allen Bereifungsarten lieferbar und wurde ein großer Erfolg, der, je nach Ausführungsvariante, zwischen 5 510 und 7 325 RM kostete. Für die Landwirtschaft, die sich Mitte der dreißiger Jahre weitgehend erholt hatte, war der 38er Hanomag einer der wichtigsten schweren Schlepper auf großen Ackerbaubetrieben.

Für den Einsatz auf der Straße, bei Spediteuren, Kohlen- und Baustoffhändlern, Schaustellern usw. fand die Variante SR 45 (45 PS bei 1300 U/min) weite Verbreitung: dieser Straßenschlepper, mit Verdeck, hinterer Zwillingsbereifung, Seilwinde, Druckluftanlage u. a. Zutaten, kam leicht auf ein Gesamtgewicht von 4200 kg. Vor schweren Langholzfuhren, vor Kippanhängern mit Schüttgut o. ä. war er eine äußerst imposante Erscheinung. Mit schneller Übersetzung kam der SR 45 auf 28,6 km/h im dritten Gang, wobei eine Anhängelast von 25 t kein Problem für ihn darstellte.

In der Klasse der kleinen und mittleren Bauernschlepper hatte Hanomag zunächst nichts Adäquates anzubieten.

Hanomag K 55 beim Bulldog-Treffen in Brokstedt, Sammlung H. Kühl (oben). R 55 - schwerer Universalschlepper für Acker und Straße (Mitte). Klassisches Motiv: R 35 vor der Zuckerfabrik (unten)

Als 1937 mit dem ursprünglich für den Pkw "Rekord" bestimmten Dieselmotor D 19 die leichte Straßenzugmaschine SS 20 (auf die hier nicht eingegangen werden kann) herauskam, leitete man von dieser den Typ RL 20 ab. Mit 19,8 PS bei der damals sensationell hohen Drehzahl von 2000 U/min, ZF-Drei- oder Vierganggetriebe, in Rahmenbauweise und mit vier gleich großen Rädern, mit voller Motorverkleidung, aber ohne die Karosserie der Zugmaschine, dafür mit einfachem Schleppersitz, bietet der RL 20 ein seltsames Bild: deutlich Kind eines

Kompromisses, aber mit beachtlichen Qualitäten, wurden von ihm zwischen 1937 und 1948 4 320 Stück gebaut.

Das Jahr 1942 brachte die Vorstellung einer weiteren, echten Neukonstruktion in der schweren Klasse, mit der die relative Vielzahl der 38/45-PS-Varianten abgelöst wurde: hier griff der sog. Schell-Plan. Der Hanomag R 40 wurde einer der erfolgreichsten schweren Radschlepper aller Zeiten. Je nach Verwendungszweck unterschiedlich ausgestattet, grundsätzlich jedoch ein echter Universalschlepper, wurde er bis 1951 in ca. 9 000 Exemplaren gebaut. Der Motor D 52 gab hier 40 PS bei 1500 U/min ab. Er wurde entweder elektrisch mit Glühanlaßzündung oder mit einer Benzin-Startvorrichtung mit Magnetzündung per Hand angeworfen, die auf ähnliche Weise wie die des FAMO-Motors funktionierte (R 40 J). Das neu und in Zusam-

menarbeit mit FAMO entwickelte Getriebe (5 V/1 R) hatte serienmäßig Zapfwelle und Riemenscheibenabtrieb, auf Wunsch gab es Verdeck, vordere Kotflügel, Seilwinde mit Bergstütze und Druckluftanlage. Der R 40 hatte folgende Abmessungen: Länge 3535, Radstand 2080 mm, er wog bis zu 3400 kg bei einem zul. Gesamtgewicht von 3850 kg und war vorn mit 6.50-20, hinten mit 12.75-28 bereift. Die maximale Zughakenkraft des luftbereiften Schleppers betrug respektable 2540 kg.

Schließlich muß der erste schwere Diesel-Kettenschlepper K 50 erwähnt werden, der von 1933 bis 1941 (und von 1948 bis 1951 als KV 50) gebaut wurde. Der D-52-Motor war mit dem Gehäuse des Dreiganggetriebes und der Portalhinterachse verblockt. Die hinteren Treibräder waren ungefedert mit dem Antriebsblock verbunden, vorn befand sich eine querliegende Blattfeder, die die Laufwerke gegen den Motorblock abstützte. Gelenkt wurde mit einem Lenkrad, das Stirnrad-Differential bewirkte die Änderung der Fahrtrichtung. Getrennt arbeitete die Lenkbremse des Treibrades, nach dessen Seite hin eingelenkt werden sollte. Die K50-Raupe wog 4745 kg, ihre maximale Zugkraft betrug 3030 kg.

Hanomag R 55 ATK auf der Hannover-Messe 1954 (oben), R 12 - das Ackermoped (Mitte) und R 24 - der Düsenjäger, kurz vor der Restaurierung (unten). K 60 - der Hanomag, in dem ein Stückchen Lanz steckt (kleine Abbildung)

Die erste Neukonstruktion der Hannoveraner nach dem Krieg folgte einem völlig neuen Konzept. Die hohe "Allzweck-Bereifung" der Dimension 9.00-40, auf großen Speichenrädern, in den dreißiger Jahren unter erheblichen technischen Problemen von Lanz, Mannheim, und den Continental-Reifenwerken, Hannover, entwickelt, war für den R 25 ebenso charakteristisch wie die völlig neue sog. Halbrahmenbauart, also eine Kombination von Rahmen- und Blockbauweise, bei der

HANOMAG
Combitrac

R 324 S

STANDARDAUSRÜSTUNG

Vollständige elektr. Licht- und Anlasser-
anlage; Anschluß für Anhängerbeleuch-
tung; Getriebe-Zapfwelle; Differentialsperre; Fußbremse mit Einzelradbrem-
sung; Handbremse; drehbare und
höhenverstellbare Anhängerkupplung;
vordere Zug- und Druckvorrichtung;
breite Ackerschiene; Parallelogramm-
Schwingsitz; gefederte Vorderachse; Öl-
druckmesser; Hand- und Fuß-Motor-
regulierung; 1 Satz Werkzeuge.

SONDERAUSRÜSTUNG

Hydraulischer Kraftheber; **Antischlupf;**
Frontlader; komb. Mäh- und Riemen-
scheibenantrieb; Mähwerk; Kriechgang-Untersetzer; Fahrerdach mit Windschutzscheibe und Scheibenwischer; Blinkanlage; Rückscheinwerfer; Vorderradkotflügel;
Bereifung hinten 9—36 AS, 11—28 AS; Gitterräder hinten.

HANOMAG-Combitrac – die ideale Arbeitseinheit von Schlepper und Gerät

Hanomag Perfekt 300 - nach 20 Jahren bei vollen Kräften (1984) und Brillant 600 mit 50 PS aus dem Motor D 28 CR

Getriebe, daran angeflanschte Halbachsen und die an das Getriebe angeschraubten, um den Motor herumgeführten U-Profil-Träger einen Rahmen bildeten. Motor und Getriebegehäuse waren in gewohnter Weise miteinander verflanscht, jedoch mußte nun, um den Motor auszubauen, der Schlepper nicht getrennt werden, sondern er blieb auf allen vier Rädern stehen, da die gefederte Pendelvorderachse unter dem Kühler am Halbrahmen befestigt war.

Das Hanomag-Getriebe (5 V/1 R) war günstig gestuft, Zapfwelle und Riemenscheibe waren serienmäßig. Die Leistungsangabe für den D19-Motor lautete 20 bis 25 PS bei 2000 U/min. Er erwies sich in der Praxis aber bald als zu schwach. Ab 1950 konnte er (kostenlos!) gegen den neuentwickelten D 28 mit echten 25 PS ausgetauscht werden.

Dreifache Spurverstellung bei der großen Bereifung, hohe Bodenfreiheit sowie andere Bereifungsvarianten machten diesen zukunftsweisenden Schlepper, der auch mit hydraulischem Kraftheber (Vierpunktaufhängung), Frontlader, Seilwinde, Dach usw. ausgerüstet werden konnte, zu einer der meistbeachteten Neuerscheinungen auf dem Schleppermarkt der frühen Nachkriegszeit. Sein Einführungspreis betrug 9 750 DM. Auf der DLG-Ausstellung 1951 in Hamburg wurde er vom Typ R 28, der ihm weitgehend glich, jedoch den Motor D 28 besaß, abgelöst. Dieser war die Vierzylinderver-

sion einer Baukastenreihe (90 x 110 mm), der ersten neuen Dieselmotoren der Hanomag nach dem Krieg. Auch er wurde, ein echter Klassiker, im Schlepper- und Lkw-Bau bis Ende der sechziger Jahre mit z. T. hoher Leistungsausbeute verwendet. Im Rahmen dieses neuen, sehr differenzierten Programms war der einzige Schlepper in rahmenloser Blockbauweise der Zweizylindertyp R 16 (16 PS bei 1600 U/min). Schon der Dreizylindertyp R 22 besaß den Halbrahmen. Neu war die Einführung von Lenkbremsen bei den Ackerschleppern.

Das Jahr 1951 brachte auch die Vergrößerung des D 52 durch Aufbohren (nun 110 x 150 mm, 5702 ccm) und damit eine höhere Leistung von zunächst 45 bis 55 PS. Der R 40 wurde durch den R 45 abgelöst, der seine 45 PS wieder bei 1200 U/min mobilisierte. Waren die ersten Exemplare noch mit der Hanomag-Einspritzpumpe versehen, wurde diese bald von einer Bosch-Pumpe ersetzt. Wie sein Vorgänger wurde der R 45 zu einem der meistgefahrenen schweren Radschlepper in Land- und Forstwirtschaft, Baugewerbe und Industrie. Auch die Bundespost setzte seine Straßenversion, mit dem klassischen Benze-Fahrerhaus für zwei Personen, in großen Stückzahlen für den Transport ihrer schweren Erdkabelrollen ein. Überall, wo hohe Zugkraft erforderlich war, war er in seinem Element. Die Abmessungen waren: Länge 3355, Radstand 2080 mm, Eigengewicht 3270, zul. Gesamtgewicht 4000 kg.

Mit einer Mehrleistung von 10 PS war ebenfalls seit 1951 der Raupenschlepper K 55 als Nachfolger der KV 50 auf dem Markt. Obwohl die Bedeutung dieser Bauart in den fünfziger Jahren in der Landwirtschaft stark abnahm, war gerade dieser Schlepper auf großen Gütern relativ häufig zu finden, wenn große Schläge zu bearbeiten oder beträchtliche Rübenlasten abzufahren waren. Nach oben wurde das Bauprogramm durch die sehr schwere Raupe K 90 abgerundet (Motor D 93, 115 x 150 mm, 9340 ccm, 90 PS bei 1300 U/min). In Halbrahmenweise ausgeführt, wurde dieser Schlepper wegen seiner enormen Zughakenkraft von 12000 kg vor allem bei der Kultivierung von Mooren und Ödland eingesetzt, so u. a. von dem berühmten Dampfpflug-Unternehmen Ottomeyer. 1953 kamen zu den Typen R 16 und R 22 die Modelle R 19 und R 27 hinzu. Der R 28 wurde zum R 35 weiterentwickelt. Äußerliches Kennzeichen war vor allem ein veränderter Kühlergrill.

Im R 35 leistete der Vierzylindermotor 35 PS bei 1900 U/min. Sein geringes Leistungsgewicht, die hohe

Kraftreserve des Motors sowie verschiedene Getriebe- und Bereifungsvarianten, das günstige Verhältnis von Eigengewicht (ca. 1860 kg) zum zul. Gesamtgewicht (2600 kg), der Radstand von 1800 mm und die umfangreichen Zusatzausrüstungen, zu denen Dreipunkt-Hydraulik und Frontlader zählten, machten den R 35 zu einem der wichtigsten Schlepper seiner Leistungsklasse für über zehn Jahre. Zahlreiche Landmaschinenhersteller konzipierten ihre Erzeugnisse auf das Hanomag "Combitrac-System" hin (optimale Gewichtsverteilung, hohe Zugkraftentfaltung bei relativ niedrigem Eigengewicht, Getriebezapfwelle, vielfache Anbaumöglichkeiten für Geräte), so daß sich perfekt aufeinander abgestimmte Einheiten von Schlepper und Gerät ergaben.

1955 erfolgte die Serieneinführung des stärksten Radschleppers R 55 für höchste Anforderungen in landwirtschaftlichen Großbetrieben. Von diesem Modell abgeleitet wurde ein Fahrzeug, um das sich heute Legenden spinnen, die nur mit denen um den 55er Lanz Eilbulldog zu vergleichen sind: der Hanomag ATK.

Hanomag R 460 ATK in Schaustellerdiensten

Dieser Spezialschlepper zeichnete sich durch eine zusätzliche ölhydrasche Kupplung von Voith aus (auch als Turbo- oder Strömungskupplung bezeichnet), mit der in jedem Gang, in dem eine angehängte Last bewegt werden konnte, auch angefahren werden konnte! Mit der Handbremse wurde der Schlepper gehalten und der Gang eingelegt; beim Lösen der Bremse erfolgte dann eine völlig ruckfreie Übertragung des Motordrehmoments durch den Wandler auf das Triebwerk und der Schlepper setzte sich in Bewegung. Der ATK (später als R 455 und R 460) konnte bis zu 75 t Gesamtanhängelast ziehen.

Auf zahlreichen Flughäfen, Industrieanlagen und bei Nato-Einheiten ("Nato-Hanomag") wurde er eingesetzt. Charakteristisch für ihn sind ein rundum, auch nach oben verglastes Fahrerhaus der Firma Benze, eine 6t-Seilwinde von Schlang & Reichart sowie hintere, sehr schwere Gußfelgen (je 450 kg), die das Gewicht der Maschine auf 5200 kg brachten. Bei einer durch die Voith-Kupplung bedingten Baulänge von 4300 und einem Radstand von 2325 mm ergab sich eine für einen Radschlepper bisher nicht gekannte Zughakenkraft. Mindestens so bedeutend, aber erheblich weniger

spektakulär war die Einführung des als "Mähdrescher-Schlepper" angekündigten Typs R 35/45. Bei ihm wurde die Motorleistung durch Erhöhung der eingespritzten Kraftstoffmenge, ohne Steigerung der Drehzahl, erreicht. Die zur Verbrennung erforderliche größere Luftmenge lieferte ein Roots-Gebläse. Der robuste D 28 vertrug dieses Verfahren anstandslos. Als R 435/45 gab es diesen Schlepper mit der bauchigen, 1957 eingeführten Haubenform noch bis 1960, als Robust 442/50 sogar noch darüber hinaus.

Mit Doppelkupplung, zehn Vorwärts- und je zwei Kriech- und Rückwärtsgängen war er für mittlere und größere Höfe geeignet: alle Acker- und Bestellarbeiten bewältigte er mit 35 PS, zum Antrieb von Mähdreschern, HD-Pressen u. a. Zapfwellengeräten wurde er auf die höhere Leistung umgeschaltet.

Hanomag war in der ersten Hälfte der fünfziger Jahre auf dem Höhepunkt des Erfolges. 1953 waren 4 585 Schlepper verkauft worden. Ein Jahr später, nachdem der 100 000ste Hanomag-Schlepper das Band verlassen hatte, war man mit einem Marktanteil von 13,6 % und einer Jahresproduktion von 10 646 Stück Marktführer vor Deutz und Fendt geworden.

Neue Linie: Perfekt 400

Diese Position konnte auch 1955 gehalten werden. Eine Grundsatzentscheidung bahnte sich an. Die neue Generation von Hanomag-Motorentechnikern war überzeugt, daß die Zukunft dem Zweitakt-Dieselmotor gehörte und plante den völligen Übergang zu diesem Prinzip. Damit begann eine Reihe beachtlicher Erfolge im Kleinschlepper-Bereich, zugleich aber, weil entscheidende technische Probleme nicht in den Griff zu bekommen waren und den hervorragenden Ruf der Marke in kurzer Zeit nachhaltig schädigten, der unaufhaltsame Abstieg, der trotz wirklicher Höchstleistungen nicht umkehrbar war.

Bereits 1953 war der R 12 herausgekommen: ein vorbildlich konzipierter Tragschlepper. Rahmenbauweise, "Wespentaille", hohe Bodenfreiheit, geringes Gewicht von 820 kg, wovon 60 % auf der Hinterachse lagen, Dreipunkt-Hydraulik, 6 Vorwärts-, 2 Rückwärtsgänge, Hinterradbereifung 7.00-30, Radstand 1800 mm und zul. Gesamtgewicht von 1480 kg mit entsprechend hoher Zughakenkraft zeichneten ihn aus. Maßgeblichen Anteil am geringen Eigengewicht hatte der Einzylinder-Zweitaktmotor D 611. Er besaß Ein- und Auslaßschlitze auf einer Zylinderseite und arbeitete nach dem Prinzip der Umkehrspülung Syst. Schnürle, die durch ein Roots-Gebläse optimiert wurde. So erreichte man die hohe Literleistung von 23,6 PS. Der D 611 gab 12 PS bei 2200 U/min ab, sein Hubraum betrug 508 ccm. Motor und Getriebe waren durch eine Antriebswelle verbunden. Das laute Geräusch dieses Schnelläufers brachte dem R 12 bald den Spitznamen "Ackermoped" ein. Ständigen Ärger verursachte der

Austritt unverbrannten, schwarzen Schmieröls, der für erhebliche Verschmutzung von Fahrer, Schlepper und Geräten verantwortlich war. Allein durch Fahren in einem höheren Gang ließ sich eine Verbesserung erzielen, aber das ist bei einem Ackerschlepper nun einmal nicht immer möglich. Neben dem R 12 gab es noch die Zweizylinder-Modelle R 18 und R 24, die den gleichen konstruktiven Aufbau hatten. Beim R 24 leistete der Motor D 621 24 PS bei 2200 U/min. Mit ihm wurde die runde, bauchige Haubenform eingeführt, die später für fast alle Hanomag-Schlepper bis Anfang der sechziger Jahre übernommen wurde. Dieser Typ hatte zusätzlich zu dem lauten Motorgeräusch noch ein charakteristisches, hohes Pfeifen, das vom Ventilator herrührte und ihm den treffenden Spottnamen "Düsenjäger" eintrug. Obwohl gerade dem R 24, zumal in der Version mit zwei nebeneinanderliegenden, schalenförmigen Sitzen, eine ausgesprochen gelungene Gestaltung nicht abzusprechen ist, waren er und seine Schwestermodelle sehr bald Ursache eines heftigen Absatzrückgangs. Mopeds und Düsenjäger waren nun einmal nicht die richtigen Fahrzeuge für Bauern. 1957 fiel man auf den fünften Rang in der Zulassungsstatistik zurück.

Kurz muß hier noch ein weiteres Zweitakt-Modell erwähnt werden: 1956 erschien der schwere Kettenschlepper K 60, in Halbrahmenbauweise, mit dem Motor D 721 (130 x 140 mm, 3715 ccm, 60 PS bei 1600 U/min). Er wog 6045 kg, hatte 6 Vorwärts- und 3 Rückwärtsgänge und eine Zughakenkraft von 7000 kg im ersten Gang. Gelenkt wurde er mittels Handhebeln, die Lenkgetriebe und -kupplungen auf jeder Seite betätigten. Für

den Kettenschlepper war dieser Motor (übrigens ursprünglich eine Entwicklung der Firma Heinrich Lanz, die durch den Wechsel des Direktors Ehlers zur Hanomag nach Hannover kam) offenbar wesentlich geeigneter als die kleinen Zweitakter im Bauernschlepper.

Das Debakel führte zwar nicht umgehend zur Abkehr von den Zweitaktmotoren, jedoch gab man wenigstens die bewährte Viertaktbaureihe von zwei bis vier Zylindern nicht auf. Ab 1958 stand eine neu strukturierte Baureihe mit nicht weniger als 19 Typen bereit. Das ehemals so markante, eckige Hanomag-Gesicht war einer dem zum Neobarock neigenden Zeitgeschmack angepaßten Haubenform gewichen. Die Typenbezeichnungen waren nun dreistellig. Obwohl das üppig gerundete Blech die bewährte Technik verbarg, blieb die Kundschaft mißtrauisch. Hinzu kam der in jenen Jahren erfolgte Einbruch der gesamten Branche - die Lage wurde allmählich prekär für die Hannoveraner. Ein sehr bewährter Schlepper der Jahre 1959 bis 1962 war der R 324 E (Motor D 21, 27 PS bei 1900 U/min). Er hatte einen Radstand von 1825 mm, wog 1855 kg bei einem zul. Gesamtgewicht von 2350 kg, verfügte über ein Gruppengetriebe (10 V/2 K/2 R), unabhängige Zapfwelle und Doppelkupplung, während hydraulischer Kraftheber und Antischlupf-Regulierung noch immer zur Sonderausrüstung zählten. Dieser Schlepper, der auf den vielen Grünlandbetrieben eingesetzt wurde, brachte ausgezeichnete Leistungen beim Mähen, Laden und anderen Zapfwellenarbeiten. Anfang der sechziger Jahre wurde er zum Typ Granit weiterentwickelt.

1962 erfolgte die Umstellung der Motoren auf das Wirbelkammerverfahren. Wichtige Vertreter der neuen Schlepperbaureihe waren der Perfekt 300 (Motor D 14 CR, 25 PS bei 2400 U/min), der dem Tragschlepper R 24 ähnelte, jedoch, wie alle Modelle mit dem Zweizylinder D 14, in rahmenloser Blockbauweise gehalten war, sowie der Halbrahmenschlepper Brillant 600 mit dem Vierzylindermotor D 28 CR. 50 PS bei 2300 U/min, Länge 3550, Radstand 2104 mm, Eigengewicht 2520, zul. Gesamtgewicht 3800 kg lauteten die Daten. Er besaß die Hanomag-"Pilot"-Regelhydraulik (Hubkraft 1650 kg), 10 Vorwärts-, 2 Kriech- und 2 Rückwärtsgänge und eine Hinterradbereifung der Größe 11-38 oder 13-30. Von 1962 bis 1967 produziert, kapitulierte der Brillant 600 weder vor dem dreischarigen Drehpflug noch vor schweren Ladewagen oder Miststreuern, während seine hohe

Bodenfreiheit und die Allzweckbereifung ihn auch für Bestell- und Pflegearbeiten prädestinierten. Noch heute, 25 Jahre nach Einstellung seiner Produktion, ist er ein vertrautes Bild auf vielen Höfen. Die schwere Klasse wurde in den Jahren von 1957 bis 1964 von den nahezu unveränderten Typen R 445, R 455 und R 460 (58/60 PS) abgedeckt, die es als Acker- und Straßenschlepper und natürlich als ATK-Sondermodell gab.

1963/64 wurden die Hanomag-Traktoren wieder eckig. Noch immer dominierte im unteren Leistungsbereich die Tragschlepperbauweise, nur tendierten nun auch hier die Motorleistungen nach oben. Bei der mit dem Perfekt 400 eingeleiteten Modellreihe hatte man ein zugleich zeitgemäßes wie zeitloses Design gefunden. Der ergonomisch korrekte Sitz ("Reitsitzposition") und die Übersichtlichkeit von Armaturen und Bedienungselementen waren ebenso vorbildlich wie die Gewichtsverteilung (64 % auf der Hinterachse), die zusammen mit einem neuen Getriebe (9 V/3 R) für hohe Zugkraft bei allen Arbeiten sorgte. Für die Perfekt 400-Reihe hatte man (bis 1966) auf den noch bei Borgward entwickelten Vierzylinder-Wirbelkammermotor (1800 ccm) zurückgegriffen, der als Hanomag-Baumuster die Bezeichnung D 301 R erhielt und 25 bis 34 PS leistete.

Einen Höhepunkt (zumindest aus heutiger Sammlersicht) stellte der Robust 800 dar, der 1964 die traditionellen schweren Schlepper mit D-57-Motor ablöste. Dieses Kraftpaket hatte den ursprünglich für Bauraupen geschaffenen Vierzylindermotor D 941 R (120 x 150 mm, 6786 ccm, 75 PS bei 1500 U/min). In Blockbauweise gehalten, war er 3800 mm lang (Radstand 2350 mm), er wog 3420 kg bei einem zul. Gesamtgewicht von 4800 kg. Die Zughakenkraft im 1. Gang betrug 3800 kg. Es gab ein Fünfganggetriebe mit Vorgelege, jedoch keinen Allradantrieb. Die Hubkraft der Hydraulik betrug 2200 kg. Der Robust 800 ist eines der typischen Beispiele, auf die der Autor im Vorwort abhebt. Einerseits verkörpert er den letzten gewissermaßen klassischen schweren Hanomag, andererseits muß man nüchtern zur Kenntnis nehmen: ein Deutz D 8005, ein Eicher Wotan, ein Güldner G 75 A konnten es um diese Zeit bereits deutlich besser als dieser "Dinosaurier".

Das wußten natürlich auch die Hanomag-Ingenieure. 1967 entstand die letzte Schlepperbaureihe in Hannover, die nun allerdings den Anschluß an die Entwicklung nicht nur herstellte, sondern sich in vielen Dingen an ihre Spitze setzte. Eine neue Baukasten-Motorenreihe vom Dreizylinder (D 131 R, 95 x 100 mm, 2126 ccm, 34 PS bei 2600 U/min) im Perfekt 400 E bis zum Sechszylinder (D 162 R, 100 x 100 mm, 4710 ccm, 92 PS bei 2600 U/min) im Robust 900 A deckte noch einmal das ganze Leistungsspektrum ab. Für jede landwirtschaftliche Betriebsgröße und Arbeit waren passende Schlepper vorhanden. Sie boten Formschönheit, leichte Bedienbarkeit, modernste Getriebe- und Antriebstechnik in drei Schaltgruppen, ab Brillant 601 (62 PS) wahlweise Allradantrieb und hydraulische Lenkung sowie erstklassige Qualität in Material und Verarbeitung. Zwei Beispiele sollen das Kapitel Hanomag beschließen: der Granit 501, 1968/69 (Motor D 131 R, 40 PS) und der Robust 901 A mit 92 PS und 12-Ganggetriebe mit sehr geringem Kraftverlust, einer Höchstgeschwindigkeit von 27,2 km/h, Motorzapfwelle mit 540 und 1100 U/min, unter Last zuschaltbarem (ZF-) Vorderachsantrieb, Scheibenbremsen und vielen anderen Details. Sein Eigengewicht betrug 3490, das zul. Gesamtgewicht 5870 kg, seine Länge 3990, der Radstand 2510 mm, die Hubkraft der Hydraulik 3000 kg. Noch heute sind zahlreiche Exemplare dieses wirklichen highlights der Schleppertechnik im Einsatz.

Trotz der überzeugenden Qualitäten blieb der erhoffte Erfolg aus. Der Schlepperabsatz der Hanomag kam nicht aus den roten Zahlen heraus. Weniger als 10 000 Stück pro Jahr und schließlich, 1970, nur 3 900 bei hohen Herstellungskosten (und deswegen auch hohen Verkaufspreisen) führten zu der Konsequenz, daß Anfang 1971 die Produktion der ruhmreichen blaugrünen Traktoren aus Hannover für immer eingestellt wurde.

Hanomag Robust 800 und der Robust 900 mit 92 PS (unten)

HANSA-LLOYD

itten im Krieg, 1915, begannen die eben erst durch Fusion zweier Unternehmen entstandenen Hansa-Lloyd Werke AG in Bremen mit dem Bau eines Schleppers, der gezielt auf die Anforderungen der Landwirtschaft hin entwickelt worden war. Die Überlegung, daß dieser bald Spannkräfte und Menschen fehlen würden, die es zu ersetzen galt, mag dabei ausschlaggebend gewesen sein. Es ist nicht auszuschließen, daß von "höchster Stelle" her entsprechend interveniert wurde, zumal die Hansa-Lloyd eine wichtige Rolle als Lieferant von Heeres-Lkw spielte.

Der Hansa-Lloyd-Trecker (so hieß das Fahrzeug) war eine Konstruktion des Ingenieurs Josef Brey, der zu den Pionieren des Traktorenbaus in Deutschland gehörte. Er besaß einen massiven Rahmen, der auf zwei hohen Antriebsrädern und der Vorderachse ruhte. Über dieser befand sich der Motor (Vierzylinder in zwei Blöcken, 95 x 130 mm, 3684 ccm, Zentrifugalregler, 18 PS bei 750 U/min). Das recht aufwendig konstruierte Aggregat besaß Umlaufkühlung mit Wasserpumpe und Ventilator, Druckumlaufschmierung mit Zahnradpumpe und Doppelzündung (Lichtbogen-Hochspannungsanlage von Bosch).

Es konnte mit Benzin, Benzol oder Schweröl (Petroleum) gefahren werden - der Pallasvergaser besaß eine Vorwärmvorrichtung für die Ansaugluft und sorgte damit für weitgehend störungsfreien Betrieb mit Petroleum. Eine Lederkonuskupplung übertrug die Motorkraft auf ein Dreiganggetriebe. Es gab eine Riemenscheibe, Fuß- und Handbremse wirkten als Innenbackenbremsen auf das Getriebe.

Die Hinterräder wurden durch Ritzel angetrieben, zur Erhöhung der Adhäsion besaßen sie außerordentlich sinnreich konstruierte, klappbare Greifer, die nicht umständlich an- oder abmontiert zu werden brauchten.

Die Pendelvorderachse war so verstellbar, daß das rechte Vorderrad exakt in der Furche lief und eine selbsttätige Steuerung des Treckers ermöglichte - der Fahrer konnte das Fahrzeug sogar verlassen! Die Lenkung erfolgte durch Kette und einfachen Drehschemel.

Hansa-Lloyd Trecker: der Schlepper des Kaisers!

Der Hansa-Lloyd-Trecker war einer der ersten seiner Art, bei dessen Konstruktion auf das physische Wohlbefinden des Fahrers besonderes Augenmerk gerichtet wurde in der richtigen, damals aber nicht allgemeingültigen Erkenntnis, daß von diesem seine Leistungsfähigkeit in hohem Maße abhängt. Es gab einen gepolsterten Sitz mit Rückenlehne, ein Dach, der Führerstand wirkte geradezu aufgeräumt. Das Kupplungspedal konnte im Sitzen wie im Stehen betätigt werden. 1916 erhielt der Trecker die Silberne Preismünze der DLG, deren bis heute höchste Auszeichnung. Sein Gewicht wurde mit 3 000, die "Zugkraft auf festen Wegen" mit 19 000 kg angegeben (maximale Anhängelast).

Ab 1917 betrug die Motorleistung 25 PS und es gab ein Vierganggetriebe, 1920/21, also kurz vor Einstellung der Produktion, wurde der Motor vergrößert (110 x 145 mm, 5510 ccm), seine Bremsleistung betrug danach 38 bis 40 PS bei 900 U/min. Der Nestor der deutschen Landtechnik, der Berliner Professor Gustav Fischer, beurteilte 1917 in einer Untersuchung den Hansa-Lloyd als "technisch gut durchgebildet und auf mittleren Böden bei mäßigem Brennstoffverbrauch sehr gut arbeitend". Er empfahl ihn für große und mittelgroße Wirtschaften zur Bodenbearbeitung, zum Mähen, Ziehen großer Lasten und für stationären Antrieb als "wirtschaftlich vorteilhafte Maschine".

Der Trecker wurde in der Tat von zahlreichen Gutsbesitzern begeistert angenommen und hielt in der Praxis, was er in Theorie und Maschinenprüfung versprach. Einer der prominentesten Hansa-Lloyd-Besitzer war "S. M. der Deutsche Kaiser", der ihm, wenn er ihn schon nicht selber fuhr, doch wenigstens ein hervorragendes schriftliches Zeugnis ausstellen ließ - sicherlich ein damals hochwerbewirksames Argument. Mithin scheint auch hinreichend erwiesen, daß der Hansa-Lloyd-Trecker zu den berühmtesten deutschen Traktoren gezählt werden muß.

HMG

Hanseatische
Motoren-Gesellschaft →

*D*as Unternehmen aus Berge-dorf bei Hamburg zählte bereits seit längerem zu den Herstellern robuster Glükopfmotoren, die in allen Schiffs-stypen der Binnen- und Küstenschiff-fahrt zuverlässig Dienst taten.

Nach dem Erscheinen des Zweizylinder-Glühkopfschleppers "Felddank" von Lanz im Jahre 1923, der von den Hanseaten offenbar sehr genau studiert wurde, entschloß man sich ebenfalls zum Bau eines Traktors, zu dem man ja einen passenden Motor im Produktionsprogramm hatte.

Im Gesamtaufbau des Fahrzeugs orientierte man sich deutlich an dem Mannheimer Vorbild. Es gab einen kräftigen Rahmen aus U-Profilen, die Vorderachse besaß ein querliegendes Blattfederpaket, die Hinterachse zwei längsliegende Blattfedern. Auf diesem Rahmen waren Motor- und Führerstandverkleidungen montiert, die alle Aufbauten fast völlig umschlossen. Hinter dem Felddank zurück blieb allerdings die äußerst simple Drehschemel-Lenkung.

Im Unterschied zu diesem war der stehende Zweizylinder-Zweitakt-Glühkopfmotor quer zur Fahrtrichtung angeordnet. Er hatte also eine quer liegende Kurbelwelle, an deren Enden links und rechts die Schwungräder außerhalb des Rumpfes saßen, wie dies auch beim Lanz Bulldog der Fall war. Auf dem linken Schwungrad befand sich die durch Reibungskupplung zu betätigende Riemenscheibe. Der Motor leistete 34 PS bei 600 U/min, war also auch hierin dem Felddank in etwa vergleichbar. Im Gegensatz zu diesem wurde jedoch für jeden Zylinder eine eigene Heizlampe benötigt. Der Motor war umlaufgekühlt und besaß Wasserpumpe und Ventilator.

Das Getriebe des als "Elefant" bezeichneten Schleppers hatte nur 2 Vorwärtsgänge und einen Rückwärtsgang, es waren jedoch zwei unabhängig voneinander wirkende Bremsen vorhanden. Man unterschied den vollgummibereiften "Gummi-Elefant" (3,5 und 8 km/h) sowie den eisenbereiften "Akker-Elefant" (3 und 7 km/h), dessen Antriebsräder einen Durchmesser von 1350 mm aufwiesen. Sie waren greiferbewehrt und konnten mit Verbreiterungen versehen werden. Beide Ver-

sionen wogen ca. 2900 kg, ein Gummi-Elefant mit hinterer Zwillingsbereifung brachte es allerdings auf 3300 kg. In jedem Fall lag er damit beträchtlich unter dem Gewicht des Felddank, dessen hohen Qualitäts- und Entwicklungsgrad er sicherlich nicht erreichte. Immerhin wurden dem Elefant ansehnliche Leistungen attestiert: eine Dreschmaschine konnte er mit einer Stundenleistung von 40 Zentnern über die Riemenscheibe antreiben, die Gesamtanhängelast der Straßenmaschine konnte 20 t betragen.

Die genaue Bauzeit des Elefant ist nicht zu ermitteln. Sie kann jedoch Mitte der zwanziger Jahre insgesamt nur kurz gewesen sein.

Acker-Elefant und Gummi-Elefant von der Hanseatischen Motoren-Gesellschaft

HATZ

→

*B*ereits 1890 wurde dieses Unternehmen im niederbayerischen Ruhstorf a. d. Rott als Landmaschinenwerkstatt gegründet, in der 1906 der erste Verbrennungsmotor entstand. Hatz ist eine der zahlreichen Motorenfabriken, die sich irgendwann einmal dem Bau von Traktoren zuwandten, wobei die Motorenproduktion stets Priorität besaß. Auf zahllosen Bauernhöfen, in Werkstätten und Booten, bei der Stromversorgung, in Mühlen, auf Baustellen usw. fanden ab 1910 Hatz Glühkopf- und ab Anfang der zwanziger Jahre Dieselmotoren Verwendung:

Der größte und der kleinste Hatz: TL 38 und Agricolo (oben), eine Prospektseite des H 340 und der Kleinschlepper T 13 (kleine Abbildung)

nicht zuletzt auch als Einbaumotoren bei anderen Schlepperherstellern, z. B. bei der kleinen Marke Klauder. Heute ist Hatz führender Anbieter von Kleindieselmotoren in Europa.

1952 wurde der erste luftgekühlte Dieselmotor entwickelt, es dauerte aber bis zum Jahr 1953, ehe man den Schritt wagte, eine eigene Schlepperbaureihe vorzustellen mit den Typen T 13, T 16, T 26 und T 32. Als Motoren kamen wassergekühlte Ein- und Zweizylinder-Zweitakter zum Einbau, sämtlich Direkteinspritzer. Die Getriebe bezog man von ZP, Hurth und ZA.

Die ganz konventionell in rahmenloser Blockbauweise hergestellten Traktoren waren im bayerischen Umland schnell gefragt: im ersten Jahr wurden 106, ein Jahr darauf bereits über 300 Maschinen verkauft. Es gab, außer Mundpropaganda, kaum Werbung: ein ermutigender Erfolg. Das

wichtigste Modell dieser ersten Serie ist der T 13 (Motor F 19, 105 x 135 mm, 1125 ccm, 13 PS bei 1500 U/min). Mit dem ZP-Getriebe A 5 (5 V/1 R), einem Eigengewicht von 1034 kg erreichte er mit hinterer Bereifung 7.00-24 eine Höchstgeschwindigkeit von 18,5 km/h. Mit einem Radstand von 1630 mm war er ein sicherer "Einschar-Schlepper", vor allem aber als Mähtraktor auf den in seiner Heimat so häufigen Grünlandwirtschaften ein solider, zuverlässiger Helfer. Von 1953 bis 1955 wurden 259 Stück des kleinen T 13 verkauft.

Aus der gleichen Epoche sei noch der T 26 erwähnt (Motor F 2 S, 105 x 135 mm, 2250 ccm, 26 PS bei 1500 U/min). Er besaß das Hurth-Getriebe G 76 (5 V/1 R), einen Radstand von 1775 mm, eine Hinterradbereifung von 10-28 und wog 1540 kg. Mit ihm konnte unter allen Bedingungen zweischarig gepflügt werden, Waldbesitzer schätzten seine Zugkraft. Die Zahl der verkauften T 26 war jedoch drastisch niedriger: 72 Exemplare im Zeitraum von 1953 bis 1958 zeigen, daß der Absatzschwerpunkt bei Hatz beim Klein-

schlepper lag. Die äußere Formgebung war sehr geschmackvoll: die glattflächigen, runden Motorhauben waren wohl ein wenig der klassischen Primus-Gestaltung abgeguckt.

1954 begann, noch parallel, die Produktion luftgekühlter Traktoren. Der TL 10 "Agricolo" war der kleinste, aber auch der erfolgreichste aller je gebauten Hatz-Schlepper: bis 1961 wurden von ihm 1 514 Exemplare verkauft. Sein Einzylindermotor (E 85 FG, 85 x 100 mm, 567 ccm) arbeitete nach dem Wirbelkammerverfahren und leistete 10 PS bei 2500 U/min. Er hatte ein Schwungrad-Kühlgebläse, war mit dem Hurth-Getriebe G 809 (4 V/1 R) verflanscht und mit nur 715 kg einer der leichtesten Schlepper überhaupt. Sein Radstand betrug 1580 mm, die hintere Bereifung war 6.00-24. Ein Jahr später bekam er den 2 PS stärkeren TL 12 zur Seite, von dem immerhin auch 1 001 Exemplare verkauft werden konnten. Er ersetzte den T 13.

Das Hurth-Getriebe war speziell für die kleinen Hatz-Schlepper ausgelegt, deren Bedienung und Handhabung leicht und, wie es in der Werbung hieß, "auch für Frauen und Jugendliche" mühelos möglich war - in bäuerlichen Familienbetrieben ein wichtiges Kriterium. Das Programm luftgekühlter Modelle wurde sorgfältig weiterentwickelt, und 1956 wurden monatlich über 1 000 Einheiten produziert. Es gab nun mit den Typen TL 15 und TL 18 wieder Direkteinspritzer.

1957 wurde erstmals ein PS-starker Hatz vorgestellt, der auf größere Verkaufszahlen kommen sollte: der TL 33. Sein Dreizylindermotor (D 100, 100 x 115 mm, 2709 ccm, 33 PS bei 1800 U/min, Direkteinspritzer) war längst in Baumaschinen bewährt. Er hatte pro Zylinder, ähnlich den Eicher-Motoren, ein durch Keilriemen vom Motor angetriebenes Axialgebläse. Das Getriebe A 10 (5 V/1 R) stammte von ZP. Hatz hatte hier an größere Höfe gedacht, die Anhängemähdrescher u. a. Zapfwellengeräte einsetzten und den TL 33 mit Doppelkupplung und unabhängiger Zapfwelle ausgestattet. Radstand (2030 mm) und Gewicht (1870 kg) verbürgten hohe Zugkraft.

Hatz TL 33: nur als Exportartikel ein Erfolg (oben)
und TL 17: nicht nur formal ein attraktiver Bauernschlepper (unten)

Für diesen leistungsfähigen Traktor gab es auch einen hydraulischen Kraftheber mit immerhin 1 000 kg Hubkraft, so daß moderne Zweischar-Anbaupflüge für ihn kein Problem darstellten. Bis 1958 brachte er es auf 570 Exemplare, von denen die meisten allerdings exportiert wurden.

1959 erfolgte eine Maßnahme, die heute als facelifting bezeichnet werden würde. Mit weit nach vorn ausgebauchter, runder Haube mit attraktivem Schwung in den Seiten und Zweifarben-Hammerschlag-Lackierung in moosgrün/hellgrünmetallic, goldenem Gitter vor dem Gebläseeingang und roten Rädern waren die Hatz-Schlepper auffällig, fast ein wenig exotisch. Der TL 17 (Zweizylindermotor Z 90 R, 90 x 105 mm, 1336 ccm, 17 PS bei 1800 U/min) hatte das Hurth-Getriebe G 85 A (5 V/1 R).

Einem zielstrebigen Ausbau des Händlernetzes, ausgefallenen Werbemaßnahmen wie z. B. Sternfahrten (vorbei war die Zeit der Mundpropaganda) und der nach wie vor hohen Qualität verdankte es der Hersteller, der es längst nicht mehr nur auf bayerische Bauern abgesehen hatte, daß die Jahresproduktion inzwischen die Zahl 1 000 überschritt. Unverändert Hauptanteil daran hatte der kleine, mehrfach überarbeitete TL 13, der es noch in der letzten Bauserie, ab 1962, nunmehr als H 113, auf 344 Stück brachte. In diesem Jahr, als die große Absatzkrise im Schlepperbereich bereits eine Vielzahl einst renommierter Hersteller aus dem Rennen geworfen hatte (nahezu über Nacht stagnierte plötzlich der Verkauf der Kleinschlepper), erfolgte eine letzte Überarbeitung des Bauprogramms.

Am Ende soll hier der H 340 stehen, mit dem man noch einmal zeigte, was man konnte. Er wurde 1963 vorgestellt (Motor D 105 R, Dreizylinder, 105 x 115 mm, 2988 ccm, 40 PS bei 2000 U/min). Dieser starke Schlepper (Leistungsgewicht 43,75 kg/PS) hatte das ZF-Getriebe A 210 (8 V/4 R). Er wog 1750 kg, sein Radstand betrug 2130 mm. Mit dem auf Wunsch lieferbaren Schnellgang und einer Bereifung von 13-30 erreichte er eine Höchstgeschwindigkeit von 28,8 km/h. Hydraulischer Kraftheber mit Dreipunktaufhängung, Hubkraft 950 kg, wahlweise Bosch-Regelhydraulik, Baas-Frontlader, Motor- und Getriebezapfwelle, Doppelkupplung, Mähwerk und viele andere Ausstattungen waren verfügbar. Dennoch waren nach zwei Jahren nur 37 Exemplare des Flaggschiffs verkauft. Die Konsequenzen: 1964 beendete man in Ruhstorf die Schlepperproduktion, um sich völlig auf den Bau von Motoren zu konzentrieren.

HELA

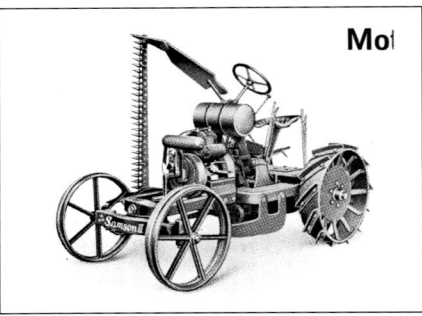

Mot

Samson - selbstfahrender Motormäher (oben), Samson 1936 bereits mit Deutz F2 M 313 (Mitte), Samson mausert sich zum Kleinschlepper (unten)

*E*s ist keinesfalls alltäglich, daß sich zwei Unternehmen gleichen Namens in der gleichen Branche als Konkurrenten begegnen. Bei der 1888 gegründeten Landmaschinenfabrik von Hermann Lanz in Aulendorf (Oberschwaben) war dies aber der Fall: eine verwandtschaftliche Beziehung zu Heinrich Lanz in Mannheim besteht nicht.

Der Weg zum Schlepperhersteller verlief in der für süddeutsche Verhältnisse typischen Weise. 1929 wurde der erste selbstfahrende Grasmäher gebaut, der auf den Kraft verheißenden Namen "Samson" getauft wurde. Sein Ilo-Zweitakt-Vergasermotor wurde alsbald durch den Deutz-Dieselmotor MAH 514 mit 9 bis 11 PS ersetzt, es gab ein Eigenbau-Getriebe (3 V/1 R) sowie vier gleich große oder besser: gleich kleine Räder, die mit Vollgummi belegt waren. An den Hinterrädern sorgten verbreiternde Eisenkränze mit Greifern für Adhäsion und Zugkraft. Lanz-Aulendorf absolvierte die berühmte Kleinschlepperprüfung des "Reichsnährstandes" im Jahr 1937 mit Erfolg.

Ab 1937/38 wurden schließlich Schlepper in Blockbauweise, bei denen der Deutz-Motor F2M414 mit dem eigenen Vierganggetriebe verblockt war, hergestellt. Sie waren in ihrer südwestdeutschen Heimat so beliebt, daß die Firma in der 22-PS-"Einheits-Klasse" des sog. Schell-Plans Berücksichtigung fand.

Aus heutiger Sicht interessanter als der 22er ist aber die Tatsache, daß daneben 1938/39 in geringen Stückzahlen auch ein 11-PS-Schlepper gebaut wurde, der den Motor F1M414 besaß. Ebenfalls in Blockbauweise gehalten, war er ein echter Konkurrent für den legendären Elfer-Deutz, dem er sogar ein Vierganggetriebe voraus hatte! Der kleine Lanz-Aulendorf war 2 550 mm lang und wog 1 350 kg, war also auch in der Masse dem Vorbild leicht überlegen. Deutz hat ja mit größter Wahrlegen. Deutz hat ja nie einen eigenen Schlepper mit dem F2 M 414 gebaut,

Modell 1940

sondern diesen Motor immer nur an andere Hersteller verkauft. Umso erstaunlicher ist, daß der Einzylinder, wenn auch insgesamt nur in geringem Umfang, an Fremdfabrikate abgegeben wurde, die dem "Elfer" Konkurrenz machten. Soweit dem Autor bis heute bekannt ist, war dies neben Lanz-Aulendorf noch bei einer weiteren Marke, über die in diesem Buch noch zu reden sein wird, der Fall.

Während der Kriegsjahre wurden auch in Aulendorf Holzgas-Schlepper gebaut.

Es dauerte bis 1949, ehe die Produktion wieder in Gang kam. Motorenlieferant war nun MWM, Fünf- und Achtganggetriebe und Vorderachsen baute man selber. Insofern hob sich Lanz-Aulendorf von den herkömmlichen Konfektionären durchaus ab. Zunächst bestand die Baureihe aus drei Typen mit 14, 22 und 28 PS, wobei mit dem 28er erstmals der Versuch gemacht wurde, einen Schlepper für größere Landwirtschaftsbetriebe anzubieten. Auch an seine Verwendung als Straßenschlepper wurde gedacht. Umfangreich war die Serienausstattung aller Modelle: Zapfwelle, Mähwerk, Riemenscheibe, Differentialsperre und elektrische Beleuchtung ohne Aufpreis - das gab es nirgendwo sonst!

1951 entstand, zur eindeutigen Unterscheidung von dem großen Namensvetter in Mannheim, der neue Name "Hela", unter dem die Traktoren künftig angeboten wurden und der sich überraschend schnell durchsetzte. Der 14-PS-Hela (Motor MWM KDW 215 E, 100 x 150 mm, 1179 ccm, 14 PS bei 1500 U/min) war ein anspruchsloser, robuster Bauernschlepper. Er verfügte neben den schon erwähnten Ausrüstungen auch über Lenkbremsen und verstellbare Spurweite, seine Länge betrug 2 450 mm, das Gewicht 1 300 kg. Die Zugkraft am Haken wurde mit 700 kg gemessen, der Verbrauch des MWM-Motors mit 195 g/PSh. Mit dem 28-PS-Typ D 47 (Motor KD 415 Z, 100 x 150 mm, 2350 ccm, 28 PS bei 1550 U/min), Hela-Fünfganggetriebe, Länge 2 900, Radstand 1 800 mm, Eigengewicht mit Mähwerk 1 900 kg, verfügte man über einen schwereren Mittelklasse-Schlepper, der beachtliche Leistungen erbrachte: eine maximale Brutto-Anhängelast von 15 t. Unter Betätigung der Einzelrad-Lenkbremsen betrug sein Wendekreisradius nur 2,75 m, die Bereifungsgröße war 6.00-16 bzw. 11.25-24.

Hermann Lanz Aulendorf 22 PS-Schlepper, 1940 (oben), 11 PS-Lanz-Aulendorf (Mitte). Bereits ein Hela: der 14 PS-Bauernschlepper von 1951 (unten)

Mitte der fünfziger Jahre erreichte die jährliche Produktion der Hela-Schlepper über 2 000 Stück. Dies war zwar kein Spitzenergebnis, jedoch auch nicht allzu schlecht, so daß man dem Ehrgeiz nachgab, eine eigene Motorenproduktion zu schaffen. Der erste Schlepper mit einem Hela-Dieselmotor war der D 15 von 1956. Sein Einzylinder-Kurzhuber (Typ AE 1, 105 x 125 mm, 1082 ccm, 15 PS bei 1980 U/min) arbeitete nach dem Wirbelkammerverfahren und verbrauchte nur 185 g/PSh. Sein maximales Drehmoment war bei 1800 U/min erreicht. Er besaß eine Bosch-Einspritzanlage, Druckumlaufschmierung, Verstellregler sowie einen Direktantrieb der Hydraulikanlage. Der Motor war mit einem neuen Getriebe (6 V/1 R) verblockt. Der D 15 besaß eine Vorderachse mit Einzelradfederung. Der relativ lange Radstand von 1 820 mm verhalf dem kleinen Schlepper, der, je nach Bereifung, bis zu 1 460 kg wog, zusammen mit dem kräftigen Motor zu ausgezeichneter Zugkraft. Der D 15 wurde später zum D 315 bzw. D 415 weiterentwickelt; die Motoren wurden im Baukastensystem als Ein-, Zwei- und Dreizylinder gebaut.

Erstmals mit eigenem Hela-Dieselmotor: D15, Weiterentwicklung D 415, 40 PS-Hela (links von oben nach unten). D 28 mit Hela-Zweizylinder (kleine Abbildung)

Der kräftige D 28 hatte den Zweizylinder (Typ AZ 1, 2 164 ccm, 28 PS bei 2000 U/min). Dieser Schlepper löste jenen mit gleich starkem MWM-Motor nicht ab, vielmehr stellte Lanz-Aulendorf fast immer den Kunden die Motorenwahl frei. Außerdem bot man, mit MWM-Motoren, in fast allen Leistungsklassen, auch luftgekühlte Schlepper an. Sogar mit dem Deutz-Motor F2L514 konnte man einen Hela bekommen: er wurde, auf besonderen Wunsch, anstelle des MWM KDW 715 Z in den 30/32-PS-Typ eingebaut. Dies war natürlich nicht unbedingt kostengünstig, hielt jedoch Käufer mit sehr unterschiedlichen Wünschen bei der Marke. In Anbetracht dessen, daß die erreichten Stückzahlen nicht allzu hoch waren, war dieses System betriebswirtschaftlich sehr heikel.

Modellpflege und Weiterentwicklung wurden auch bei Hela ernsthaft betrieben, der Aufbau eines schlagkräftigen Händlernetzes über Südwestdeutschland hinaus fand jedoch praktisch nicht statt. Stärkster Hela war für längere Zeit der D 40 (MWM-Motor KDW 415 D, 40 PS bei 1500 U/min), der es bei einem Eigengewicht von 2 400 kg auf eine maximale Zughakenkraft von 1 800 kg brachte. Er hatte ein Hela-Sechsganggetriebe, eine Bereifung von 6.00-20 bzw. 13-30, kupplungsabhängige Zapfwelle, Riemenscheibe, sowie auf Wunsch hydraulischen Krafheber und war für Großbetriebe bestimmt. Der D 40 erreichte jedoch keine allzu hohen Verkaufszahlen.

Ab 1957 wurde der Absatz ohnehin stark rückläufig. Die große Schlepper-Krise jener Jahre, in denen viele namhafte Hersteller (z. B. Normag, Orenstein & Koppel, Primus) aufgaben, ging auch an Lanz-Aulendorf nicht spurlos vorüber. Dennoch wurden die Hela-Dieselmotoren weiterentwickelt, und ab 1960 gab es ein neues Styling mit modernisierter, die Länge betonender Haubenform und einer der zeitgemäßen "Reitsitzposition" des Fahrers angenäherten Gestaltung des Fahrersitzes und der Bedienungselemente. Die Motoren besaßen die sog. Rotocap-Einrichtung: eine automatische Zwangsdrehvorrichtung sowohl der Einlaß- wie der Auslaßventile, durch die die Ventilteller in einen steten Umlauf von den heißen in die weniger heißen Zonen kamen. Exakter Ventilsitz wurde dadurch gewährleistet, Verschleiß gemindert. Ferner gab es eine Kaltstart- und eine Stop-Einrichtung, die das Startverhalten bis -15° erleichterte und das Abstellen des Motors vom Schleppersitz aus erlaubte.

Spezialschlepper Varimot mit Farymann-Diesel (unten). Hela D 540, wieder mit MWM-Motor und Hela D 260 A (rechts)

Die Hydraulikpumpe wurde ohne Keilriemen direkt vom Motor angetrieben. Eine "Helamatic" genannte Hebel-Fernbedienung ermöglichte es, den Schlepper zu bedienen, ohne daß der Fahrer darauf sitzen mußte: bei Ladearbeiten eine willkommene Arbeitserleichterung. Das Hela-Getriebe verfügte nun generell über 6 Vorwärtsgänge sowie je einen Kriech- und Rückwärtsgang. Auch das Mähwerk wurde ohne Keilriemen vom Getriebe angetrieben und hydraulisch ausgehoben.

Nach wie vor lagen die Absatzschwerpunkte des Unternehmens in der kleinen Klasse um 14, 15 PS sowie bei den mittleren Schleppern von 22 bis 25 PS. Für den D 415 war der Hela-Motor sowohl wasser- als auch luftgekühlt lieferbar (1082 ccm, 15 PS bei 1980 U/min). Er erreichte eine relativ hohe Zughakenkraft von 1 125 kg im ersten Gang, die maximale Bruttoanhängelast betrug zehn Tonnen.

Der D 225 (Zweizylindermotor AZ 3, 2164 ccm, 25 PS bei 1660 U/min) verfügte über eine Getriebezapfwelle mit zwei Drehzahlbereichen, die auf Wegzapfwelle umschaltbar war. Auf Wunsch konnte eine kupplungsunabhängige Motorzapfwelle geliefert werden. Die Hela-Schlepper waren technisch fraglos konkurrenzfähig, hingegen waren es die kleinen Stückzahlen und die daraus resultierenden hohen Verkaufspreise, das unzureichende Händlernetz und die hohen Produktionskosten infolge des "Luxus" eines eigenen Motors nicht. Hätte nicht ein kleiner Vierrad-Spezialschlepper namens Varimot, auf den hier aber nicht eingegangen werden kann, für bessere Geschäftsergebnisse gesorgt, wäre die Produktion vermutlich schon zu Beginn der sechziger Jahre nicht aufrechtzuerhalten gewesen. 1962 wurden an die 50 % aller Hela in Baden-Württemberg verkauft, in Niedersachsen waren von 15 566 neu zugelassenen Schleppern nur 15 Lanz-Aulendorf!

Zunächst suchte man noch einmal einen Markt bei den schwereren Traktoren unter dem Motto "Schlepper nach Maß" mit dem Dreizylinder-Typ D 45 (Motor AD 1, 3246 ccm, 45 PS bei 2000 U/min). Er wurde als "Vollernte-Schlepper" bezeichnet, was auf die Verwendung beim Einsatz schwererer Zapfwellengeräte hinwies. Dementsprechend besaß er Motorzapfwelle (542 und 1095 U/min), Wegzapfwelle (z. B. für Triebachsanhänger), eine F&S-Doppelkupplung und ein Hela-Getriebe (6 V/1 K/2 R). Der Schlepper war 3 500 mm lang (Radstand 2 200 mm) und wog 2 160 kg. Die günstige Gewichtsverteilung ermöglichte hohe Zugleistungen. Die Absatzzahlen (inzwischen hatte man die Produktion von Baumaschinen aufgenommen) konnten etwas stabilisiert werden und nach einem schweren Entschluß, der erst nach dem Tod von Hermann Lanz im Jahr 1972 umgesetzt wurde, gab man die Fertigung der Hela-Dieselmotoren auf. Eine letzte Serie nun deutlich schwererer Hela-Schlepper wurde wieder ausschließlich mit MWM-Motoren ausgerüstet. Nun setzte man auch auf den Allrad-Antrieb. Das stärkste Modell war der D 260 A (Vierzylinder-MWM D 225-4, Direkteinspritzer, 95 x 120 mm, 3400 ccm, 60 PS bei 2300 U/min).

Bei diesem Schlepper fanden sich alle Merkmale einer zeitgemäßen Konstruktion. Sein Synchron-Getriebe verfügte über 16 Vorwärts- und 8 Rückwärtsgänge, die lastschaltbare Motorzapfwelle hatte zwei Geschwindigkeiten, die angetriebene Vorderachse war eine Eigenentwicklung, der hydraulische Kraftheber (Hela-Bosch-Regelhydraulik) leistete eine Hubkraft von 2 400 kg an der Ackerschiene. Der Schlepper war 3 600 mm lang (Radstand 2 350 mm), sein Eigengewicht betrug 2 720, das zulässige Gesamtgewicht 4 000 kg. Das alles konnte sich sehen lassen, und es wurde, wenn auch wieder nur in Südwestdeutschland, durchaus auch gekauft: mit etwas Glück kann man hin und wieder einen der großen Allrad-Hela noch in Betrieb erleben.

1978 war jedoch, im 64. Geschäftsjahr, das Ende gekommen: Lanz-Aulendorf ging in der IBH-Baumaschinen-Holding des Unternehmers Esch auf. Dies bedeutete das Ende der Schlepperproduktion. Mit Mühe und Not wurde kurze Zeit später der Konkurs der IBH überwunden. Heute werden in Aulendorf in kleinem Umfang Spezialmaschinen für das Baugewerbe hergestellt.

HERKULES-NAHAG

*V*or allem wirtschaftliche Ursachen waren nach dem Ersten Weltkrieg, zu Beginn der zwanziger Jahre, dafür verantwortlich, daß eine Reihe außerordentlich kurzlebiger Unternehmen sich dem Bau von Traktoren oder, wie man damals allgemein sagte, "Motorpflügen" widmete. Die Maschinen, die damals entstanden, waren oft nicht weniger obskur und kurzlebig als ihre Hersteller, aber es gab Ausnahmen. Eine solche stellt der Herkules-Traktor dar, der ab 1920 in Berlin-Waidmannslust von den Herkules-Motorpflugwerken, danach, ab 1921 von der Nahag in Berlin-Lichtenberg und schließlich noch in München gebaut wurde.

Dieser Schlepper war in einer Epoche, die noch zur Frühzeit der Motorisierung in der Landwirtschaft gerechnet werden muß, eine der am besten und zweckmäßigsten durchgearbeiteten Konstruktionen.

Ausgerüstet mit dem vielhundertfach bewährten Kämper-Pflugmotor PM 126/200, einem großvolumigen Vierzylinderaggregat für Benzin- oder Benzolbetrieb, das bei 800 U/min bis zu 45 PS leistete, mit Pallas-Vergaser, Bosch-Hochspannungszündung und Lederkonuskupplung, die die Motorkraft auf ein Getriebe mit je einem Vorwärts- und Rückwärtsgang übertrug, wog der Herkules 3 600 kg.

Der Antrieb der hohen Hinterräder, die mit verstellbaren Greifern versehen waren, erfolgte durch Ritzel. Alle Aggregate waren auf einem stark dimensionierten Rahmen aus Profilstahl aufgebaut und vorbildlich gekapselt, also gegen Verschmutzung und Beschädigung geschützt, die Pendelvorderachse war gefedert.

1921, auf der DLG-Ausstellung in Leipzig, konnte die Nahag die Silberne Preismünze für ihren Traktor entgegennehmen. Auch bei einer Kraftpflug-Prüfung im gleichen Jahr im oberbayerischen Moosburg, bei der der Herkules von prominenten Vertretern aus Wissenschaft und Praxis kritisch begutachtet wurde, schnitt er sowohl in Leistung, Zuverlässigkeit und leichter Bedienbarkeit als auch in der Wirtschaftlichkeit hervorragend ab: mit vierscharigem Sack-Anhängepflug, Arbeitsbreite 120, -tiefe 20 cm, schaffte er bei einem Benzolverbrauch von 17,85 kg/ha eine Stundenleistung von 0,4 ha und damit das mit einigem Abstand beste Ergebnis der Gruppe Traktoren.

Von 1923 bis 1925 wurde der Bau des Herkules von der Firma Fritz Neumeyer, München-Freimann, fortgesetzt, dann hatte er sich, angesichts solcher Schlepper wie Benz-Sendling S 6, Fordson, Hanomag WD oder Lanz Bulldog überlebt.

Herkules-Nahag: einer der besten Traktoren seiner Epoche (hier mit Anhängepflug)

HOFFMANN

HOLDER

Hannover war nicht allein Sitz der großen Hanomag, sondern auch der eines weiteren, ambitionierten Traktorenherstellers: der Hannoverschen Fahrzeugfabrik Hoffmann & Co. Hier waren in den dreißiger Jahren die kleinen und mittelschweren Hanno-Straßenzugmaschinen entstanden, die mit Junkers- oder Deutz-Motoren ausgerüstet waren. Die leichten Modelle mit Heckmotor mußten im Zuge der Typenkonzentration lt. "Schell-Plan" zugunsten der in dieser Fahrzeugkategorie tonangebenden Primus-Typen P 20/P 30 aufgegeben werden, der mittelschwere Hanno R 33 erhielt dem Unternehmen seine Selbständigkeit als Schlepperproduzent.

Nach dem Zweiten Weltkrieg versuchte man zunächst, mit den Straßenschleppern Typ 500 und 501, die ihre Ein- bzw. Zweizylinder-Deutz-Motoren wiederum im Heck hatten, an die Vorkriegstradition anzuknüpfen, jedoch ohne Erfolg.

Daneben entstand der Ackerschlepper Typ 601, eine Konstruktion, die sich durch ein sensationelles Detail auszeichnete. Waren es bei dem süddeutschen Hersteller Alpenland die sinnreiche Lenkung und Zugkraftverstärkung, so bot der Hoffmann erst- und einmalig in der Geschichte des Traktorenbaus eine gefederte Hinterachse - bei rahmenloser Blockbauweise: also etwas, was "eigentlich gar nicht geht"! Der Deutz-Motor F2M414 (22 PS) war wie üblich mit dem Ge-

triebe (ZF A 15, 5 V/1 R) verflanscht, an die Stelle der hinteren Starrachse traten jedoch zwei drehstabgefederte Pendelhalbachsen, die direkt am Getriebegehäuse abgestützt waren. Die Pendelvorderachse war an einer Querfeder gegen den Motorblock abgestützt. Das Ergebnis dieser wahrhaft ingeniösen, vor allem aber menschenfreundlichen Konstruktion war ein bis dahin völlig ungekannter Fahrkomfort auf einem Ackerschlepper.

Ob es nun am Verkaufspreis oder an anderen Ursachen lag, kann nicht mehr geklärt werden: Tatsache ist, daß auch der Hoffmann Typ 601 keine Resonanz am Markt fand. Das völlig aus dem Rahmen des Gewohnten fallende Konzept rechtfertigt jedoch allemal seine Berücksichtigung, wenn es um die berühmtesten Traktoren in Deutschland geht.

Holder B 10 (unten) und Hoffmann 601 (ganz unten)

Die 1888 gegründete Maschinenfabrik Gebr. Holder im württembergischen Metzingen hatte sich seit langem auf die Herstellung von Spritz- u. a. Geräten für den Pflanzenschutz in Landwirtschaft, Wein-, Garten- und Obstbau sowie von Einachsschleppern, Motorhacken und -fräsen spezialisiert. Für die Einachser hatte man sogar einen Zweitakt-Dieselmotor entwickelt, der in größeren Stückzahlen später von Fichtel & Sachs gebaut wurde. Auf diesem Sektor nahm die Firma eine führende Stellung ein.

1949 wurde ein zweites Werk in Grunbach bei Stuttgart in Betrieb ge-

nommen, in dem bald ein sensationeller Vierrad-Standardschlepper für Kleinbauernhöfe und Sonderkulturen entstand, der Typ B 10. Bei dem rahmenlosen Blockschlepper war der wassergekühlte, ventillose Sachs-Zweitaktdiesel, im Grunde eben Holders eigener Motor, mit dem Getriebe (4 V/1 R) verblockt. Er leistete 9,5 PS bei 2000 U/min. Bei einem Gewicht von 610 kg und einem Radstand von 1300 mm betrug seine Zughakenkraft im ersten Gang 450 kg - kein Traktor seiner Klasse war hier besser. Es gab zwei Zapfwellen, Lenk- und Vierradbremsen, der B 10 wies einen sehr niedrigen Bodendruck, aber hohe Bodenfreiheit bei niedrigem Schwerpunkt auf. Die Anbaumöglichkeiten für Geräte waren außerordentlich vielseitig

IFA

*I*m Osten Deutschlands, in der sowjetischen Besatzungszone und frühen DDR, befand sich der Kraftfahrzeugbau in einer nahezu aussichtslosen Nachkriegssituation: zum einen lagen die Standorte der Branche überwiegend in West- und Süddeutschland, zum anderen hatten in den wenigen Betrieben, die es östlich der Elbe gab, umfangreiche Demontagen zwecks Reparationsleistungen stattgefunden. Die nunmehr volkseigenen Betriebe wurden 1947 zum Industrieverband Fahrzeugbau (IFA) zusammengeschlossen und ab 1948 unter zentrale Leitung gestellt. Unter der Bezeichnung IFA sollen die DDR-Traktoren hier subsumiert werden, obwohl dies, streng genommen, nicht für die gesamte Dauer der Produktion korrekt ist.

Dabei waren die Bedingungen für den Bau von Traktoren noch vergleichsweise günstig: einer seiner traditionellen Standorte war die thüringische Stadt Nordhausen am Harz, zwei andere ergaben sich in Schönebeck an der Elbe sowie in Brandenburg an der Havel im ehemaligen Brennabor- bzw. Opel-Werk. Die Politik der Bodenreform und der späteren Kollektivierung der Landwirtschaft brachten einen hohen Bedarf hervor und Schlepper, die den Krieg überstanden hatten, mußten dringend ergänzt werden - an Ersatz war vorerst nicht zu denken.

Die Produktion begann nach einigem hin und her in den ehemaligen Horch-Werken in Zwickau. Hierhin

Holder A 10: ein Spezialist (oben und Mitte) und IFA Pionier: der Famo-Nachbau (unten)

und umfaßten sämtliche Maschinen für die Landwirtschaft oder Spezialaufgaben. Mit dem Verkaufserfolg von 1 178 Exemplaren lag Holder im Jahr 1953 auf dem 16. Platz. Dem B 10 folgte bald der Allrad-Knicklenker A 10, der wiederum ein durchschlagender Erfolg war und ein beträchtliches Maß an know how verriet. Die aufwendige, hydraulisch betätigte Knicklenkung sorgte für äußerste Wendigkeit des Kleinschleppers, die in Weingärten, Obstplantagen oder Hopfenkulturen hochwillkommen war.

Im Rahmen der Modellpflege kam es zum Übergang auf Luftkühlung. Der Typ B 12 erhielt 1958 eine moderne, formschöne Motorhaube, ein Sechsganggetriebe u. a. Weiterentwicklungen. In der Folgezeit baute das Unternehmen seine Position als führender Hersteller von Spezialtraktoren, nicht zuletzt für Kommunalzwecke, zielstrebig aus, die hier aber nicht abgehandelt werden sollen.

verlagerte man den Maschinenpark der Breslauer FAMO, der während des Krieges zunächst in das Junkers-Zweigwerk in Schönebeck verbracht worden war. Im Gründungsjahr der DDR, 1949, wurde hier der erste Schlepper, der RS 01/40 "Pionier" gebaut, der dem FAMO bis auf geringe Unterschiede (2 PS weniger, also 40, Einspritzpumpe, Getriebeübersetzung) vollkommen glich. Es ist wirklich auch bei zweimaligem Hinsehen nicht ganz leicht, das Original vom Nachbau zu unterscheiden. Mit diesem Typ war man natürlich für die Bearbeitung großer Flächen auf den schweren Böden Ostdeutschlands gut ausgestattet.

Die "Pioniere" wurden ausschließlich den Maschinen-Traktoren-Stationen (MTS) zur Verfügung gestellt, die ihren Gemeinschaftseinsatz organisierten. Bis weit in die sechziger Jahre hinein war der bis 1956 gebaute RS 01 im Dienst, für einige Exemplare ist heute noch kein Feierabend gekommen. Wichtigste Veränderung war die 1952/53 eingeführte Druckluft-Startvorrichtung (nach dem Konstrukteur als "Rogge-Motor" bezeichnet). Die letzte Serie war mit normaler, elektrischer Glühanlaßzündung versehen. 1952 fand auch eine erneute Produktionsverlagerung nach Nordhausen statt - ein früher Hinweis auf die Problematik einer Planwirtschaft.

In den zum VEB Schlepperwerk Nordhausen zusammengefaßten Betrieben der ehemaligen Normag und Orenstein & Koppel/MBA entstand, unter Verwendung wesentlicher, von deren Traktoren übernommener Bauelemente, ein weiterer, leichterer Schlepper: der RS 02 "Brockenhexe" mit Deutz-Motor F2M414, dessentwegen es bald Lizenz-Probleme gab und der nach wenig mehr als 200 Exemplaren eingestellt wurde. Wegen der geringen Stückzahl ist gerade die "Brockenhexe" heute eine Rarität.

In der Stadt Brandenburg wurde, ebenfalls 1949, der VEB Brandenburger Traktorenwerke eingerichtet und die Fertigung des Mittelklasse-Typs RS 03 "Aktivist" aufgenommen. Bei ihm hatte man auf den Entwurf des bei MBA in den Kriegsjahren entwickelten Holzgas-Schleppers zurückgegriffen (der gesamte Maschinenpark mußte also von Nordhausen nach Brandenburg a. d. Havel umgesiedelt werden - das konnte für keine Wirtschaftsform, schon gar nicht für eine geplante, rentabel sein).

Brockenhexe: Bauernschlepper mit 22 PS-Deutz-Motor, IFA KS 07: Nachbau der Rübezahl-Raupe, KS 30 mit modernem Laufwerk (von oben nach unten)

RS 04/30: im Westen nahezu unbekannt, Famulus im Agrarmuseum
Wandlitz und RS 08 mit Zweitakt-
Vergasermotor (von oben nach
unten)

Der außerordentlich kurze Zweizylindermotor in V-Anordnung (115 x
160 mm, 3225 ccm, 30 PS bei 1500
U/min) war mit dem ebenfalls kurz
bauenden MBA-Getriebe für den
Holzgaser verblockt. Der Aktivist, Eigengewicht 2040 kg, hatte den für die
Leistungsklasse extrem kurzen Radstand von nur 1680 mm. War geringe-
re Baulänge bei Holzgasschleppern
durchaus erwünscht und angestrebt,
wurde sie dem Aktivist zum Problem.
Wenn der bärenstarke Motor anzog,
ging der Tecker mit beinahe hundert-
prozentiger Sicherheit vorne hoch. Die
geringe Vorderachsbelastung (auch ein
nach vorn verlängerter Vorderachsträger konnte daran nichts ändern) führte
zu mangelhafter Lenkstabilität, selbst
wenn die Räder wieder Bodenkontakt
hatten. Es gibt (verbürgt) ehemalige
Aktivist-Fahrer, die zwar nicht einen
feststeckenden Anhänger im Ganzen
aus dem Modder gezogen haben, aber
doch wenigstens dessen Vorderachse
mitsamt dem Lenkschemel!

In Brandenburg wurden daneben
schwere Kaliber aufgelegt: der Nachbau der FAMO-"Rübezahl"-Raupe.
Zunächst als KS 07 weitgehend unverändert, mit dem großvolumigen 60 PS-
Motor, Cletrac-Lenkgetriebe und Ka-
stenlaufwerk, dann, ab Mitte der fünfziger Jahre, als KS 30 "Urtrak". Dessen noch immer auf dem FAMO basie-
render Motor 4 F 175 D 3 leistete 63
PS bei 1150 U/min. Das neue Pendel-
rollenlaufwerk vermochte die Leistung
sehr viel besser an den Boden bringen.
Mit einem Gewicht von 5200 kg erreichte der Urtrak eine Zughakenkraft
von 4739 im ersten und noch 1660 kg
im vierten Gang! Die Raupenschlepper
hielten jedem Vergleich stand.

Im Westen weitgehend unbekannt
dürfte der RS 04/30, die erste echte
Neuentwicklung, aus Nordhausen sein.
Er hatte einen Zweizylinder-Viertakt-
Wirbelkammermotor (E 2-15, 115 x
145 mm, 3012 ccm, 30 PS bei 1500
U/min): den halbierten Vierzylinder
des Lkw S 4000 aus Zwickau, der mit
dem Getriebe (5 V/1 K/1 R) verblockt
war. Es gab Motor- und Getriebezapfwelle, Dreipunkthydraulik, verstellbare
Spur, Bodenfreiheit von 470 mm und
Allzweck-Bereifung von 9.00-40 hinten. Bei einem Radstand von 2000 mm
und einem Gewicht von 2600 kg ergab
sich eine nahezu optimale Gewichtsverteilung von 36 % auf der Vorder-
und 64 % auf der Hinterachse.

IFA RS 09 und der Schlepper-Klassiker ZT 300

Von dem fähigen Schlepperkonstrukteur A. Hendrichs entwickelt, wurden von 1953 bis 1956 insgesamt 7500 Exemplare des RS 04/30 gebaut. Dabei fällt auf, daß mit ihm in diesen Jahren der mit Nachdruck durchgeführten Kollektivierung ein Schlepper gebaut wurde, der zwar auf jedem mittelbäuerlichen Familienbetrieb eine gute Figur gemacht hätte, nicht aber eine Maschine, die den sich abzeichnenden Betriebsformen mit größten Anbauflächen entsprochen hätte. Der RS 04 wurde zum RS 14/30 "Famulus" weiterentwickelt, der, im Gegensatz zu seinem Vorgänger, wahrscheinlich der bekannteste Schlepper der DDR geworden ist. Von 1958 bis 1964 blieb er in Nordhausen in der Produktion. Mit zunächst 30, dann 33, 36 und 40 PS und ansonsten gleichen Merkmalen, allerdings mit zusätzlicher Untersetzung am Getriebeeingang und auf Wunsch mit angetriebener Vorderachse (36 und 40 PS), vorderer und hinte-

rer Getriebe- und Motorzapfwelle, genormter Dreipunktaufhängung und einer Fülle von Anbaugeräten war der Famulus zu haben. Die Versionen mit höherer Motorleistung und Allrad-Antrieb überforderten jedoch das ohnehin etwas filigrane Getriebe und hatten häufig entsprechende Schäden.

Mit dem RS 14/30 kam es auch in der DDR zu einer Konkurrenz zwischen Wasser- und Luftkühlung. Den Famulus gab es wahlweise auch mit Axialgebläse-Kühlung.
Die Motorleistung betrug auch in diesem Fall 30 PS. Noch heute begegnet der aufmerksame Beobachter dem Famulus in ländlichen Regionen der neuen Bundesländer auf Schritt und Tritt.

Große Bedeutung für die Landwirtschaft der DDR erlangten die Geräteträger. Nach Entwicklungen des Erfurter Ingenieurs Egon Scheuch, eines Pioniers der Geräteträger-Bauart, entstand schon 1949, also noch vor Land Alldog und Ruhrstahl, der "Maulwurf": eine Maschine mit Zentralholm,

der ab 1953 in Schönebeck als RS 08/15 in Serie ging. Charakteristisch für ihn waren die pendelnd aufgehängte, auf dem Holm verschiebbare, gelenkte Vorderachse, die teleskopische Lenksäule, die hohe Allzweck-Bereifung 7.00-36 sowie der Zweizylinder-Zweitakt-Vergasermotor (15 PS bei 3000 U/min), der aus dem Pkw IFA F 8 (ex-DKW) stammte. Dieser Motor war jedoch nicht sehr geeignet für den Schlepperbetrieb. Scheuchs Konstruktion hingegen war nahezu perfekt. Über 40 Anbaugeräte wurden auf den RS 08 hin entwickelt. Das Nachfolgemodell, der RS 09, hatte einen in Lizenz gebauten, luftgekühlten Warchalowski-Dieselmotor (zwei Zylinder in V-Anordnung, 25 PS), ein Reversiergetriebe (8 V/2 R) und wurde nicht nur zu einem der erfolgreichsten Geräteträger überhaupt, sondern auch zu einem Export-Schlager der DDR-Industrie. Ihm folgte der GT 124 mit einem in Cunewalde entwickelten, ebenfalls luftgekühlten V-4-Dieselmotor von ebenfalls 25 PS. Keiner der Motoren, das sei gesagt, war für ein solches Fahrzeug der ideale Antrieb - ein Phänomen, mit dem die Geräteträger auch im Westen zu kämpfen hatten.

Den Technikern im VEB Traktorenwerk Schönebeck, an ihrer Spitze Obering. Reinhard Blumenthal, war bewußt, daß die LPGen einen Großschlepper benötigten. Gegen nennenswerte Widerstände überwiegend politökonomischer Natur gelang ihnen die Entwicklung eines schweren Traktors, der ab 1967 in Serie ging und für über 25 Jahre das Bild der Landwirtschaft in der DDR bestimmte, des ZT 300. Unter Verwendung möglichst vieler Baugruppen aus dem allgemeinen Kraftfahrzeugbau entstand ein Halbrahmenschlepper mit Kabine, Hinterradantrieb und wassergekühltem Vierzylinder-Direkteinspritzer, der nach dem MAN-Mittenkugel-("M")Verfahren arbeitete. Das Aggregat (6560 ccm, 90 PS bei 1800 U/min) wies einen für seine Zeit günstigen Drehmomentverlauf (Anstieg bei Drehzahlverlust um 12 %) sowie, mit 175 bis 185 g/PSh, sehr günstige Verbrauchswerte auf. Zu den weiteren Besonderheiten zählte das Lastschaltgetriebe in drei Schaltgruppen mit einem Geschwindigkeitsbereich von 2,5 bis 30 km/h, hydraulische Lenkung, Doppelkupplung, vordere und hintere Zapfwellen mit 540 und 1000 U/min und Regelhydraulik mit (allerdings bescheidener) Hubkraft von 1800 kg. Das Eigengewicht des ZT 300 betrug 4910, das zul. Gesamtgewicht 6300 kg, seine Länge 4650, der Radstand 2800 mm. Die Bereifung war 7.50-20 vorn, 15-30 hinten. Bei der Bodenbearbeitung waren Arbeitsbreiten bis zu fünf Meter möglich. Mit Druckluft-Bremsanlage durfte die Höchstanhängelast 25 t betragen (in der DDR wurden immer Traktoren in großem Umfang für Straßentransporte eingesetzt).

Es gab eine Reihe materialbedingter Schwachstellen, die zu beständigem Ärger führten und die Traktorenflotte mancher LPG zum großen Teil lahmlegte, zumal die Ersatzteilversorgung, typischerweise, oft ganz ungenügend war. Chronisches Übel war z. B. die für einen Schlepper dieser Größe völlig unterdimensionierte Bereifung. Der Motor des ZT 300, der im Vergleich zu einem Ackerschlepper im Westen gigantische Laufleistungen von bis zu 2 500 Betriebsstunden im Jahr erbringen mußte, gab keinerlei Anlaß zu Beanstandungen.

Die Allrad-Variante ZT 303 (mit der Vorderachse des Lkw W 50 LA und 100 PS) brachte beträchtliche Leistungssteigerungen am Hang oder auf schwierigen Böden.

Ab 1984 wurde die Weiterentwicklung ZT 320/ZT 323 (Allrad) gebaut, die durch etliche Neuerungen bewies, daß man im Traktorenwerk Schönebeck auf der Höhe der Zeit war. Eine vorbildlich gestaltete Silent-Kabine mit ebener Plattform, verstellbarer Lenksäule, nach rechts verlagerten Bedienungselementen und wirksamer Heizung, ein günstig gestuftes Lastschaltgetriebe, verbesserte Hydraulik mit Multifunktionen, jedoch im Vergleich zu westlichen Ausführungen noch immer geringer Hubkraft zeichneten diese letzte Schlepperkonstruktion der DDR aus, die noch für einige Jahre in der Landwirtschaft der neuen Bundesländer ihre Rolle spielen dürfte.

Letzte DDR-Entwicklung: ZT 323

IHC

*D*ie 1902 aus dem Zusammenschluß mehrerer bedeutender Unternehmen (u. a. Deering, McCormick) hervorgegangene International Harvester Company war längst eine der größten Landmaschinenfabriken der Vereinigten Staaten (und damit der Welt), als im Jahr 1908 die deutsche Niederlassung in Neuss am Rhein entstand. Hier wurden in der Folgezeit eine Vielzahl von Erntemaschinen gebaut, die Traktoren der amerikanischen Konzernmutter importiert und in Deutschland verbreitet (allerdings wurden die ersten Mogul- und Titan-Traktoren, vor dem Ersten Weltkrieg, über eine Berliner Filiale ausgeliefert). Im "Dritten Reich" warb man für die Neusser IHC-Maschinen mit dem Hinweis "Deutsches Erzeugnis", was zwar stimmte, jedoch als Trick anzusehen ist, mit dem von der politisch mißliebigen Zugehörigkeit zu dem amerikanischen Großkonzern abgelenkt werden sollte.

Es dauerte bis zum Jahr 1937, ehe der erste in Neuss gebaute Schlepper vorgestellt wurde. Er entstammte der technisch hochinteressanten Serie amerikanischer Allzweck-Schlepper, die als "Farmall" bekannt geworden und in Europa, vor allem in England, Holland und Frankreich, sehr verbreitet war. Der McCormick-Deering Farmall F 12 G war in dieser Zeit der einzige deutsche Schlepper, der mit einem Vergasermotor ausgestattet war (Vierzylinder, 80 x 101,6 mm, 2043 ccm, 20 PS bei 1650 U/min). Er wurde mit Benzin gestartet und nach Erreichen der Betriebstemperatur auf Petroleum oder andere schwere Kraftstoffe umgestellt. Die mit Eisenrädern versehene Ausführung FS hatte ein Dreigang-, die Ackerluft-Version FG ein Vierganggetriebe mit je einem Rückwärtsgang. Motor, Getriebe und Einscheiben-Trockenkupplung waren eigenes Fabrikat.

Der Viergang-Schlepper erreichte 3,7; 4,9; 6,2 und 14,7 km/h. Motor-, Getriebe- und Hinterachsgehäuse waren zwar miteinander verblockt, ruhten jedoch in einem massiven Halbrahmen, der auch den Kühler und die ungefederte Vorderachse trug. Serienmäßig waren Zapfwelle und Riemenscheibe, jedoch hatte nur der FG sowohl Hand- als auch Fußbremse.

Sein Gewicht betrug 1 540, das des FS 1 700 kg. Ein auffälliges Merkmal des McCormick F 12 war die Lenkung. Sie hatte eine waagerecht über die gesamte Länge des Schleppers reichende Lenkstange, die vor dem Kühler über eine senkrechte Welle zum Lenkgetriebe geführt wurde, das ebenfalls auf dem Rahmen saß. Das Lenkrad selbst stand völlig senkrecht vor dem Fahrer.

Diese Konstruktion war typisch für die in Amerika weit verbreiteten Dreirad-Hackschlepper, die Row Crop-Traktoren. Ein weiteres Merkmal dieser Bauart war die in weitem Rahmen verstellbare Spur des F 12 (vorn 1 100 bis 1 500, hinten 1 250 bis 2 000 mm), die ihn für die Hackarbeit in Reihenkulturen prädestinierte. Das Programm von Anbaugeräten umfaßte u. a. Kartoffel-Pflanzlochgerät, Zudeck- und Häufelvorrichtung für Zwischenachs-

IHC Farmall DF 25 (oben) und der DED 3, 20 PS (unten)

und Zapfwellengrasmäher für Heckanbau. Die Bodenfreiheit des F 12 betrug 380, sein Radstand 1 990 mm, die maximale Zughakenkraft 500 kg. Dieser Allzweck-Schlepper verkörperte den immensen Erfahrungsschatz der amerikanischen Landtechniker mit derartigen Fahrzeugen. Er durfte als Haupttyp sogar nach dem "Schell-Plan" weitergebaut werden; in den Kriegsjahren entwickelte man auf seiner Basis auch in Neuss einen Holzgas-Schlepper.

Nach 1945 kam es nur sehr zögernd zur Wiederaufnahme der Schlepper-Produktion. Wie überall, waren auch in Neuss erhebliche Zerstörungen und Demontagen zu beklagen. Außerdem war der Vergasermotor als Antrieb für einen landwirtschaftlichen Traktor kaum noch zu verkaufen. Erst 1951 war seine Überarbeitung zum Dieselaggregat fertig. Mit den gleichen Abmessungen war ein Wir-

belkammermotor entstanden, der bei 1650 U/min 25 PS abgab. Er besaß einen Verstellregler, der über den gesamten nutzbaren Drehzahlbereich die Leistung konstant hielt. Mit diesem Dieselmotor konnten die noch laufenden F12 werkseitig umgerüstet werden; der neue Schlepper hieß DF 25. Er besaß nun eine ZF-Roß-Lenkung, wahlweise Hinterradbereifungen 9.00-42 oder 10-28 sowie, als Besonderheit, einen in verschiedene Richtungen zu drehenden Auspuff-Schalldämpfer. Die Zughakenkraft war mit dem Dieselmotor auf 1 580 kg angewachsen.

Schnell nahmen nun die Verkaufszahlen zu. War der DF 25 ein Übergangsmodell, so stand ab 1953 der erste Typ einer völlig neu entwickelten Schlepperserie bereit, der DED 3. Er besaß die Dreizylinder-Variante einer bei noch immer mit gleichen Abmessungen im Baukastensystem konzipier-

ten Motorenserie, die daneben Zwei- und Vierzylinder umfaßte. Der DED 3 leistete 20 PS bei 1750 U/min und einem Hubraum von 1631 ccm. Das IHC-Getriebe (5 V/1 R) war mit dem Motor verblockt: die neuen Schlepper hatten keinen Halbrahmen mehr. Es gab nun Lenkbremsen, auf Wunsch Einzelradfederung der Vorderachse und Dreipunkthydraulik eigener Bauart. Der DED 3 wog 1 230 kg, das zulässige Gesamtgewicht betrug 1 550 kg. Hier offenbart sich ein Problem, für das es keine einleuchtende Erklärung gibt: natürlich war es gut, den Schlepper selbst so leicht wie möglich zu bauen. Dabei mußte er jedoch so stabil sein, daß seine (legal) mögliche Zuladung wiederum so hoch wie möglich ausfallen konnte. Die maximale Zuladung des DED 3 von 320 kg war völlig unverständich - schon ein mittlerer Zweischar-Anbaupflug wog mehr! Über Zugkraftentwicklung brauchte man bei diesem Schlepper nicht mehr nachzudenken. Dieses Phänomen kennzeichnete die Schlepperentwicklung von IHC für eine lange Zeit.

Mit den neuen Motoren deckte man ein Leistungsspektrum von 14 bis 30 PS ab: die Modelle DLD 2 bzw. DGD 4 standen ab 1954 bereit und brachten die Neusser bei den Neuzulassungen unter die ersten zehn Hersteller in der Bundesrepublik. Das Unternehmen hatte 1955 über 4 000 Beschäftigte und war eines der größten der Branche, wobei natürlich die Landmaschinenproduktion einen beträchtlichen Umfang einnahm.

1957 folgte die Einführung des "Agriomatic"-Getriebes, das es gestattete, mit einem Handhebel von den Straßen- in die Ackergänge zu wechseln ohne zu kuppeln und herunterzuschalten (was bei Bergabfahrten oder auch an Steigungen einen erheblichen Vorteil bedeutete) oder unter Beibehaltung der vollen Zapfwellendrehzahl die Fahrgeschwindigkeit des Schleppers zu reduzieren bzw. ihn ganz anzuhalten.

Formall F 12 G und der F 12 mit dem ersten Neusser Dieselmotor (1951) neben dem O & K (links oben und Mitte) und der D 324 (unten)

90

**D 440 - zu Beginn der sechziger
Jahre der stärkste IHC (oben).
Der 624 Allrad-IHC auf dem Weg
zum Marktführer und der 1046 - der
erste IHC.Sechszylinder im deutschen Programm (rechts)**

Das Agriomatic-Getriebe stellte
damit acht Vorwärts- und zwei Rück-
wärtsgänge zur Verfügung. Zu den
meistverkauften Typen der zweiten
Hälfte der fünfziger Jahre gehörten die
D 320 und D 324 mit 20 PS (gleicher
Motor) bzw. 24 PS bei auf 82,6 mm
aufgebohrtem Motor und auf 1900
U/min erhöhter Drehzahl. Beide
Schlepper sind noch heute auf etlichen
Höfen zu finden.

1958, im Jahr des 50jährigen Jubi-
läums, fiel die generelle Bezeichnung
Farmall weg: die IHC-Schlepper hießen jetzt McCormick International
(nach dem genialen Landmaschinen-
konstrukteur Cyrus Hall McCormick,
der dem Getreidemäher zu weltweitem
Durchbruch verholfen hatte). Nur von
den D 212, D 214 und D 217 gab es
noch Allzweck-Ausführungen mit hoher Bodenfreiheit, die als Zusatzbe-
zeichnung den Namen Farmall aufwiesen. Das Bauprogramm umfaßte darüber hinaus die Standardschlepper D
320, D 324, D 430, D 436 und D 440.
Diese Baureihe hatte bis weit in die
sechziger Jahre hinein Bestand.

1962 nahm man in der Statistik der
Neuzulassungen bereits den zweiten
Platz ein. Der D 440 war mit seinem
Vierzylinder, der noch immer dem
gleichen Baukasten entstammte, der
stärkste McCormick International. Er
leistete seine 40 PS bei 1900 U/min,
verfügte natürlich über das Agriomatic-Getriebe und wog nur 1 940 kg - in
seiner Leistungsklasse ein Leichtgewicht. Das Äußere der Schlepper zeigte noch immer gewissermaßen klassische IHC-Merkmale (z. B. die Kühlerverkleidung mit waagerechten Schlit-
zen oder die rote Lackierung), die Fah-
rer-Sitzposition war jedoch auch hier
deutlich modernisiert worden. Dem in
den sechziger Jahren sprunghaft angestiegenen Leistungsbedarf hatte man
jedoch mit 40 PS kein adäquates Angebot entgegenzusetzen. Erst nach

1965 kamen mit den Modellen 523
und 624 Typen auf den Markt, die mit
neuen Motoren, Regelhydraulik, voll-
synchronisierten Getrieben und einem
hohen Fahrkomfort ausgestattet waren.
Das Styling war deutlich verändert und
von kantigen, Stärke und Leistungs-
vermögen andeutenden Linien geprägt.

Der 624 besaß als einziger der neu-
en Typen einen Vierzylindermotor
(Direkteinspritzer, 98,4 x 111,1 mm,
3375 ccm, 61 PS bei 2100 U/min). Er
hatte ein 8+4-Getriebe (vier Gänge
synchronisiert) mit lastschaltbarer
Zapfwelle oder das Agriomatic-Getriebe mit 12 Vorwärts- und 4 Rückwärtsgängen, Scheibenbremsen, eine IHC-
Regelhydraulik mit Dreipunkt-Anbau
(Kat. I oder II), für deren Bedienung
zwei Hebel erforderlich waren: einer
für die auf/ab- und Lagerregelung, einer für das stufenlose Zuschalten der
Zugkraftregelung (dies ist aus nicht

ganz verständlichen Gründen bis heute
so geblieben) und eine Bereifung von
6.00-16 vorn bzw. 11-36 hinten. Das
Eigengewicht des D 624 betrug 2 475
kg, das zulässige Gesamtgewicht
2950 kg - bei einem Radstand von immerhin 2 120 mm gab es hier also
noch immer ein gewisses Problem,
wenn ein Zugschlepper benötigt wurde. Der 624 erfreute sich bei seinen
Besitzern großer Beliebtheit als zuverlässiger, robuster und unverwüstlicher
Schlepper für jeden Einsatz.

1970 betrug die Gesamtzahl der in
Neuss produzierten Schlepper 250 000
und damit 5 % der Gesamtproduktion
des Konzerns. Jährlich wurden 23 000
Traktoren gebaut, 1972 reichte es endlich zum ersten Platz in der Zulassungsstatistik.

Erstmals wurden mit der "Perfect"-
Baureihe Mitte der siebziger Jahre Allrad-Schlepper angeboten.

955 XL Allrad-Mittelklasse der achtziger Jahre

Das Getriebe war das ZF T 3000, das auch bei den Deutz D 8006 bis 13006, Eicher Wotan, Fendt Favorit, Schlüter Super 1050 u. a. vorhanden war. Auch die Allradachsen und Kraftheber stammten von ZF: zeitweise hatten alle Konkurrenten dieselben Allradachsen und Kraftheber. Die IHC 946 und 1046 waren aber auch mit Hinterradantrieb lieferbar. Daneben prägten Regelhydraulik, günstige Verteilung von Vorder- und Hinterachslast, Doppelscheibenbremsen, erstmals Kabinen u. a. die IHC-Schlepper, die nun eine führende Rolle einnahmen: das Preis-Leistungs-Verhältnis war durchaus stimmig. 1975 betrug der Marktanteil der Neusser 22 %, und bis 1981 war jeder fünfte neu zugelassene Schlepper ein IHC.

Die Baureihe umfaßte die Typen 946 (85 PS), 1046 (100 PS) und 1246 (120 PS, der erste IHC Sechszylinder im deutschen Programm, mit Turbolader). Man hatte in Neuss einen ersten Schritt hin zur "Seitenschaltung" getan und die Schalthebel in die Nähe der Armaturenverkleidung verlegt, wodurch ein Mittelding zwischen Lenkrad- und echter Seitenschaltung entstanden war.

In den achtziger Jahren war der Vierzylinder-Typ 733 (Hubraum 3382 ccm) einer der meistgefahrenen Bauernschlepper in der unteren Mittelklasse. Er leistete 60 PS bei 1600 U/min, das von der IHC entwickelte Direkteinspritzverfahren war für sehr niedrigen Kraftstoffverbrauch bekannt. Es gab verschiedene Getriebe, darunter eine 16+8-Ausführung mit 30-km/h-Schnellgang und natürlich eine Zweifachkupplung. Der Allradantrieb war während der Fahrt zu- oder abschaltbar, für ihn gab es eine hydrostatische Lenkung. Der Allrad-Schlepper wog mit Kabine 2 820 kg.

Vor allem aber wurden die achtziger Jahre von der neuentwickelten XL-Baureihe bestimmt. Ein Modell, das höheren Leistungsansprüchen gerecht wurde, war der 955 XL bzw. 955 XL Allrad. Sein Sechszylindermotor (98,4 x 128,5 mm, 5867 ccm, 90 PS bei 2200 U/min) wies einen 17 %igen Drehmomentanstieg bei Abfallen der Drehzahl auf, das IH-Getriebe hatte 16 + 8 Gänge, es gab Scheibenbremsen und für den Allradschlepper eine Planetenlenktriebachse mit selbstsperrendem Differential und Hydrolenkung. Beachtlichen Komfort bot die Kabine der XL-Reihe, der 955 XLA wog 4 679 kg. Das Top-Modell war der 1455 XL, ebenfalls ein Sechszylinder-Direkteinspritzer (100 x 129 mm, 6586 ccm, 145 PS bei 2200 U/min, Turbolader) und einem Eigengewicht von 6 420 kg. Landwirte, die einen hohen Zugkraftbedarf hatten, fanden hier ei-

nen leistungsstarken, dabei wirtschaftlichen und preiswerten Großschlepper vor, dessen Vorzüge im Motor und in der Ausführung der Kabine lagen. Sie bot beispielhaften Komfort ("Controlcenter"); die optimierte hydraulische Hubwerkregelung "senso-draulic" und 40 km/h-Ausführungen vervollständigen seither die Attraktivität der nach wie vor sehr beliebten IHC-Traktoren. (Die XL-Serie ist noch heute im Bauprogramm, und die starken 956, 95 PS; 1255, 125 PS und der 1455 erfreuen sich eines festen Käuferkreises).

1979 kam es im amerikanischen Stammhaus zu wirtschaftlichen Problemen, die auch die Neusser Niederlassung beeinträchtigten. Der Abstieg des Unternehmens begann: u. a. konnte man keine Motoren mehr in die USA liefern. Unter großen Anstrengungen wurde dennoch eine relativ stabile Marktposition in Deutschland gehalten, wenn auch der erste Platz verloren war.

Im 75. Jahr des Neusser Werkes, 1983, waren insgesamt über 650 000 Schlepper gebaut worden. Vor allem in den siebziger und achtziger Jahren war man an der Spitze des Entwicklungsstandes oder hatte diesen sogar vorgegeben. Durch die Übernahme der IHC durch den Tenneco-Konzern im Jahr 1986 hörte auch die deutsche Niederlassung in Neuss auf zu bestehen. Was nun folgte, gehört zum Kapitel Case-IH.

KÖGEL

Mit dem Münchener Baumaschinenhersteller Kögel erschien um 1949 ein Unternehmen auf dem Markt, das für die sog. Konfektionsschlepper in hohem Maße typisch ist: Motor, Getriebe, Lenkung, Achsen und alle anderen wichtigen Bauelemente, die technisch aufwendig und in der Herstellung teuer sind, wurden von Zulieferfirmen bezogen, an Ort und Stelle in rahmenloser Blockbauweise ein Schlepper (oder eine ganze Baureihe) nur montiert und unter dem eigenen Firmennamen angeboten.

Zunächst widmete man sich dem Rückbau verschiedener Holzgaser zu Dieselschleppern, bald folgten dann aber die ersten "echten" Kögel der Typen K 22 und K 28. Der K 22 hatte den MWM-Motor KD 215 Z mit 22 PS und das ZA(Renk)-Getriebe A 12 (4 V/1 R). Er war 2900 mm lang und wog 1600 kg. Kögel bemühte sich, den Wünschen der vor allem bayerischen Kunden entgegenzukommen und bot Zusatzausrüstungen wie Mähwerk, Seilwinde mit Bergstütze, Krafheber, Wetterdach mit Windschutzscheibe usw. an, die den Einsatzbedingungen gerecht wurden. 1950 brachte man es auf die 19. Position bei den Schlepperneuzulassungen.

Kögel K 22 (kleine Abbildung). Der 500ste Kögel war ein K 15 (oben rechts). Die beiden anderen Abbildungen zeigen die Gattin des verstorbenen Herrn Kögel (Mitte) und die jetzige Inhaberin Monika Kögel ca. 1947/48 (unten)

Äußerlich waren die Kögel-Traktoren unverkennbar: für die Zeit ansprechend gestaltete, halbrunde Kühlerverkleidungen (einmal mehr stand Primus

Pate) und Kotflügel vorn und hinten, zwischen denen eine schmale, trittbrettartige Verbindung bestand, zeichneten sie aus. Patentiert war die Spiralfederung der Vorderachse, die aber von der Kühlerverkleidung verdeckt wurde.

Nach 1950 kam der für Bergbauern bestimmte K 15 (Motor MWM KD 215) mit 15 PS und Fünfganggetriebe hinzu, der mit Mähwerk 1280 kg wog.

Die Traktoren waren solide und zuverlässig, wie es aufgrund ihrer bewährten Baugruppen und der handwerklich einwandfreien Ausführung auch nicht anders zu erwarten war. Ihr Verkaufserfolg war vor allem in Bayern und den angrenzenden Gebieten durchaus zufriedenstellend, so daß das Programm ausgebaut wurde und schließlich die Modelle K 12, K 25, K 36 und sogar einen schweren K 45 umfaßte. Die 25-, 36- und 45-PS-Modelle verfügten über Henschel-Motoren. Herausgegriffen seien der K 25 mit dem Zweizylindermotor 515 DE mit 1590 ccm und 18 bis 22 PS bei 1500 U/min sowie der K 45 (3190 ccm, 45 PS bei 2000 U/min).

Die Schlepper waren relativ lang (K 25: 2800, Radstand 1750 mm, K 45: 3200, Radstand 2100 mm). Ihre Zughakenkräfte waren bei zul. Gesamtgewichten von 1500 bzw. 2300 kg entsprechend ansehnlich: die des 45ers betrug 1950 kg im ersten Gang. Selbstverständlich gab es für alle Modelle Riemenscheibe, Zapfwelle und Differentialsperre.

Eine Besonderheit war der patentierte, über einen Hebel am Lenkrad betätigte hydraulische Kraftheber, der nicht nur die Anbaugeräte im Heck wie Pflüge, Eggen-Tragrahmen usw., sondern auch das Mähwerk hob und senkte. Dieser Kraftheber war preiswert und zuverlässig und wurde fast immer mitbestellt.

Aufgrund einer Lizenzvereinbarung wurde der K 25 auch von den Linke-Hofmann-Busch-Werken in Salzgitter als LHB 25 gefertigt. Irgendwann vor dem Jahr 1955 wurde die Schlepperproduktion bei Kögel eingestellt, und man beschränkte sich wieder auf das Geschäft mit Baumaschinen, einen Bereich, in dem das Unternehmen bis heute tätig ist.

Besonders bemerkenswert ist die relativ hohe Zahl von 725 zugelassenen Traktoren, die im Jahr 1963, also etwa zehn Jahre nach Produktionsende, noch registriert war.

KOMNICK →

$\mathcal{B}$ereits im Jahre 1907 hatte die Maschinenfabrik Komnick in der ostpreußischen Industriestadt Elbing den Bau von Kraftfahrzeugen und noch während des Ersten Weltkrieges auch den schwerer Tragpflüge nach dem Vorbild des Stock oder des Hanomag WD aufgenommen. Ab 1925 wurden dann zwei Traktoren gebaut, die zu den fortschrittlichsten ihrer Zeit gehörten.

Der "Großkraftschlepper" PT war eine Halbrahmenkonstruktion, bei der die hinteren Enden des Rahmens an das zusammengefaßte Getriebe- und Hinterachsgehäuse anschlossen. Er hatte einen Vierzylinder-Vergasermotor von 50 PS und ein Getriebe mit drei Vorwärts- und einem Rückwärtsgang. Sein Gewicht als eisenbereifter Ackerschlepper lag bei 2900, als Straßenschlepper mit Zwillings-Gußfelgen und Vollgummibereifung bei 4600 kg. Es gab Differentialsperre, Riemenscheibe, Seilwinde (Zugkraft 8000 kg), unabhängige Fuß- und Handbremse und elektrische Beleuchtung.

Das Fahrgestell des PT wurde im übrigen für den Benz-Sendling-Dieselschlepper BK verwendet, der bei Komnick auch gebaut wurde.

Konstruktiv noch interessanter war der "Kleinkraftschlepper" PS, dessen Vorbild noch ausgeprägter, als dies beim Hanomag WD der Fall war, in dem amerikanischen Fordson bestand. Sein hochmoderner Vierzylindermotor (32 oder 40 PS) war mit dem Getriebe (4 V/1 R) verblockt. Eine Zweischeibenkupplung trennte Motor und Getriebe. Das Gewicht des 32 PS-Typs betrug 2250 kg als Acker-, 3200 als Verkehrsmaschine, die Gewichte des 40 PS-Schleppers waren 2600 bzw. 4000 kg. Auch in der formalen Gestaltung war man dem Fordson und beinahe noch mehr dem seit 1921 auf dem Markt befindlichen IHC 10/20 sehr nahe gekommen.

Beide Typen waren sowohl für den Acker- als auch für den Straßenbetrieb hervorragend geeignet und gehörten zu den besten deutschen Konstruktionen. Dennoch führten die schweren wirtschaftlichen Verhältnisse während der zweiten Hälfte der zwanziger Jahre, unter denen vor allem die Landwirtschaft litt, das Ende des Unternehmens herbei, das 1931 von Büssing-NAG übernommen wurde. Hier wurde der Komnick "Kleinlastschlepper" in überarbeiteter Form und mit einem Dieselmotor noch längere Zeit, eventuell bis 1938, weitergebaut.

Komnick Großkraftschlepper beim Spediteur (oben) und Komnick Großkraftschlepper PT (unten)

KRAMER

K 33 — Ein zugkräftiger, robuster Schlepper voller Zuverlässigkeit und Leistungsstärke. Äußerst wirtschaftlich in der Unterhaltung. Einfach in der Bedienung. Geeignet für alle schweren Acker-, Wald-, Hof- und Straßen-Arbeiten.

K 45 — Dieser Schlepper für schwerste Einsätze ist trotz seiner Größe leicht zu bedienen. Seine stärkere Arbeitskraft befähigt ihn zu enormen Tagesleistungen, z. B. in ständiger Wald- und Rodearbeit. Der schwerste der Kramer-Qualitäts-Schlepper.

MASCHINENFABRIK GEBR. **Kramer** GMBH GUTMADINGEN/BADEN

Älteste deutsche Spezialfabrik für kombinierte Kleinschlepper und Motormäher
Werk Gutmadingen – Werk Ueberlingen a. B.
Tel. Geisingen 17, 18, 19   Fernschr. 070 858

*I*n das Jahr 1925 fällt der Beginn der Schlepperproduktion in der Landmaschinenhandlung und -werkstatt der Brüder Kramer in Gutmadingen (Baden), als diese den ersten von einem Benzinmotor angetriebenen, selbstfahrenden Grasmäher herstellten. Mit seinen Leistungen (u. a. beim Pflügen gefrorenen Bodens im Dezember, beim Mistfahren, Antrieb einer Kreissäge usw.) vermochte er die badischen Bauern zu überzeugen. Schon zwei Jahre später, auf der DLG in München, konnten 250 Festbestellungen für den "Kramer-Kleinschlepper und Motormäher" verbucht werden. So kam das Familienunternehmen immerhin über die Zeit der Weltwirtschaftskrise.

Hans und Karl Kramer verfolgten aufmerksam die Entwicklung des Dieselmotors, und mit dem verdampfungsgekühlten Güldner-Lanova Kleindiesel war der geeignete Motor gefunden, mit dem 1933 die Schlepper GL 9 (8 bis 10 PS) und GL 14 (14 PS) vorgestellt wurden.

Mit ihrem Kastenrahmen befanden sie sich deutlich in der Nachfolge des selbstfahrenden Grasmähers, der "Kleine Kramer", wie er bald überall hieß, war aber mit diesem Motor, mit Luftbereifung und Prometheus-Getriebe (3 V/1 R bzw. 4 V/1 R) endgültig ein echter Bauernschlepper geworden, der bis zu 15 km/h lief und 12,5 t Anhängelast bewältigte. Die Werbung für ihn kreierte, keinesfalls unbescheiden, aber mit voller Berechtigung, den Namen "Allesschaffer", den man für lange Zeit mit allen Kramer-Traktoren identifizierte.

Ab 1935 hießen die Trecker K 12 und K 18, 1937 bzw. 1939 erhielten sie ZF-Getriebe. Der K 12 war 2700 mm lang, hatte einen Radstand von 1800 mm und wog 1450 kg. Charakteristisch für den Allesschaffer waren die breiten, mit sicheren Rücken- und Seitenlehnen ausgestatteten Kotflügel über den Hinterrädern, mit denen, wenn es sein mußte, die ganze Familie wohlbehalten mit aufs Feld genommen werden konnte.

Der Ruf der unverwüstlichen Kleintraktoren breitete sich in Windeseile über die Grenzen Südwestdeutschlands aus. Die steigende Nachfrage führte bereits 1934 zur Einführung des ersten Fließbandes! Bis 1939

waren über 10 000 Exemplare verkauft: die Preise betrugen 3 050 bzw. 3 600 RM mit Mähwerk.

Die Kriegszeit überstand das Unternehmen mit dem Bau des Holzgasschleppers K 25, der meist den Einheitsmotor von Deutz, in einigen Fällen aber auch einen MWM-Motor sowie ein Kramer-Getriebe hatte.

Von 1948 bis 1950 wurde der K 12, der K 18 bis 1948 noch einmal weitergebaut. Daneben stand ein Übergangsmodell, der K 28, bei dem der MWM-Holzgasmotor FD 15, auf Diesel umgerüstet, mit dem Kramer-Getriebe (5 V/1 R) verblockt war: eine gelungene Improvisation und immerhin der erste Kramer in Blockbauweise, der größere Stückzahlen erreichte. 1950 wurde der K 18 durch den K 22

Th, auch als "Jubiläumskramer" bezeichnet, ersetzt. Er besaß noch immer den Güldner-Motor GW 20 (120 x 145 mm, 1639 ccm, 22 PS bei 1500 U/min), nur war die Verdampfungskühlung durch eine Thermosyphon-Kühlung ersetzt worden. Bei dieser leitete ein Lamellenkühler die Wärme ab, jedoch handelte es sich nicht um eine Umlaufkühlung mit Wasserpumpe. Der Jubiläumsschlepper besaß das neuentwickelte Kramer-Getriebe mit Zapfwellenabtrieb, einen Radstand von 1780 mm und wog 1650 kg. Bei ihm fand man eine erste Andeutung der später so kennzeichnend gewordenen, schönen, runden Fronthaubengestaltung. Er wurde in insgesamt 1 239 Exemplaren verkauft. Ab März 1950 gab es den K 12 Th, bei dem der

Deutz-Motor MAH 914 mit 11 PS bei 1100 U/min Verwendung fand, ihm folgte der K 12 V, wiederum verdampfungsgekühlt, aber mit runder, schwungvoller Haube und ein Verkaufsschlager: auf der DLG-Ausstellung in Frankfurt war er mit 3 575 DM der billigste aller ausgestellten Schlepper. Täglich wurden 40 Bestellungen entgegengenommen, bei Ausstellungsende war die Jahresproduktion ausverkauft. Insgesamt 4 015 Exemplare des K 12 V wurden gebaut. Bei dieser Sachlage war klar, daß die Schlepperproduktion auf eine breitere Typenpalette ausgedehnt werden konnte, ja, werden mußte.

Den Kleinen folgte ein Großer. Beim K 33 war der bekannte MWM-Motor TD 15 mit dem ZF-Getriebe A 15 (5 V/1 R) verblockt. Das Ergebnis war ein sehr leistungsfähiger Mittelklasse-Schlepper (Radstand 1820 mm, Eigengewicht 1850, zul. Gesamtgewicht 2500 kg), aber doch auch eine Übergangslösung. Ab Juni 1951 folgte ihm der K 33 mit dem Motor F2 L 514, der damit eine lange Reihe von Kramer-Traktoren mit luftgekühlten Deutz-Motoren einleitete. Für ihn gab es den Pentax-Kraftheber von Stockey & Schmitz, und auch eine Straßenversion wurde gebaut. Insgesamt 580 Exemplare des K 33 wurden hergestellt. In seiner Leistungsklasse blieb Kramer immer präsent.

Mit dem Grasmäher fing es an (kleine Abbildung). Der GL 16 (links oben), später K 18 (Mitte). K 28 - ein Übergangsmodell (unten)

Der KB 22 (Motor Güldner 2 DA, 95 x 115 mm, 1620 ccm, 22 PS bei 1800 U/min) leitete die Produktion im zweiten Kramer-Werk in Überlingen ein. Mit dem Kramer-Fünfgang-Getriebe der später so bezeichneten Baugruppe II war er als KB 22 c zwar um einiges teurer, aber andererseits waren im Schlepperboom dieser Jahre bei den Getriebefabriken Friedrichshafen, Augsburg (Renk) oder Passau öfter

Lieferengpässe eingetreten, so daß Kramer mit der eigenen Fertigung den richtigen, anspruchsvollen Weg eingeschlagen hatte. Der K 22 c war ein Schlepper für jede Betriebsgröße, er hatte einen Radstand von 1730 mm, wog 1170 kg, das zul. Gesamtgewicht betrug 1985 kg. Er hatte Getriebe-, auf Wunsch Wegzapfwelle, auch ein hydraulischer Kraftheber war lieferbar. Insgesamt 1 274 Exemplare wurden von ihm verkauft.

Von 1953 bis 1956 befand sich mit dem KL (auch als KL 11 bezeichnet) ein Kleinschlepper im Programm, der, mit dem Deutz-Motor F1L612 und ZF-Getriebe A 5 sowie mit Getriebezapfwelle und Lenkbremsen ausgestattet, bei einem Radstand von 1500 mm 870 kg wog (zul. Gesamtgewicht 1320 kg). Dieser Schlepper wurde mit dem eindrucksvollen Ergebnis von 6 312 Stück der meistverkaufte Kramer aller Zeiten und dokumentierte nachdrücklich die Bedeutung der Kleinschlepper für den Hersteller.

Bei der Wahl der Motoren hielt man sich, wenn immer möglich, an die Fabrikate Deutz oder Güldner. So entstand eine zum Ende der fünfziger Jahre immer weiter differenzierte Schlepperfamilie, die sich durch zweckmäßige Konstruktion, Zuverlässigkeit und Wirtschaftlichkeit auszeichnete und sich steigender Beliebtheit erfreute. Der Trend zur Vollmotorisierung erfaßte die Landwirtschaft in dieser Zeit. 1957 errang Kramer mit neun Typen und 5 000 Neuzulassungen einen Marktanteil von 5 % (zum Vergleich: Deutz sieben Modelle, 14 %). Trotz des Kostenaufwandes entschied man sich für den Ausbau der Getriebefertigung. Ab 1954 gab es für Schlepper bis 20 PS die Baugruppe I. Der Kundendienst wurde im gesamten Bundesgebiet vorbildlich organisiert und half, den überdurchschnittlichen Ruf der Marke zu sichern.

Mit dem K 25 L bot man auch einen dem Trend entsprechenden Tragschlepper an (Motor MWM AKD 12 Z, 24 PS bei 2000 U/min). Die Länge des Schleppers betrug 2935, sein Radstand 1870 mm.

Der K 25 L wog 1455 kg, sein zul. Gesamtgewicht war 2000 kg - diese Werte wiesen ihn als sehr vernünftige Konstruktion aus, aber die Stückzahl blieb mit 185 Exemplaren relativ gering. Ab 1954 gab es auch Schlepper gleicher Leistung mit luft- und wassergekühlten Motoren, das Bauprogramm ist nicht immer ganz übersichtlich, die Typenkennzeichnungen waren es schon gar nicht.

Der Kramer K 12 V: weit verbreitet, weil billig (oben). K 22 Th - das Jubiläumsmodell (unten) und der KB 22 (ganz unten)

Ein sog. Volumenmodell, also ein Schlepper, mit dem der Hersteller "richtig Geld verdiente", wie man so sagt, war der in 3 520 Exemplaren verkaufte K 15, ein echter Konfektionsschlepper mit MWM-Motor KD 211 Z und ZF-Getriebe A 5. Er war preiswert, aber nicht billig gemacht und erfüllte im Familienbetrieb jeden Anspruch an eine wirtschaftliche, zuverlässige Maschine. Auf die im Gegensatz dazu geradezu lächerlich niedrige Stückzahl von 30 brachte es hingegen der K 45, der während der fünfziger Jahre das Flaggschiff der Kramer-Flotte darstellte. 1955 entschloß man sich, wohl wissend, daß man mit schweren Traktoren höchstens Ruhm ernten, kaum aber ein Geschäft machen konnte, den Deutz-Motor F3L514 mit dem ZP-Getriebe A 23 (5 V/1 R) zu verblocken: also wiederum ein Konfektionsschlepper, jedoch einer, der eine wirkliche Faszination ausstrahlte. So mancher treue Kramer-Kunde mag vor dem K 45 gestanden und geträumt haben, Betriebsgröße und Bankkonto ließen es zu, daß...

Die Abmessungen waren: Länge 3300, Radstand 1990 mm, hintere Bereifung 13-30, Eigengewicht 2500, zul. Gesamtgewicht 3970 kg; es gab natürlich Lenkbremsen, Einzelradfederung vorn, Getriebezapfwelle, Riemenscheibe, Druckluftanlage, Windschutzscheibe mit Dach und viele andere Zusatzausrüstungen. Ein starkes Stück!

So etwas konnte man sich leisten, denn die Werbewirksamkeit, eines solchen Schleppers im Programm war nicht zu unterschätzen. Wer in der schweren Klasse so eindrucksvoll vertreten war, dessen Trecker konnten auch in den mittleren und unteren Leistungsbereichen nicht schlecht sein. Weitere Typen, die es auf beträchtliche Stückzahlen brachten, waren, chronologisch nach ihrer Bauzeit geordnet: KA 110 (Motor Deutz F1L612, 11 PS, 1956 bis 1958, 1 848 Exemplare), KL 130 (F1L712, 13 PS, 1958/59, 1 455 Exemplare), KL 200 (F2L712, 18 PS, 1958 bis 1960, 2 570 Exemplare) oder der KL 250 (F2L712, 24 PS, 1958 bis 1960, 1 715 Exemplare). Für diese Modelle gilt, daß sie alle mehr waren als Konfektionsschlepper, da eine wesentliche Baugruppe, nämlich das Getriebe, von Kramer selbst stammte.

Daß dies die Schlepper verteuerte, nahmen die Kunden in Kauf, denn sie wußten, daß sie für ihr Geld Qualität

erhielten. Die Preise für einen KL 200 (Getriebe-Baugruppe I) oder einen KL 250 (Baugruppe II) betrugen 1960 7975 bzw. 9250 DM. Noch heute laufen im gesamten alten Bundesgebiet zahlreiche Kramer dieser Leistungsklasse und Bauzeit im täglichen Einsatz. 1958 betrug die monatliche Produktion beider Werke über 600 Schlepper, von denen 60 % mit Dreipunkt-Hydraulik bestellt wurden. Um diese Zeit wurde das Programm um Straßenzugmaschinen und Baumaschinen erweitert, die hier nicht behandelt werden sollen. Ein von der Zugmaschine KA 540 abgeleiteter Typ KL 600 sollte als Ackerschlepper dem Unimog entgegengestellt werden. Obwohl stärker und schwerer als jener (Deutz-Motor F4L712, 54 PS) konnte sich das Allradfahrzeug nicht durchsetzen, es blieb bei wenigen Exemplaren, im Grunde Prototypen.

1960 folgten die ersten Typen einer völlig neuen Baureihe, die KL 300 und KL 400, bei denen neu entwickelte Getriebe der Baugruppe II mit Zwischenstufen und insgesamt 10 Vorwärts- und 2 Rückwärtsgängen zum Einbau gelangten. Auf Wunsch gab es einen Schnellgang, beim KL 400 serienmäßig Doppelkupplung.

Der KL 300 (F2L712/812, 28 PS) brachte es in seiner achtjährigen Bauzeit auf 5 003 Exemplare, der KL 400 (F3L712, 38 PS) wurde bis 1964 gebaut und in 1 466 Stück verkauft. Äußerlich markierten diese Modelle den Beginn einer neuen Traktorgeneration durch die moderne, schlanke, vorn angeschlagene Haube aus Kunststoff und eine neue Gestaltung des Fahrerplatzes ("Reitsitzposition"). Dennoch war nun auch für Kramer die Zeit der großen Absatzkrise auf dem Schleppermarkt gekommen. Die Bedeutung der Kleinschlepper ging beinahe über Nacht völlig verloren, das Baumaschinengeschäft entwickelte sich im Gegensatz dazu deutlich positiv.

Im Ackerschlepperbereich tendierte der Leistungsbedarf gegen 50 PS und stellte das Werk vor die Notwendigkeit, ganz neue Getriebe zu entwickeln. Dies führte zunächst zu dem Wendegetriebe der Baugruppe II a. Mit diesem sowie erstmalig mit Allradantrieb ausgestattet war der Schlepper K 450 (F3L812/912, 42 bis 45 PS). Das Design hatte erneut eine Änderung erfahren und war einer ganz unverwechselbaren, Ecken und Kanten betonenden Linie gewichen, die den Traktoren einen Kraft und Zugstärke verheißenden Eindruck verlieh und bis zur Produktionseinstellung beibehalten wurde. Die Stückzahlen blieben jedoch niedrig: nun kauften nur noch eingefleischte Kramer-Fans die doch deut-

Kramer KL 300 (oben) und KL 400

lich teureren Maschinen. Immer noch waren diese der Konkurrenz um mehr als nur eine Nasenlänge voraus: es gab hydraulische Lenkung und Bremsen, dabei Einzelradbremsen mit Vorwahl und vor allem die in den Radladern tausendfach bewährte Allrad-Antriebstechnik, die konsequent weiterentwickelt wurde.

Das "Kramer-Synchron-Lastschalt-Wendegetriebe" (Baugruppe III, 12 V/6 R) ermöglichte in der Wendestufe, unter Last, also ohne zu kuppeln, im 2. 4. 6. 8. 10. der 12. Gang den Wechsel von Vorwärts- auf Rückwärtsfahrt, in der Lastschaltstufe konnten die sechs Zwischengänge ebenfalls ohne zu kuppeln geschaltet werden.

Der erste Schlepper mit diesem Triebwerk war der KL 600 (F4L912, 100 x 120 mm, 3768 ccm, 61 PS bei 1600 U/min). Sein Radstand betrug 2230 mm, sein zul. Gesamtgewicht 4200 kg, die Hubkraft der Hydraulik beachtliche 2300 kg.

Letzte Stufe der Evolution war die "14er"-Baureihe, die von 1970 bis 1973 existierte, wobei schon 1970 klar war, daß die Schlepperproduktion aufgrund nicht mehr bezahlbarer Verkaufspreise nicht weitergeführt werden konnte. Der Baureihe kam also nur noch eine Übergangsfunktion zu. Dessen ungeachtet, brachte sie einen letzten Entwicklungshöhepunkt mit dem Typ 814 (Motor F4L912, 70 PS). Bei ihm wurde eine aus der Baumaschinenproduktion stammende Portal-Lenktriebachse eingebaut, mit der eine beträchtlich höhere Bodenfreiheit als bei anderen Allradschleppern erreicht wurde. Der Radstand des 814 betrug 2 385 mm, sein Höchstgewicht 4500 kg, die Hubkraft der Kramer-Bosch-Hydraulik 2600 kg.

1973 verließ der letzte Acker-schlepper das Überlinger Werk. Baumaschinen, Spezialfahrzeuge und Allrad-Technologie, die mit großem Erfolg auch an andere Fahrzeughersteller verkauft wird, stellen seither nun das ausschließliche Betätigungsfeld dar.

Das Kapitel Kramer kann jedoch nicht beendet werden, ohne auf ein Fahrzeug einzugehen, das zum Zeitpunkt seines Erscheinens eine Sensation darstellte und das noch immer eine Sonderstellung einnimmt: die Rede ist vom Zweiwege-Trac 1014, der von 1973 bis 1980 in 210 Exemplaren gebaut wurde.

Diese erste wirklich konsequente Umsetzung des Trac-Konzeptes (drei Anbauräume: vor, hinter und auf dem Schlepper) hatte den Deutz-Motor F6L912/913 mit 105, 112 oder 121 PS sowie ein zweistufiges Lastschalt-Wendegetriebe (16 V/8 R) und eine Lastschalt-Fahr- und Wendekupplung von Walterscheid, die später durch eine Twin Disc-Turbokupplung des gleichen Herstellers ersetzt wurde. Zusätzlich gab es ein hydrostatisch angetriebenes Kriechganggetriebe. Die zweisitzige, vibrationsarm aufgehängte und geräuschisolierte Komfortkabine besaß zwei komplette Bedienungsstände - nur das Lenkrad mußte beim Wechsel von Zug- und Schubkraft umgesteckt werden.

Fronthydraulik und hintere Dreipunktaufhängung (Hubkraft vorn 1250, im Heck 4000 kg), Geräteanbau über der Hinterachse, hydrostatische ZF-Vierradkupplung mit Hundegang-Lenkung, hydraulische Scheibenbremsen an allen Rädern und die Höchstgeschwindigkeit von 38,3 km/h waren weitere Merkmale. Der 1014 wog 5900 kg, sein zul. Gesamtgewicht betrug 7490 kg bei optimaler Verteilung der Achslasten.

KL 450: überlegen durch Allradtechnik, KL 600: mit Lastschalt-Wende-Getriebe, Zweiwege-Trac 1014: High Tech-Paket auf dem Acker (von oben nach unten)

Dieser high tech-Schlepper teilte das Schicksal vieler zu früh Gekommener. Seine Möglichkeiten konnten nicht annähernd ausgeschöpft werden, wenn sie denn überhaupt voll erfaßt wurden. Bei seinem Erscheinen standen keine adäquaten Gerätereihen zur Verfügung, die einen wirklichen Erfolg erst ermöglicht hätten. Einem solchen Schlepper konnte man nicht mit einem Vierschar-Anhängepflug gerecht werden. Nicht zu vergessen: aufgrund seiner Konzeption stellte der Zweiwege-Trac beträchtliche Anforderungen an Schlepperfahrer und Betriebsleiter, da er auch betriebswirtschaftlich durch die theoretische Möglichkeit völlig neuer Arbeitsabläufe auf unbekanntes Terrain vorstieß. Einige wenige dieser zukunftsweisenden System-Schlepper sind bis heute in guten Händen erhalten.

100

LANZ

(Heinrich) Lanz, Mannheim

*B*ei keiner anderen Marke dürfte die Problematik der "berühmtesten Schlepper" deutlicher zu Tage treten als bei dieser. Mit dem Bulldog, der schon zu den Zeiten, als er gebaut wurde, seine eigene Legende bildete, begannen vor nunmehr fast 20 Jahren die heute flächendeckenden Aktivitäten der Sammler und Restaurierer, der Bulldog- und Veteranen-Schlepper-Clubs, letztlich das mittlerweile so erfreulich große Interesse an der Geschichte der Landtechnik überhaupt. Im Laufe seiner über vierzigjährigen Bauzeit gab es eine Fülle von Bulldog-Typen, die sämtlich hohen Liebhaberwert besitzen, die eigentlich alle "berühmt" sind. Konzentration auf herausragende Modelle ist jedoch im Rahmen dieser Darstellung erforderlich.

Das von Heinrich Lanz 1860 gegründete Unternehmen, in dem seit 1879 auch Dampfdreschmaschinen und Lokomobilen gebaut wurden, war um die Jahrhundertwende die größte Landmaschinenfabrik Europas. Ab 1911 wandte man sich der motorischen Bodenbearbeitung zu mit dem Landbaumotor System Köszegi, einer selbstfahrenden Bodenfräse. Im Ersten Weltkrieg wurden verschiedene schwere Zugmaschinen für die Artillerie hergestellt, auch der Landbaumotor erhielt dabei seine endgültige Form. Er besaß einen Vierzylinder-Vergasermotor (80 PS bei 800 U/min), zwei Vorwärtsgänge und einen Rückwärtsgang und die abnehmbare Fräseinrichtung am Heck. Das Gewicht wurde mit 4 800 kg angegeben. Ohne je größere Stückzahlen erreicht zu haben, endete die Produktion 1926.

1916 war der Ingenieur Dr. Fritz Huber in das Unternehmen eingetreten. Ihm gelang es, im Jahre 1921 den ersten Rohölschlepper der Welt mit Glühkopfmotor, den "Selbstfahrenden Rohölmotor 12 PS 'Bulldog'" vorzustellen. Wegen seines eigenartigen, an eine Bulldogge erinnernden Aussehens gaben ihm die Mitarbeiter einem ondit zufolge den Namen Bulldog, der sofort offiziell übernommen und vom ersten Tage an wirklich weltberühmt wurde.

Fräskultur mit dem Landbaumotor (oben), 12er Lanz: der Bulldog HL (Mitte), Doppelbulldog (unten)

HL-Bulldog mit Steinbrecher (oben),
zwei Knicklenker-Generationen, hinten: K 700 aus der Sowjetunion (unten)

Noch heute, nahezu 35 Jahre, nachdem der letzte Bulldog das Werk verließ, spricht man in weiten Teilen Deutschlands vom Bulldog, wenn man einen Ackerschlepper meint. Es gibt nur eine äußerst geringe Zahl industriell hergestellter Produkte, deren Eigenname zum Synonym für die ganze Produktgattung werden konnte.

Huber, dem der Ausspruch nachgesagt wird: "Der Motor des Bauern kann gar nicht einzylindrig genug sein" gelang es, den Glühkopfmotor so zu optimieren, daß er unter allen Betriebsbedingungen einwandfrei und zuverlässig lief, hohe Leistung abgab, vollkommen kraftstoffunempfindlich und damit konkurrenzlos wirtschaftlich war. Zunächst vorwiegend als stationärer Antrieb, der aus eigener Kraft zu seinem Einsatzort gelangen konnte, gedacht, erlebte der Bulldog in kürzester Zeit einen beispiellosen Siegeszug. Seine Belastbarkeit und Zuverlässigkeit wurden von keinem anderen Verbrennungsmotor erreicht, seine konstruktive Einfachheit ermöglichte einen nahezu völlig störungsfreien Betrieb. 1925 waren bereits weit über 5 000 Exemplare im Einsatz. Nach einer Untersuchung im Institut für Landmaschinen der Berliner Universität kam Prof. Gustav Fischer zu dem Ergebnis, daß der Bulldog mindestens drei Pferde ersetzen konnte. Bei 5 000 Maschinen bedeutete dies den möglichen Ersatz von 15 000 Pferden und einen Gewinn von 12 500 ha Anbaufläche für Brotgetreide.

Der liegende, ventillose Einzylinder-Zweitaktmotor (120 x 220 mm, 6235 ccm, 12 PS bei 420 U/min) verfügte über Frischölschmierung. Vor seiner Inbetriebnahme mußte der Zündkopf mittels einer Heizlampe erhitzt werden. Sodann wurde Kraftstoff eingespritzt und der Kolben über eines der auf den Enden der querliegenden Kurbelwelle sitzenden Schwungräder gegen den OT gedreht, wobei sich der Motor nach der ersten Zündung, in die Gegenrichtung drehend, in Gang setzte. Das Hauptproblem des Glühkopfmotors, der unregelmäßige Lauf und die Gefahr des Stehenbleibens bei Abkühlung des Zündkopfes (etwa im Leerlauf) hatte Huber durch die geniale Erfindung der verstellbaren Einspritzdüse überwunden. Beim Zwölfer (oder HL) saß der Motor auf einem gußeisernen Rumpf, dessen Hohlräume Wasserraum und Schalldämpferkammer enthielten.

Lanz Verkehrs-Felddank (oben und Mitte) und der Verdampfer-Bulldog 22/28 (unten)

Das Wasser wurde durch eine Pumpe durch den Zylinderraum gepumpt, wodurch eine Verdampfungskühlung mit geringem Wasserverbrauch erzielt wurde. Der später so charakteristische Bulldog-Auspuff war bei den ersten Modellen noch nicht vorhanden. Vielmehr führte der Auspuff durch den Wasserkasten nach unten heraus: diese Ausführung hat ein wunderbar leises, an eine Wasserpfeife erinnerndes Auspuffgeräusch. Da der Motor weder Nockenwelle noch Ventile besaß und die Frischluft über das Kurbelgehäuse ansaugte, konnte er sowohl rechts- wie linksdrehend betrieben werden. Aufgrund dieser Eigenschaft wurde bei den ersten Bauarten (bis einschl. des Groß-Bulldogs HR) auf einen Rückwärtsgang verzichtet: der Motor wurde mit dem Handgashebel umgesteuert, lief dann "rückwärts", und es konnte rückwärts gefahren werden. Die frühen HL sind an dem großen linksseitigen Schwungrad (Reglerseite) zu erkennen, das rechte Schwungrad (Kupplungsseite) mit Riemenscheibe hat einen deutlich geringeren Durchmesser.

Ab 1924 waren beide gleich groß. Angetrieben wurde der HL durch eine Kette vom Motor auf eine Zwischenwelle, von hier weiter durch Zahnräder auf die Hinterräder. Zur Kraftunterbrechung diente eine Backenkupplung, die auch als Kupplungsbremse zum Abbremsen des Bulldogs benutzt wurde. Daneben gab es eine spindelbetätigte Holzklotz-Bremse, die auf den äußeren Umfang der Hinterräder wirkte. Zum Antrieb stationärer Maschinen, dem wohl wichtigsten Einsatzzweck neben dem Zug von Lasten, mußte die Kette entfernt werden, be-

vor der Riemen auf die Riemenscheibe gelegt wurde. Die ersten Ausführungen besaßen kein Getriebe. Der HL-Bulldog wurde durch einen Drehschemel der Vorderachse gelenkt. Es gab mehrere Ausführungen der Bereifung: den Eisen-Bulldog und den für primären Straßeneinsatz bestimmten Gummi-Bulldog, der die Kraft wesentlich besser auf den Boden brachte. Die Zugkraft stieg mit Vollgummibereifung auf sieben Tonnen an.

1924 kamen der Verkehrs-Bulldog sowie der Doppel-Bulldog, jener mit schweren hinteren Zwillings-Gußfelgen, hinzu. Für diese Maschinen gab es u. a. Klappverdeck, Karbid-Beleuchtung und Sandstreu-Einrichtung für den Winterbetrieb. Die Schwungräder waren abgedeckt, auf Wunsch gab es eine gefederte Vorderachse, ein Zweigang-Getriebe sowie eine Fußbremse. Bei dem Zweiganggetriebe,

das nicht während der Fahrt durchgeschaltet werden konnte, mußte der Bulldog-Fahrer abwägen, ob eine Anhängelast im größeren Gang, also mit höherer Geschwindigkeit, gezogen werden konnte. Da dies nahezu immer möglich war, ergaben sich nun viel kürzere Transportzeiten. Ein Eisen-Bulldog wog 1 830, der Gummi-Bulldog 2 000, der Doppel-Bulldug 2 300 kg - Gewichte, die der Laie dem relativ kleinen Zwölfer nicht unbedingt ansieht. Vom HL sind, alle Varianten zusammengenommen, über 6 000 Exemplare gebaut worden.

Da von Anfang an klar war, daß er für Ackerarbeiten kaum einzustzen war, wurde 1923 der Acker-Bulldog HP, der allradgetriebene Knicklenker, vorgestellt. Seine Vorderräder hatten einen größeren Durchmesser, das Gewicht war annähernd gleich auf Vorder- und Hinterachse verteilt. In der

Der neue
Lanz-Bauern-Bulldog

D 7500

Mitte des Fahrzeugs befand sich ein scharnierartiges Gelenk, das Vorder- und Hinterteil verband und durch dessen Einknicken der Schlepper gelenkt wurde. Der Antrieb des Acker-Bull-dogs erfolgte durch eine Kette vom Motor auf eine Vorgelegewelle, von dieser auf ein Stirnrad-Differentialge-triebe mit zwei Sonnenrädern. Eines wirkte über ein Kegelradpaar auf den Hinterradantrieb, das zweite auf die geteilte Vorgelegewelle zum Vorder-radantrieb. Die Vorderräder waren mit innenverzahnten Zahnrädern versehen, der Hinterradantrieb erfolgte über das Differential ebenfalls auf Zahnkränze, die mit den Rädern verschraubt waren.

Die Leistung des etwas veränderten Motors (so befand sich der Wasserka-sten über Zylinder und Kurbelgehäuse, das Wasser umspülte einen großen Teil der Laufbuchse, die Kolbenpumpe war weggelassen worden) betrug noch immer 12 PS und war damit nicht aus-reichend. Später wurde sie auf 15 PS bei 500 U/min erhöht. Speziell für den Acker-Bulldog entwickelten die re-nommierten Pflugfabriken Eberhardt und Sack mehrscharige Anhänge-Pflü-ge. Der Knicklenker war 2 550 mm lang, der Radstand betrug 1 400, die Spurweite 1 080 mm. Er wog 1 500 bis 1 600 kg. Seine komplizierte Antriebs-technik war teuer und defektanfällig, womit der Bulldog in Gegensatz zum HL geriet.

Seine unzureichende Motorleistung tat ein übriges, daß der Verkauf weit hinter den Erwartungen zurück blieb: bis 1926 waren es nur 723 Exemplare geworden. Die Leistung des Acker-Bulldogs war der eines Hanomag WD, eines Fordson oder auch eines Benz-Sendling S 6 nicht gewachsen. Es klingt hart: hier war mit hohem kon-struktiven Aufwand ein zweifelhaftes Ergebnis erzielt worden, durch das noch nicht einmal die an sich ja fort-schrittliche Vierrad-Antriebstechnik entscheidend vorangebracht wurde. Dessenungeachtet nimmt der Lanz-Knicklenker heute eine Sonderstellung in der Oldtimer-Szene ein.

Der nächste Entwicklungsschritt brachte dagegen ein Modell von außer-ordentlicher Leistungsfähigkeit. Mit einem stehenden, in Fahrtrichtung längs in den Rahmen der bisherigen "Felddienst"-Zugmaschine (mit Verga-sermotor) eingebauten Zweizylinder-Glühkopfmotor entstand 1923 der Großschlepper "Felddank", Typenbe-zeichnung FHD. Er leistete 38 PS bei 650 U/min.

Vorn das Übergangsmodell HN2 (oben), der erste "Bauern-Bulldog" D 7500 (Mitte) und D 7506 in Mark-kleeberg mit H.A. Hahn (unten)

werb für Kleinkraftschlepper", den er mit Abstand als bester Teilnehmer absolvierte. Die Jury, der führende Fachwissenschaftler wie Prof. Gustav Fischer und Prof. Gabriel Becker angehörten, stieß mit ihrer Entscheidung, so richtig sie sein mochte, jedoch auf heftige Kritik: der Felddank sprengte den Vergleichsrahmen: ein Kleinschlepper war er beim besten Willen nicht. Auch Hubers nächste Konstruktion war ein schwerer Schlepper: der Groß-Bulldog (auch als Verdampfer-Bulldog bezeichnet) vom Typ HR, der nach gründlichen Versuchen und einer Vorserie ab 1926 als HR 2 auf dem ersten Fließband in einer deutschen Maschinenfabrik gebaut wurde. Er verband Einfachheit und Anspruchslosigkeit des Zwölfers mit hoher Leistung. Der Motor war erheblich größer (225 x 260 mm, 10 333 ccm, 22 PS bei 500 U/min).

War schon der Hubraum des HL mit 6235 ccm außergewöhnlich, so besaß der Groß-Bulldog, eine weitere Bezeichnung für ihn lautet: der 22/28er, erstmals den wahrhaft riesigen Hubraum von über zehn Litern bei einem Zylinder, der für den Lanz Bulldog sprichwörtlich werden sollte. Der Wasserkasten lag über dem Zylinder und umgab auch dessen Laufbuchse. Der Motor war mit dem neuen Viergang-Schieberad-Getriebe verblockt, für die Rückwärtsfahrt standen die gleichen Geschwindigkeiten zur Verfügung, nachdem der Motor umgesteuert war. Die Bezeichnung "22/28" bedeutet: 22 PS Nenn- oder Dauerleistung, 28 PS Höchstleistung über eine Stunde. Eine Backenkupplung übertrug die Kraft auf das Getriebe, dessen Wellen wie die Kurbelwelle und die folgenden Achswellen quer eingebaut waren. Routinierte Bulldog-Fahrer waren durchaus in der Lage, die vier Gänge ohne Unterbrechung der Fahrt mit den beiden Schalthebeln durchzuschalten - hier war ein gewaltiger Entwicklungssprung erfolgt.

20 PS-Bauern-Bulldog D 3506 (oben), ein sehr früher 25er Allzweck (Mitte) und ein sehr schöner 25er Allzweck (unten)

Die beiden Zylinder waren in einem Block gegossen und hatten einen gemeinsamen Zylinderkopf, an den seitlich unten die Zündsäcke angeschraubt waren. Für beide war nur eine einzige Heizlampe erforderlich. Relativ kompliziert war die Synchronisation der beiden Kraftstoffpumpen bei Leerlauf des Motors. Seine Schmierung erfolgte durch den Boschöler, die Kühlung durch Wasserumlauf mit Pumpe und Ventilator. Alle Antriebe

von Regler, Lüfterrad, Kraftstoffpumpen, Boschöler und Wasserpumpe wurden von der Kurbelwelle abgeleitet. Der Fahrer regulierte die Kraftstoffmenge mit einem Handgashebel. Der Felddank hatte vorn und hinten Speichenräder und war als eisenbereifte Acker- oder, mit Vollgummibereifung, als Straßenzugmaschine ("Verkehrs-Felddank") erhältlich, deren Getriebe (3 V/1 R) bis zu 10 km/h ermöglichte. Er hatte Konuskupplung und Achsschenkel-Lenkung, war 3 796 mm lang (Radstand 2 280 mm) und wog als Ackerschlepper 4 200, als Straßenschlepper 4 800 kg.

Der Felddank errang seinen größten Erfolg 1925/26 bei einem "Wettbe-

Durch die ausschließliche Verwendung von Stirnrädern war das Getriebe in der Fertigung kostengünstig. Die Betätigung der Backenkupplung erfolgte durch einen Handhebel. Erstmals gab es beim 22/28er die schönen Muschelkotflügel über den Hinterrädern. Er war 3 000 mm lang bei einem Radstand von 1 800 mm und wog, als Acker-Bulldog auf Eisenrädern, ca 2500 kg. Zahlreiche Ausführungs- und Ausstattungsvarianten, natürlich auch ein Verkehrs-Bulldog mit gefederter Vorderachse, schweren Gußfelgen vorn und hinten und Vollgummibereifung, waren lieferbar. In dieser Version betrug das Gewicht ca. 3 500 kg. Für besondere Zwecke wurde der Groß-Bulldog mit hinteren Ansteck-Raupen der Firma Ritscher versehen.

Der nächste Entwicklungsschritt führte zur Generation der sogenannten Kühler-Bulldogs. Unter Beibehaltung der Grundkonzeption war bei diesen HR5-Typen die Verdampfungskühlung durch eine weniger Wasser verbrauchende Thermosyphon-Kühlung, bei der der Umlauf durch das Wärmegefälle zwischen dem in den seitlich angebrachten Kühlerlamellen gekühlten und dem heißen, den Zylinder umspülenden Wasser bewirkt wurde, abgelöst worden.

D 8511

Die Vorderseite des Kühlers bildete ein Steigrohr aus Gußeisen, in dem das erhitzte Wasser zum Wasserkasten aufstieg. Hinter dem Steigrohr befand sich der Lüfter, der vom rechten Schwungrad über einen Keilriemen angetrieben wurde. Dieser Lüfterantrieb blieb, abgesehen davon, daß er später auf die linke Schlepperseite verlegt wurde, charakteristisch für alle Bulldog-Motoren bis zum Schluß. Der Motor hatte nun eine Leistung von 15 PS am Rad und von 30 PS an der Schwungscheibe,was zur Bezeichnung "15/30" führte. Eine weitere, bedeutsame Neuerung betraf das Getriebe, das nun über drei Vorwärtsgänge und einen Rückwärtsgang verfügte und mit einem Schalthebel geschaltet wurde.

Aus- und Einkuppeln erfolgte mit einer sogenannten Scherenkupplung, die ein linkes und ein rechtes Pedal hatte. Durch Niederdrücken des rechten wurde eingekuppelt, dabei kam das linke Pedal nach oben. Wurde dieses niedergetreten, rückten die Kupplungsbacken aus, und der Kraftfluß war unterbrochen. Gleichzeitig betätigte das linke Pedal bei weiterem Durchtreten die Kupplungsbremse.

Der Lanz 12/20, hier als Verkehrs-Bulldog (oben), HR 8, 38 PS-Kombinations-Bulldog (Mitte) und ein 35 PS-Eilbulldog (unten)

38er Eilbulldog zeigt Muskeln und 35er Ackerluft (unten)

Außer dieser verfügte der Kühler-Bulldog über Hand- und Fußbremse. Wiederum gab es Acker- und Verkehrs-Bulldogs. Der 15/30er war 3 200 mm lang (Radstand 1 864 mm), das Gewicht eines Acker-Bulldogs betrug 2 580 kg. Auf mittelschweren Böden konnte er bei 25 bis 30 cm Arbeitstiefe dreischarig bis zu 1,5 Morgen pro Stunde pflügen.

Vom Sommer 1929 bis 1935 wurden insgesamt 11 500 Exemplare des 15/30ers zum Preis von 5 300 RM verkauft. Noch im gleichen Jahr, 1929, wurde dieser HR 5 durch den stärkeren Typ HR 6, den 22/38er, ergänzt, der sich durch die höhere Leistung von 38 PS sowie den sogenannten Stufenregler auszeichnete. Beide Typen bilden die Baureihe der gewissermaßen klassischen "Kühler-Bulldogs".

Es war nicht zu verkennen: alle Bulldogs, die nach dem Zwölfer gekommen waren, waren schwere Schlepper, die für Großbetriebe bestimmt waren. Den Bedürfnissen bäuerlicher Familienbetriebe entsprachen sie nicht. Huber hatte jedoch bereits Überlegungen zu einem Bauernschlepper angestellt. Ein neuer Glühkopfmotor (170 x 210 mm, 4764 ccm) war entstanden. Reglerschwundrad und Lüfterantrieb befanden sich nun auf der linken, die Kupplung auf der rechten Schlepperseite. Die Verbindung vom Regler zur nach wie vor rechts sitzenden Kraftstoffpumpe stellte die sog. Daumenwelle her. Da der Kühlwasserbedarf geringer war, gab es nur

noch je drei Kühlerelemente rechts und links. Ab 1930 wurde der neue, "kleine Kühler-Bulldog" (HN) gebaut, der nun auch eine normale Kupplung mit nur einem Pedal (links) und einen Fußgashebel besaß. Die Fußbremse war im Führerstand rechts angeordnet.

Die Leistung des neuen Bulldogs am Rad betrug 12, an der Zapfwelle 20 PS. Daraus ergab sie die Bezeichnung "12/20". Von ihm gab es den eisenbereiften Acker-Bulldog, den Ackerluft-Bulldog mit gefederter Faust-Vorderachse sowie den Verkehrs-Bulldog mit Elastik- oder Luftbereifung.

Eine weitere grundlegende Neuheit war das Getriebe, das durch ein Vorgelege zusätzlich drei Geschwindigkeiten bzw. einen Rückwärtsgang mehr aufwies. Das Vorgelege wurde mit einem zweiten Schalthebel geschaltet, das eigentliche Durchschalten vom ersten

bis dritten bzw. vom vierten bis sechsten Gang erfolgte mit dem Hauptschalthebel (die höheren Weihen haben jene Bulldog-Fahrer erlangt, denen es gelingt, vom ersten Acker- bis zum sechsten Straßengang durchzuschalten, also während der Fahrt die Gruppe zu wechseln). Der 12/20er hatte Kupplungs-, Hand- und Fußbremse, letztere erstmalig als Trommelbremse ausgeführt. Große Muschelkotflügel schützten den Fahrer, es gab eine über die ganze Breite des Führerstandes reichende Plattform, Klappdach u. a. Ausrüstungen auf Wunsch, so auch eine elektrische Anlaßzündung. Völlig neu war der "20 PS Verkehrs-Bulldog für Eildienst mit Luftreifen": hier haben wir den Urahn der späterhin so berühmt gewordenen Eil-Bulldogs vor uns. Er verfügte über durchgehende "Autokotflügel" mit Trittbrettern, einen geschlossenen Führerstand, Sitzbank, Federachse sowie, wahlweise, Auspuff nach oben oder nach unten. Bei einer auf 800 U/min erhöhten Drehzahl lief dieser Bulldog 23 km/h.

Der 12/20 bewährte sich ganz außerordentlich in der Praxis wie in Prüfungen durch sachverständige Gremien und wissenschaftliche Institute. Mit ihm war endlich eine Zugmaschine entstanden, die auch mittleren und kleineren Betrieben zur Motorisierung verhelfen konnte. Die aufwendige Bauart der Neukonstruktion bedingte jedoch einen sehr hohen Verkaufspreis von z. B. 5 150 RM für den Ackerluft-Bulldog mit elektrischer Beleuchtung und Zapfwelle, so daß die Nachfrage enttäuschend gering blieb. Ganze 678 Exemplare des epochemachenden Schleppers wurden von 1932 bis 1935 gebaut. Die heute noch erhaltenen stellen Raritäten ersten Ranges dar.

Ein Übergangsmodell, der HN 2, folgte, bei dem einige Vereinfachungen zu einem niedrigeren Preis führ-

ten. Die schönen, aber in der Herstellung teuren Muschelkotflügel wurden durch Seitenbleche, die den Führerstand auch nach vorn abschlossen, ersetzt, die Bodenplatte war aus einem Stück Riffelblech, die Lenkstange führte durch das Armaturenbrett. Mit diesen Änderungen erhielt der Bulldog für die nächsten 20 Jahre seine endgültige Gestalt. Der Boschöler befand sich unter der Kurbelwelle zwischen Kurbelgehäuse und Schwungrad, seine Funktion wurde durch den zusätzlichen "Dochtöler" ergänzt. Auch der HN 2 war noch nicht der Durchbruch, denn auch er war noch zu teuer. Nur 597 Exemplare wurden bis April/Mai 1935 gebaut.

Der erste deutlich preiswertere Typ, mit dem große Stückzahlen erreicht wurden, war der 20-PS-"Bauern-Bulldog" D 7500 (HN 3), als Akker-Bulldog in Einfachausstattung: Dreigang-Getriebe, Handgas, Eisenbereifung und einfache Stehbleche als Schutz vor den Hinterrädern. Zapfwelle und Mähwerk waren nur auf Sonderwunsch lieferbar. Zum Preis von 3 650 RM wurde er ab Mai 1936 angeboten. Die Preissenkung war zum Teil aufgrund politischer Maßgaben der Nationalsozialisten (u. a. mußte der Buntmetallanteil drastisch gesenkt werden), zum Teil aufgrund der Qualität des von Lanz verwendeten ("Perlit"-)Graugusses und neue Schweißtechniken, wodurch Stahl eingespart wurde, möglich geworden. Die Fertigungsqualität der Lanz Bulldogs befand sich in den dreißiger Jahren auf einer außerordentlichen Höhe. Der Bauern-Bulldog HN 3 war 2 735 mm lang (Radstand 1 645 mm) und wog 2 100 kg. Er konnte in zehn Stunden bis zu acht Morgen zweischarig tiefpflügen.

Die Angabe der "Höchstleistung über eine Stunde", vor allem eine verkaufspolitische Maßnahme, führte zu den ersten 25-PS-Bulldogs (HN 3), deren Drehzahl noch immer 760 U/min betrug. Erst ab 1937 erfolgte mit der Anhebung auf 850 U/min und anderen konstruktiven Maßnahmen die Einführung der außerordentlich populären 25-PS-Bulldogs D 7500/D 7506, die zu den meistgefahrenen Modellen der ganzen Schlepper-Familie gehörten. Der "echte" 25er war 2 960 mm lang (Radstand 1 685 mm) und wog 2 550 kg. Seine Bereifung war 6.00-20 bzw. 11.25-24, die Zugleistung des D 7506 "auf ebener, guter, fester, trockener Straße" betrug über 20 t im ersten Gang.

Die Nomenklatur der Typenbezeichnungen in dieser Zeit ist verwirrend, uneindeutig und kompliziert. Es gibt aus der HN-3-Serie 20-PS-Bull-

Ein früher Lanz D 9506 im Originalzustand, ein D 1506 mit Claas-Mähdrescher und ein 55er Eilbulldog Cabriolet (von oben nach unten)

dogs mit der Bezeichnung D 75..; es gibt zwei "Bauern-Bulldogs", nämlich den D 7500 und, erstmals, den D 3500 bzw. D 3507 (daraus ergeben sich die späteren Bulldog-Typen D 3500 bzw. D 3506 mit 20 PS bei 750 U/min sowie die Modelle D 7500 und D 7506 mit 25 PS bei 850 U/min).

Sowohl 20er wie 25er HN 3 waren außerdem als Verkehrs-Bulldogs mit Elastik- oder Luftbereifung sowie als Eil-Bulldogs lieferbar, die im innerstädtischen Güternahverkehr eine bedeutende Rolle spielten.

Eil-Bulldog mit Holzgas-Generator (oben), der legendäre 15er, die Landwirtschafts-Raupe D 1560 und der 16er Seitenglühkopf D 5506 (links von oben nach unten)

Zu noch größerer Verbreitung auf den Bauernhöfen gelangte der erwähnte 20-PS-Bauern-Bulldog D 3500 bzw. D 3507. Die umständliche Leistungsangabe für ihn lautete nun: "Höchstleistung über eine Stunde 20, normale Dauerleistung 17 PS". Der Motor war geringfügig gedrosselt (750 U/min). Neu war der Tank aus geschweißtem Blech sowie die schräg an ihn herangeführten Seitenbleche des Führerstandes u. a. Details. Die Bereifung war deutlich kleiner: 5.50-16 bzw. 9.00-24. Der D 3507 besaß das Sechsgang-Getriebe, Ackerluft-Bereifung und elektrische Ausrüstung. Zapfwelle, Mähwerk und Dach waren auf Wunsch lieferbar. Das Gewicht betrug ca. 1 900 kg, der Preis 4 150 RM. Bis zur zwangsweisen Unterbrechung im Jahr 1942 wurden 9660 Exemplare des 20-PS-Ackerluft-Bulldogs gebaut.

Eine völlige Neukonstruktion war der vom 25-PS-Typ abgeleitete Allzweck-Bulldog, der von der Mannheimer Entwicklungsabteilung unter größtem Arbeitsdruck und in kürzester Zeit (zusammen mit einem weiteren Typ, von dem noch zu sprechen sein wird) realisiert werden mußte: beide Schlepper sollten auf der "Reichsnährstands-Ausstellung" 1939 in Leipzig präsentiert werden. Vor allem die Ausführung der Hinterräder in der noch nie dagewesenen Dimension 9.00-40

(Durchmesser 1 500 mm) sowie die Auslegung der Außenbandbremsen als Lenkbremsen stellte die Versuchsingenieure vor extreme Anforderungen. Doch der Termin konnte gehalten werden, die Serienfertigung des Allzweck-Bulldogs (auch ein D 7506) begann im Juli 1939. Er verdiente seinen Namen: verstellbare Spurweite der Hinterräder durch Wellenstummel, die über einen Flansch stufenlos verschoben werden konnten, runde Kotflügel über den Hinterrädern, mechanisches Hebegetriebe mit Vierpunkt-Aufhängung, Mähwerk, grundsätzlich Luftbereifung, 6-Gang-Getriebe, Zapfwelle, hohe Bodenfreiheit von 750 mm unter der gekröpften Vorderachse mit Einzelradfederung und eben die Lenkbremsen zeichneten ihn aus. Er war prädestiniert für die als Hackschlepper in Reihenkulturen, aber auch die sonstigen Arbeits- und Zugverhältnisse waren dank der hohen Hinterräder wesentlich günstiger als beim Ackerluft- oder gar Acker-Bulldog. Sein Gewicht betrug 2 100 kg, sein Radstand 1 755 mm. Mit dem Allzweck-Bulldog hatte Lanz wiederum Schleppergeschichte geschrieben.

Die 20- und 25-PS-Typen waren in der zweiten Hälfte der dreißiger Jahre die erfolgreichsten deutschen Ackerschlepper geworden: bis 1942 waren von ihnen insgesamt 33 600 Stück vom Band gelaufen. Aber auch die großen "Zehn-Liter-Bulldogs" hatten eine Weiterentwicklung erfahren. Dabei waren wesentliche Konstruktionsmerkmale der HN-Serie zum Tragen gekommen. Technisch und äußerlich hatten sich beide Baureihen sehr angenähert.

Die neuen Typen HR 7 (D 85..) und HR 8 (D 95..) hatten 30 PS bei 540 und 38 PS bei 630 U/min als "normale Dauerleistung". Der Motor war vom Kühler-Bulldog unverändert übernommen worden. Der HR 8 besaß auch den "Stufenregler", der die gedrosselte Drehzahl von 540 U/min zuließ, die Radstände waren jedoch gewachsen: 1 977 beim 30er, 2 036 mm beim 38er. Es gab einfache Dreigang-Ausführungen, den Ackerluft-Bulldog mit Sechsganggetriebe sowie verschiedene Verkehrs- und Eil-Bulldog-Varianten. Eine sehr typische Ausführung jener Epoche stellt der sog. Kombinations-Bulldog dar, der gleichermaßen für schwere Ackerarbeit wie für ebenso schwere Transportaufgaben geeignet war, sofern er Ackerluft-Bereifung hatte. Er besaß eine gefederte Vorderachse, das Sechsganggetriebe und Zapfwelle und war der typische Bulldog großer Lohnunternehmer.

1936 erfolgte die Umstellung der Leistungsangabe auf die "Höchstlei-

stung über eine Stunde"; damit wurde aus dem 30er der berühmte 35-PS-Bulldog, z. B. der D 8506 und aus dem 38er der nicht minder berühmte 45-PS-Bulldog D 9506. Von diesen Typen an wurde die Backenkupplung durch die sog. große Scheibenkupplung ersetzt, die die gestiegene Leistung wesentlich besser übertragen konnte. Der Wasserkasten wurde breiter und hatte mehr Inhalt, er schloß jetzt oben bündig mit den seitlichen Kühlerlamellen ab. Das Steigrohr trug jetzt die Bezeichnung "Lanz Bulldog" (vorher: "Bulldog Lanz"), die leicht muschelförmigen Seitenbleche wurden durch billigere, gerade Teile ersetzt. Der stärkste Glühkopf - Bulldog, der D 1506, mit 55 PS bei 750 U/min, kam 1938 hinzu. Die Weiterentwicklung der Kupplung führte zu der sog. kleinen Scheibenkupplung.

Lanz Halbdiesel D 2206 (unten) und der große Halbdiesel D 3606 mit Zapfwellen-Mähdrescher (ganz unten)

Wieder gab es Acker-, Ackerluft- und Eil-Bulldogs, wobei in dieser Darstellung ein D 9506, mit 45 PS der typische schwere Bulldog großer Güter sowie ein 35-PS-Eil-Bulldog mit dem charkateristischen, schönen Fahrerhaus berücksichtigt werden sollen. Zwischen 1935 und 1944 wurden insgesamt 44 863 Exemplare der Typen D 8500 bis D 1507 gebaut. Drei Preisangaben seien beispielhaft herausgegriffen: HR 8 38 PS Kombinations-Bulldog 7 495 RM, HR 8 45 PS Ackerluft-Bulldog 7 765 RM, HR 7 35 PS Eil-Bulldog mit Fahrerhaus 9 185 RM. Im Todesjahr Dr. Fritz Hubers, 1942, waren insgesamt über 100 000 Bulldogs seit dem Erscheinen des Zwölfers vor 21 Jahren gebaut worden. Diese Zahl belegt eindrucksvoll die Ausnahmerolle, die der Lanz Bulldog in der Schleppergeschichte einnimmt.

Obwohl hier in erster Linie Ackerschlepper behandelt werden sollen und können, muß doch auf den legendären 55-PS-Eil-Bulldog näher eingegangen werden. Bisher waren alle Verkehrs-

Lanz D 6007

und Eil-Bulldogs, die für den Transport schwerer Lasten im Güternahverkehr konzipiert waren, sämtlich von einer Ackerluft-Version abgeleitet. Hohe Zugleistungen bei Geschwindigkeiten unter 20 km/h sowie eine Ausrüstung mit Kotflügeln, elektrischer Beleuchtung, Druckluftanlage, Sitzbank, Verdeck bzw. festes Führerhaus waren ihre Merkmale. Der 55-PS-Eil-Bulldog verließ diese konstruktive Ebene nahezu vollständig. Er stellt eine spezielle Entwicklung dar - lediglich der Motor ist mit dem Ackerschlepper D 1506 identisch.

Das Getriebe (5 V/1 R) war mit einem Hebel durchzuschalten. Auch der Aufbau sowohl des offenen wie des geschlossenen Fahrzeugs war völlig neu. Durchgehende "Automobilkotflügel" mit Trittbrettern, auf denen sich Batteriekästen befanden, der Auspuff in der Regel nach unten geführt, gefederte Vorderachse, auf Wunsch schwere Seilwinde und Druckluftanlage, der 300 Liter fassende Tank im Heck und viele andere Besonderheiten waren für den 55er Eil-Bulldog charakteristisch. Er war 3 965 mm lang, hatte einen Radstand von 2 515 mm und wog ca. 4 500 kg.

Die Höchstgeschwindigkeit betrug 33 km/h im fünften Gang, die Zugleistung im 1. Gang über 30 Tonnen. Von 1937 bis 1944 wurden insgesamt 2 415 Exemplare dieses Ausnahme-Schleppers gebaut, der wahrscheinlich der berühmteste deutsche Traktor überhaupt ist. Der Preis einer Führerhaus-Maschine mit Seilwinde betrug im Jahr 1938 12 740 RM.

Dem größten Glühkopf-Bulldog folgte in der Chronologie der wichtigen Typen der kleinste: auch er eine Legende und heute eines der seltensten Modelle. Wieder einmal ging es darum, einen Bauern-Bulldog zu schaffen. Der D 4506 (HE) sollte Hubers letzte Konstruktion werden. Er war für Kleinbauern sowie als Zweitschlepper für Pflegearbeiten in Hackkulturen usw. konzipiert. Die Kalkulation sah 30 000 Einheiten jährlich vor, entsprechend niedrig war der Preis von 2 750 RM. Der D 4506 wurde zusammen mit dem 25er Allzweck-Bulldog 1939 auf der "Reichsnährstands-Ausstellung" präsentiert. Sein Motor (145 x 170 mm, 2806 ccm, 15 PS bei 900 U/min) war wieder mit dem Getriebe (6 V/2 R) verblockt.

Der Schlepper hatte ein motorisch angetriebenes Hebegetriebe, also einen Hebemechanismus mit Vierpunktaufhängung, der einen vielfältigen Geräteanbau ermöglichte. Der Weg zum Einmann-System im landwirtschaftlichen Betrieb war damit eröffnet worden. (Allerdings muß auch gesehen werden, daß zum Zeitpunkt des Erscheinens die von dem Iren Harry Ferguson erfundene und in seine Schlepper eingebaute Dreipunkt-Hydraulik, die einen Siegeszug ohnegleichen antreten sollte, schon beinahe zehn Jahre auf dem internationalen Markt war). Für den 15er war eine umfangreiche Gerätereihe zumindest geplant, zum guten Teil von Lanz selbst gebaut; er verfügte über eine Zapfwelle und wurde ausschließlich mit Ackerluft-Bereifung der Dimension 4.50-16 bzw. 6.50-32 geliefert.

Der Schlepper war 2 750 mm lang (Radstand 1 680 mm) und wog 1 130 kg. Er war auffallend schmal gebaut und dadurch hervorragend übersichtlich, die Lenkstange führte außen am Rumpf vorbei zur Vorderachse. Eine Besonderheit war die abnehmbare Anwerf-Scheibe, mit der er an Stelle des Lenkrades angeworfen wurde.

Die politische Entwicklung machte den hochfliegenden Plänen ein schnelles Ende. Ganze 276 Exemplar des D 4506 waren bis 1943 gebaut worden, ehe die Einstellung seiner Produktion befohlen wurde. Der 15er hätte ein anderes Schicksal verdient.

Einige Aufmerksamkeit gehört den Bulldog-Raupenschleppern. Bereits vom 22/38er Kühler-Bulldog waren erste Vollraupen im Versuch gelaufen, jedoch mit ganz unbefriedigenden Ergebnissen. Das Lenksystem mit Lenkbremsen und das einfache Kegelrad-Differential überforderten den 38 PS-Motor so, daß der Raupenschlepper sich kaum vorwärts bewegen, geschweige denn Kurven fahren konnte. Mit dem 38 PS-Grundmodell HR 8 war eine bessere Ausgangsposition gegeben. Ein neu entwickeltes Getriebegeäuse, Portalachse und vor allem die Konstruktion von Laufwerk und hebelbetätigten Lenkkupplungen brachten den Durchbruch.

Mit der Einführung des 55 PS-Motors kam es zur Bulldog-Raupe D 1550/D 1560, die es auf relativ hohe Stückzahlen in vielen Ausführungen für unterschiedliche Zwecke brachte. Neu waren die Blattfeder-Vorderachse, die kleine Scheibenkupplung und der durch Seitenbleche vor den Ketten geschützte Fahrerraum, in dem die Bedienungshebel übersichtlich angeordnet waren. Die Raupe wurde ausschließlich durch Hand- und Fußhebel bedient: Handgas, Handbremse, zwei Getriebe-Schalthebel, Kupplungspedal sowie je zwei Lenkhebel und Pedale für die Lenk-Kupplungsbremsen. Wurde ein Lenkhebel angezogen, rückte die dazugehörige Lamellenkupplung aus und der Kraftfluß auf dieser Seite war unterbrochen. Da die andere Kette mit voller Kraft weiterlief, bog der Schlepper zur Kurvenfahrt in die Richtung der ausgekuppelten Seite ein.

Zusätzlich konnte der Kurvenradius durch die entsprechende Lenkkupplungsbremse beeinflußt werden, durch die ein Bremsband betätigt wurde. Die ausgekuppelte Kette konnte so bis zum Stillstand abgebremst werden. Auch die Geschwindigkeit des Schleppers konnte mit den Lenk-Kupplungen abgebremst werden, allerdings durfte

Umbau-Bulldog D 5006 A, 42 PS
und einer der letzten: D 6016 als John Deere-Lanz (unten)

dann keine der Lamellenkupplungen ausgekuppelt sein, damit die Geradeausfahrt beibehalten wurde!

Der Raupenschlepper hatte das Sechsganggetriebe und die Zapfwelle, auf Wunsch gab es ein Wetterdach, verschiedene Kettenbreiten, Seilwinde u. a. Besondere Ausführungen waren die Bauraupe D 1571 für den Straßenbau und die Planierraupe D 1581. Das Eigengewicht der Landwirtschafts-Version D 1561 betrug 5 200 kg, ihre Zughakenkraft auf dem Acker im ersten Gang 4 500, im sechsten Gang ca. 1 100 kg. Von 1935 bis 1946 wurden von den 38er und 55er Raupen-Bulldogs insgesamt 4 115 Stück gebaut.

Auch die Firma Lanz kam um die politisch gewünschte Entwicklung von Bulldog-Motoren für "heimische Kraftstoffe" nicht herum. Zwischen 1942 und 1945 wurden nach unzähligen Versuchen etliche Zweistoff- und Reingas-Bulldogs gebaut, deren Grundlage die 25- und 45 PS-Maschinen waren. Die Darstellung dieses Kapitels würde unseren Rahmen sprengen, es sei aber angemerkt, daß der so sprichwörtlich kraftstoffunempfindliche Bulldog-Motor für den Gasbetrieb extrem schlecht geeignet war. Hier konnten nur Kompromisse erzielt werden, die, verglichen mit den normalen Bulldogs, kaum annehmbar waren. Ungeachtet dessen besitzen die wenigen heute erhaltenen Gas-Bulldogs ein hohes Maß an Anziehungskraft auf die Oldtimer-Szene. Etliche Maschinen wurden übrigens nach 1945 zu Gasöl-Bulldogs "zurückgebaut".

Lanz D 1616, der kleinste Volldiesel

Nach dem Ende des Krieges erreichte das Mannheimer Unternehmen erst ab 1948, unter größten Schwierigkeiten, wieder höhere Produktionszahlen. Ab 1950 wurde das komplette Programm der Glühkopf-Bulldogs von 20 bis 55 PS mit Ausnahme der Raupe, aber einschließlich des 55er Eil-Bulldogs, wieder angeboten. Hinzu gekommen waren zwei Allzweck-Schlepper: der auf dem früheren 15er basierende 16-PS-Typ D 5506 mit dem sog. Seitenglühkopf sowie der 20 PS-Typ D 3506 Allzweck. Eine Renaissance erlebten die 25-, 35- und 45 PS-Verkehrs-Bulldogs, zumeist mit Dach und Auspuff nach unten ausgeliefert. Eine wesentliche Veränderung bestand in der fest auf das Kupplungs-Schwungrad aufmontierten Anwerfscheibe, die aus Gründen der Unfallverhütung vorgeschrieben wurde.

Die 16-, 20- und 25 PS-Modelle wurden bis 1952 gebaut und dann durch die sog. Halbdiesel-Baureihe ersetzt. Die Produktion der 35-, 45- und 55 PS-Ackerluft-Bulldogs lief, wenn auch mit geringeren Stückzahlen, bis 1954/55 weiter.

Gerade diese schweren Typen waren zunächst nicht zu ersetzen, so daß sich die prekäre Situation ergab, daß Lanz einerseits an dem technisch zweifellos antiquierten Glühkopf-Motor festhalten mußte, weil kein dem Stand der modernen Dieselmotoren adäquates Angebot vorhanden war, andererseits aber dadurch deutliche Absatz-Einbußen zu verzeichnen hatte. Besonders deutlich trat dies bei den Straßenschleppern hervor, wo das Fehlen eines modernen Nachfolgers für den Eil-

Bulldog zahlreiche Kunden zu anderen Herstellern abwandern ließ. Die neue Baureihe umfaßte zunächst die Typen D 1706 (17 PS), D 2206 (22 PS) und D 2806 (28 PS). Die beiden kleinen Typen waren Weiterentwicklungen des 16 PS-Seitenglühkopf-Bulldogs, dem sie auch äußerlich zum Verwechseln ähneln, der D 2806 war aus dem 25er Allzweck-Bulldog hervorgegangen und ersetzte ihn. Der neue Motor, nach wie vor ein liegender Einzylinder-Zweitaktmotor, wurde mit einem Benzin-Diesel-Gemisch angelassen und nach wenigen Umdrehungen auf Dieselkraftstoff umgestellt. Der Start erfolgte durch den Bosch/Lanz-Pendelanlasser (oder von Hand) und Bosch-Zündkerze.

Es handelte sich um einen sog. Mitteldruck-Motor, dessen Kennzeichen die relativ niedrige Verdichtung von 1:10 und der späte Einspritzzeitpunkt waren. Er wies nahezu sensationell niedrige Verbrauchswerte von 175 bis 200 g/PSh auf, die ihn nicht nur gegenüber den trinkfreudigen Glühköpfen, sondern auch im Vergleich zu herkömmlichen Dieselaggregaten auszeichneten. Zylinderkopf und der neu gestaltete Brennraum waren ungekühlt, der Kolben aus Aluminium. Auffallend war der weiche Lauf dieser Motoren. Der kleinere (130 x 170 mm, 2255 ccm) leistete 17 PS bei 950 oder 22 PS bei 1050 U/min, die größere Maschine (150 x 210 mm, 3709 ccm) gab 28 PS bei 850 U/min ab.

Der D 2206 war 2 860 mm lang (Radstand 1 770 mm), seine Spurweite war von 1 240 bis 1 565 mm verstellbar. Die Bereifung war 5.50-16 vorn, 8.00-36 hinten. Im Gegensatz zu den Speichenrädern des 17ers war er mit Scheibenrädern ausgestattet. Er wurde relativ bekannt durch den Umstand, daß er von etlichen deutschen Teilnehmern an Weltprüfungen der Pflüger in Holland und Irland gefahren wurde. Als am 9. Februar 1953 der 150 000ste Bulldog seit 1921 das Werk unter aufwendigen Jubiläumsfeierlichkeiten verließ, war er ein D 2206.

Dabei war wenig Anlaß zum Jubel: die Verkaufszahlen der Bulldogs waren 1952 drastisch gesunken. Die technisch überholten Glühkopfmodelle waren weitgehend eingestellt, ihre Nachfolger noch nicht am Markt durchgesetzt.

Obwohl sie einen wichtigen Entwicklungsschritt verkörperten, war das Bulldog-Konzept unverkennbar nicht mehr auf dem Stand der Technik. Und es gab keine Zeichen für eine Neuorientierung aus der Entwicklungsabteilung (und schon gar nicht aus dem Vorstand): das Dogma des liegenden Einzylinders war unantastbar.

D 4016, der letzte echte Bulldog

Aus dem D 2806 wurde bereits 1953 der deutlich schwerere D 3606 abgeleitet, der in gewisser Weise (wenn auch nicht völlig) den alten 35er Glühkopf-Bulldog ersetzte. Die Leistungssteigerung auf 36 PS war durch Anhebung der Drehzahl auf 1050 U/min erzielt worden. Der 36er besaß die Vorderachse des D 2806 mit Einzelradfederung, jedoch schwere Hinterräder (13-30 oder 11.00-38), mit denen sein Eigengewicht 2 390, das zulässige Gesamtgewicht jedoch sensationelle 4 740 kg betrug, die Hinterachslast 3 240 kg. Mit diesen Gewichtswerten und bei einem Radstand von 1 822 mm war dieser 36-PS-Halbdiesel-Bulldog eine Ausnahmeerscheinung in puncto Zugkraft. Die maximale Bruttoanhängelast im ersten Gang betrug über 30 Tonnen. Praktiker vermißten allerdings (dies gilt für alle kleinen und mittleren Halbdiesel-Bulldogs sowie auch für die späteren kleinen Volldiesel) die gewaltige Durchzugskraft, die die Glühkopf-Maschinen dank ihrer schweren Schwungmassen aufwiesen. Die Leistungsentfaltung der Halbdiesel-Zweitaktmotoren kam allein aus der Drehzahl heraus und war nicht mit den Glühkopfmoto-

ren zu vergleichen. 1955 kam noch ein Zwischentyp, der D 3206, hinzu.

Eine äußerst kundenfreundliche Maßnahme bot die Firma Lanz ab Mitte der fünfziger Jahre an, als das Bauprogramm der Halbdieselmotoren komplett war: für Preise, die deutlich unter denen eines neuen Schleppers lagen, konnten Glühkopf-Bulldogs ab Baujahr 1935 (also nach dem Kühler-Bulldog) umgerüstet werden: Motor, Kühlung, Schmierung, Kupplung und Vorderachsträger wurden gegen die neuen Baugruppen ausgetauscht, Getriebe, Vorderachse, Räder und elektrische Ausrüstung wurden übernommen. So wurde z. B. aus einem D 3506 ein D 2806 A/23 (23 PS) oder aus einem D 8506 ein D 5006 A/42 (42 PS). Nicht wenige Bulldog-Besitzer machten von diesem Angebot, ihren Schlepper zu modernisieren, Gebrauch: verlockend waren vor allem die Sparsamkeit der neuen Motoren und ihr einfache Inbetriebnahme.

Besonders schwer traf das Auslaufen der Glühkopf-Baureihe diejenigen treuen Lanz-Kunden, die einen Schlepper der obersten Leistungsklasse benötigten: große Güter, Kohlen- und Baustoffhändler, Schausteller usw. konnten ihren Zugkraftbedarf nicht mehr bei den Mannheimern decken und wanderten ab. Erst ab 1955 war die schwere Halbdiesel-Baureihe mit den Typen D 4806 und D 5806 im Ange-

bot. Diese stellen jedoch lediglich Übergangsmodelle dar, die noch im gleichen Jahr durch die Typen D 5006 und D 6006 ersetzt wurden. Beide Bulldogs konnten auf Anhieb an die Erfolge der schweren Glühköpfe anknüpfen. Der Sechziger ist der stärkste Lanz Bulldog, der je serienmäßig gebaut wurde. Sein Motor (190 x 260 mm, 7368 ccm) leistete 60 PS bei 800 U/min, und diese Leistung war die Dauerleistung!

Auch diese Motoren wurden mit einem Benzin-Gasöl-Gemisch und Zündkerze gestartet und dann nach wenigen Minuten auf Dieselbetrieb umgestellt. Man kann es wohl nicht oft genug wiederholen: die großen Bulldogs D 4806 bis D 6006 und ihre Varianten waren keine Volldieselmaschinen! Der Zylinderkopf bestand aus Gußstahl und war ungekühlt, lediglich die Einspritzdüse und die Zündkerze waren durch eingegossene Wasserkanäle gekühlt. Die Verdichtung betrug 1:11, der Kraftstoffverbrauch 175 bis 185 g/PSh. Das Auspuffgeräusch dieser Bulldogs war ganz anders, weicher und leiser als das der Glühkopf-Modelle. Deren Scheibenkupplung fand sich hier wieder. Die Motoren waren mit etlichen gerundeten Blechstücken verkleidet, wie mit einer Motorhaube, die aus vielen Einzelteilen bestand. Seitenwände und hintere Kotflügel bilden eine harmonische Gesamtlinie.

Lanz D 1666

Diese schweren Bulldogs sind auch schöne Bulldogs. Die Abmessungen des 60ers waren: Länge 3 610, Radstand 2 264 mm, Eigengewicht 3 920 kg. Es gab die Ackerschlepper auch mit zusätzlichem Kriechgang (D 5016 bzw. D 6016). Die Bereifungsgröße eines D 6016 war 7.50-20 bzw. 13-30, 11-38 oder 15-30. Sein zulässiges Gesamtgewicht betrug 6 300, die für die Zugkraft so bedeutsame Hinterachslast 4 300 kg. Entsprechend hoch fiel sie aus: 3 610 kg im ersten Gang auf Betonbahn wurden in dieser Zeit von keinem anderen Radschlepper überboten.

Die Verkehrs-Bulldogs D 5007, D 5017, D 6007 und D 6017 ersetzten zeitweilig den 55er Eil-Bulldog. Für sie gab es formschöne Fahrerhäuser mit zwei seitlichen Türen, Druckluft-Bremsanlage, serienmäßig gefederte Vorderachse und zahlreiche Sonderausstattungen. Die Höchstgeschwindigkeit eines D 6007 betrug 30 km/h im sechsten Gang. Besonders reizvoll war eine Verkehrsmaschine, z. B ein D 6017, mit "Bauerndach", Druckluft-Bremsanlage und Lanz–Hochdruckhydraulik: diese Ausrüstung wurde auf Großbetrieben, die schwere Pflug- wie Transportarbeiten zu erledigen hatten, oft gefahren. Leistung, Betriebssicherheit und Lebensdauer dieser Bulldog-Typen waren nahezu ohne Beispiel. Die letzten Exemplare wurden, auf ausdrücklichen Kundenwunsch, noch nach der offiziellen Produktionseinstellung, im Jahr 1962, ausgeliefert. Die Gesamtzahl aller 50- und 60 PS-Halbdiesel-Bulldogs ist leider nicht mehr zu ermitteln.

In einem weiteren Schritt wurde der Bulldog-Motor unter Beibehaltung seiner charakteristischen Merkmale zum Volldiesel entwickelt. Nach wie vor war das Verdichtungsverhältnis des Zweitakters niedrig (1:12), der Zylinderkopf ungekühlt und aus Stahl geschmiedet. Kraftstoffunempfindlichkeit und niedriger Verbrauch zeichneten ihn aus, die Frischölschmierung reduzierte wirksam den Verschleiß im Innern des Motors. Es gab noch immer keine Wasserpumpe, die Kühlung arbeitete nach dem Wärmegefälleprinzip. Neu war die Vorglühanlage mit Glühkerze und Anlassermotor, der Anlasser selber war der bewährte Pendelanlasser.

Ab 1955 stand die Baureihe zur Ablösung der kleinen und mittleren Halbdiesel bereit. Es gab zwei verschieden große Motoren: D 1616 und D 2016 (130 x 170 mm, 2256 ccm, 16 PS bei 850 bzw. 20 PS bei 950 U/min) sowie D 2416 und D 2816 (140 x 170 mm, 2616 ccm, 24 PS bei 1 050 bzw. 28 PS bei 1 100 U/min). Eine Einscheiben-Trockenkupplung übertrug die Motorkraft auf ein Sechsganggetriebe mit zwei Rückwärtsgängen. Die Zapfwelle war in das Getriebe eingebaut. Es gab Einzelrad-Lenkbremsen, Pendelvorderachse mit Einzelradfederung, verstellbare Spurweite, unterschiedliche Bereifungen. Auf Wunsch waren Mähwerk, Dreipunkt-Hydraulik, Kriechgang, kupplungsunabhängige Zapfwelle, Dach mit Windschutzscheibe u. a. lieferbar. Der interessanteste Bulldog dieser Baureihe ist der kleinste, der D 1616. Er war für kleine Bauernhöfe gedacht, vermochte jedoch durch Leistungen zu beeindrucken, die im Vergleich mit seinen nominell stärkeren Brüdern außergewöhnlich waren. Sein Motor besaß einen Drehmomentregler, d. h., sofern nicht die Zapfwelle zum Antrieb eines Gerätes benötigt wurde, konnte er die konstante Leistung zwischen 800 und 1100

U/min stufenlos nutzen. Der Drehmomentanstieg bei Drehzahlabfall betrug 11,5 %, die gemessene Höchstleistung 17,2 PS. In der ersten Version besaß er noch nicht die Vorderachsfederung und war um einiges kürzer: Länge 2 575, Radstand 1 620 mm und wog 1 260 kg. Das zulässige Gesamtgewicht betrug nur 1 568, die Hinterachslast 1 012 kg. Die zu geringe Ballastierungsmöglichkeit war das größte Handicap der ganzen Baureihe. Dennoch brachte es der D 1616 auf eine Höchstzugkraft von 1 300 kg im 1. Gang auf Beton.

Das Äußere der kleinen und mittleren Volldiesel war einheitlich: eine formschöne Haube umgab den gesamten Motor, an dem seitlich die charakteristischen Schwungräder hervortraten. Eckige Dachkotflügel hinten und der schlanke, flache, von den kleinen Halbdieseln übernommene Auspuff vervollständigten das Bild. Die Typenreihe wurde bis 1960 gebaut.

Der Halbdiesel D 3606, der nicht mehr zeitgemäß war, mußte Mitte der fünfziger Jahre ersetzt werden. Diese Notwendigkeit führte zur letzten echten Neukonstruktion eines Lanz Bulldog, zum Typ D 4016, der in gewisser Weise zum krönenden Höhepunkt des Gesamtkonzeptes geriet. Er wurde als Universalschlepper angeboten, dessen Haupteinsatzgebiete in der Landwirtschaft dort lagen, wo hohe Zugleistung (etwa beim dreischarigen Pflügen mit dem Anbau-Pflug) und der Antrieb schwerer Zapfwellengeräte erforderlich waren. Sein Motor war eine völlige Neuentwicklung (160 x 210 mm, 4220 ccm, 40 PS bei 1 000 U/min). Mit zwei Glühkerzen hatte er ein unter allen Bedingungen einwandfreies Startverhalten aufzuweisen. Im Gesamtaufbau, der nach Aufklappen der voluminösen Motorhaube zu Tage tritt, ähnelte er in hohem Maße der alten Glühkopf-Maschine. Die relativ kleine, aber sehr standfeste Einscheiben-Trockenkupplung übertrug die Motorkraft auf ein Getriebe mit 6 Vorwärts- und je 3 Kriech- und Rückwärtsgängen. Eine handbetätigte Lamellenkupplung ermöglichte den von der Fahrkupplung unabhängigen Betrieb der Zapfwelle. Der D 4016 besaß Einzelrad-Lenkbremsen sowie einen äußerst komfortablen Wannenschwingsitz. Auffallend waren die Muschelkotflügel über den hohen Hinterrädern (11-38 oder 13-30, vorn 6.00-20). Der Bulldog war 3 380 mm lang (Radstand 1 950 mm) und wog nur 2 697 kg, das zulässige Gesamtgewicht betrug 3 110 kg. Die Höchstzugleistung im ersten Gang auf Beton lag bei 3 252 kg!

Die wichtigste Sonderausführung war die Dreipunkthydraulik mit großer Hubkraft. Auch mit dem für einen Schlepper dieser Leistung sensationell niedrigen Verbrauch von 175 g/PSh markierte dieser letzte echte Bulldog noch einmal Bestwerte. Von 1956 bis 1960 wurde er aber nur in der geringen Stückzahl von knapp über 1 000 Einheiten gebaut. Heute stellt er einen der gesuchtesten und beliebtesten Typen dar, wahrscheinlich den einzigen, dem man noch hier und da im praktischen Einsatz erleben kann: ein zusätzlicher Beweis für seine Ausnahmestellung innerhalb der Bulldog-Familie. Dem Autor mag man seine subjektive Wertung nachsehen: ein schwer arbeitender oder beschleunigender Vierziger ist auch ein akustischer Genuß!

War diese Konstruktion auch eine Meisterleistung, so konnte auch sie den Niedergang der Mannheimer Firma nicht aufhalten. Die Kardinalfehler der Unternehmenspolitik, das kompromißlose Festhalten am liegenden Einzylindermotor und die im Vergleich mit der Konkurrenz doch etwas schlappen und nicht ausreichend zu ballastierenden 20er, 24er und 28er Volldieselmodelle, waren auch durch Kunstgriffe nicht wettzumachen und hatten die Marktanteile des einst führenden Schlepperproduzenten drastisch verringert. Seit 1956 war die Aktienmehrheit in der Hand des amerikanischen Branchenführers John Deere, in dessen Hausfarben grün/gelb die Bulldogs ab September 1958 ausgeliefert wurden. Bald verschwand der zur Legende gewordene Name Bulldog, an seine Stelle trat die Bezeichnung "Lanz Diesel", ab Januar 1960 firmierten die Schlepper als "John Deere-Lanz Diesel". Diese späten Exemplare der Einzylinder stellen heute gesuchte Raritäten dar.

Indessen hatte man bereits Mitte der fünfziger Jahre in der richtigen Erkenntnis, daß der Markt echte Diesel-Schlepper verlangte, den (halbherzigen) Versuch unternommen, durch die Kombination von Baugruppen der kleinen Klasse mit dazugekauften Ein- und Zweizylinder-Viertakt-Dieselmotoren von MWM den Wünschen der Kunden gerecht zu werden. Damit aber machte man dem Bulldog Konkurrenz im eigenen Haus. Mit 12 (D 1266) und 16 PS (1666) waren Traktoren im Angebot, die zwar durchaus nicht schlechter waren als die anderen Hersteller, aber eben auch nicht anders oder gar besser. Ihnen fehlte das Lanz-typische, und dies honorierten die Käufer wiederum nicht. Weitere Modelle, der D 1106 "Bulli" und der D 1306, mit luftgekühlten Einzylindermotoren von Triumph/Nürnberg ausgerüstet, waren noch problematischer. Dieser TWN-Motor spielte sogar eine

außerordentlich verhängnisvolle Rolle in der Geschichte des Hauses Lanz.

Im Jahr 1951 war unter gewaltigem Aufwand für Werbung und Propaganda der berühmte Lanz-Geräteträger "Alldog" auf den Markt gekommen, die wahrhaft revolutionäre Konstruktion des Landtechnikers Prof. Wilhelm Knolle. Er war im Zweiholm-System aufgebaut und ermöglichte eine bis dahin nicht gekannte und nicht für möglich gehaltene Vielfalt an Geräteanbau und -kombinationen

Damit hätte er eine neue Ära in der Landtechnik einleiten können. Das Unternehmen hätte einen Erfolg dieses großen Wurfes dringend benötigt. Jedoch die Tatsache, daß das Fahrzeug keinen über alle Zweifel erhabenen, dem Ruf der Marke gerecht werdenden, eigenen Motor erhielt, noch nicht einmal einen ausgereiften, zuverlässigen Diesel eines renommierten Motorenherstellers, ließen den Alldog von Anfang an auf dem Weg des Scheiterns fahren. Der TWN-Vergasermotor mit zunächst 12, dann 13 PS war weit und breit das ungeeignetste Aggregat,

das für eine Landmaschine gefunden werden konnte. Auch Überarbeitungen, die zu einer Dieselvariante führten, konnten den Schaden nicht umkehren, der durch diese Fehlentscheidung entstanden war. Der Prestigeverlust war ungeheuer.

Als 1956 (ein Wunder, daß der Alldog überhaupt so lange gebaut wurde) endlich ein adäquater Motor in Gestalt des MWM KD 211 Z gefunden war (zahllose Bulldog-Konkurrenten in der Klasse um die 20 PS waren mit ihm ausgerüstet), vermochte auch dies den Trend nicht umzukehren. Dieser letzte Alldog A 1806 wurde trotzdem, zuletzt auch er in grün/gelb, bis 1960 gebaut: nun eine der perfektesten, gleichwohl glücklosesten Umsetzungen der Geräteträger-Idee.

Die Geschichte des Mannheimer Werkes und seiner Schlepper war nach 1961 im wesentlichen ein Teil der Geschichte des amerikanischen Konzerns John Deere. Die Traktoren, die nun dort hergestellt wurden, gehörten in kürzester Zeit zu den fortschrittlichsten Maschinen auf dem Markt.

LHB

Linke-Hofmann-Busch

*D*ie traditionsreiche Breslauer Lokomotiven- und Waggonfabrik nahm 1926 den Bau eines Raupenschleppers auf, der zum Urahn einer Typenreihe wurde, die Weltruhm erlangte. Der Vierzylinder-Vergasermotor (103 x 166 mm, 5533 ccm), der von der Berliner Motorenfabrik Kämper stammte, leistete gebremste 52 PS bei 1150 U/min. Das Laufwerk besaß starre Laufrollenkästen, die Lenkung erfolgt duch zwei Lenkhebel, die auf ein Lenkgetriebe mit Differentialbremse wirkte.

1929 wurde die Raupe durch eine Neukonstruktion des Ingenieurs Paul Stumpf abgelöst. Dieser hatte bereits vor dem Ersten Weltkrieg in Berlin einen eindrucksvollen Radschlepper und beim Staatlichen Hüttenamt Malapane einen dreischarigen Tragpflug mit pneumatischer Aushebung entwickelt, wußte also, wie ein leistungsfähiger Schlepper beschaffen sein mußte. Mit dem LHB-Raupenschlepper, "Bauart Stumpf", der den Namen "Rübezahl" erhielt, entstand ein Fahrzeug, das von Beginn an zu den besten seiner Art zählte. Der Kämper-Motor wurde zunächst weiter eingebaut. Das Laufwerk jedoch war vollkommen verändert. Es gab nun unabhängig voneinander federnde Laufrollenkästen, die eine perfekte Bodenanpassung ermöglichten, da beide Ketten stets mit voller Fläche auflagen. Die Raupe war stark kopflastig, die Adhäsion aus diesen beiden Gründen sehr gut. Ihre Lenkung erfolgte nun durch das berühmte Cletrac Doppeldifferential-Lenkgetriebe, für das LHB eine Lizenz erworben hatte. Die Lenkhebel waren durch ein reguläres Lenkrad ersetzt.

Der Schlepper wog nur 3 200 kg - im Vergleich zur Konkurrenz war dies nicht viel. Der Zugkraftverlust an einer 25 %igen Steigung, der sich zur eigenen, wirksamen Zugkraft wie 1:4 verhält und 1/4 des Gewichtes ausmacht, betrug also nur 800 kg! Die Zugkraft am Schlepphaken betrug im ersten Gang 1 800 kg.

50 PS / LHW-Raupe mit 6reihigem Rübenheber bei der Arbeit

Linke-Hofmann Raupenschlepper 1926, LHW Raupe Patent Stumpf ab 1929, LHW Raupenschlepper Rübezahl (von oben nach unten)

Das mit dem Motor verblockte Getriebe (3 V/1 R) erlaubte eine Höchstgeschwindigkeit von über 14 km/h - ein Wert, den kein anderer Raupenschlepper erreichte.

Bald wurde der Vergasermotor durch einen Dieselmotor ersetzt, der 55 PS leistete. Die Produktion der Rübezahl-Raupen stieg in den nächsten Jahren auf über 1 000 Einheiten an, ab 1935 wurde ein weiterer Typ, der "Boxer", mit 42 PS sowie ab 1936 auch ein Radschlepper (mit dem Motor des Boxer) gebaut. Diese Fahrzeuge sowie die weitere Entwicklung der Rübezahl-Raupe werden in unserer Darstellung in dem Kapitel FAMO behandelt.

Nach 1945 wurde im ehemaligen LHB-Zweigbetrieb in Salzgitter-Watenstedt der Eisenbahnbau wieder aufgenommen, und 1949 entschloß man sich, auch wieder Traktoren zu produzieren. Dabei knüpfte man jedoch nicht an die Vorkriegstradition an: die FAMO-Schlepper suchten im Nachkriegs-Westdeutschland lange eine neue Heimat, und auch die in der DDR nachgebauten Modelle der IFA gingen eigene Wege, der hier in dem entsprechenden Kapitel aufgezeigt ist.

Die Linke-Hofmann-Busch-Werke entschlossen sich zum Zusammengehen mit dem Münchener Unternehmen Kögel und bauten unter der Bezeichnung LHS 25 bis 1952 ca. 400 Radschlepper mit dem bewährten Henschel-Zweizylindermotor 515 DE, der nach dem Lanova-Luftspeicherverfahren arbeitete und 22 PS leistete. Er war mit einem ZF-Getriebe (5 V/1 R) verblockt, 2 720 mm lang (Radstand 1 860 mm) und wog 1 320 kg. Größerer Markterfolg blieb jedoch aus (heute sind LHB LHS 25 echte Raritäten in der Veteranen-Szene). Ihn erhoffte man sich von einem völlig anderen Schlepper, der ab 1951 gebaut wurde. Die Leichtbauraupe "Robot" war eine Konstruktion des Ingenieurs H.E. Kniepkamp, der schon das legendäre NSU Kettenkrad entwickelt und mit

diesem nicht nur militärische, sondern nach 1945 auch landwirtschaftliche Erfahrungen gesammelt hatte. Daran anknüpfend, besaß der Robot einen leichten Stahlrohr-Rahmen, der alle Zug- und Stoßkräfte aufnahm, Frontantrieb, Doppeldifferential-Lenkgetriebe mit luftgekühlten Perot-Bremsen, Lenkradsteuerung, sechs drehstabgefederte Laufräder, ein Getriebe mit 5 Vorwärtsgängen und einem Rückwärtsgang sowie Gleisketten, die mit Gummistollen versehen waren. Als Motor wurde nach etlichen Erprobungen der Zweizylinder-Primus-Dieselmotor gewählt, allerdings die von der Darmstädter Motorenfabrik Modag in Lizenz gebaute Version vom Typ R 2 mit 25 PS bei 1800 U/min. Der Robot hatte eine Zapfwelle (540 U/min), Riemenscheibe, Schutzdach usw. Er war 2 900 mm lang, hatte eine Bodenfreiheit von 320 mm und wog nur 1 750 kg. Dank seiner kopflastigen Bauweise, des Frontantriebs und der ausgezeichneten Adhäsion seiner Ketten hatte er die für seine Leistungsklasse außerordentlich hohe Zughakenkraft von 2 300 kg im 1. Gang. Überdies war er sehr schnell: im 5. Gang konnte er 16,4 km/h erreichen.

Leider brachte es auch dieser Raupenschlepper trotz seiner überzeugenden Konzeption nicht auf hohe Stückzahlen: er war zu teuer. Bis 1958 wurden nur einige hundert Exemplare gebaut. Mit Planierschild wurde eine Spezialversion für die Bauwirtschaft noch länger angeboten, jedoch vermochte auch sie nicht, den wirtschaftlichen Erfolg zu sichern.

Die LHB-Werke wandten sich danach vom Schlepperbau ganz ab und konzentrierten sich auf andere Produktionen.

LHB Radschlepper LHS 25 von 1951 (oben) und Leichtraupen LHB Robot

MAN

Wenig kontinuierlich verlief die Traktorenproduktion dieses im Bau von Nutzfahrzeugen und Dieselmotoren weltweit renommierten Unternehmens. Es ist nicht abschätzig geurteilt, wenn man feststellt, daß in diesem Bereich Unsicherheit und Unentschlossenheit geherrscht haben müssen, die es verhinderten, daß eine auf wirklichen Erfolg gerichtete Entwicklung stattfand. Dies ist in höchstem Maße verwunderlich; ebenso verwunderlich ist die Tatsache, daß dessenungeachtet Konstruktionen entstanden, die zu den Spitzenleistungen der Schlepperindustrie zählen.

Dies gilt bereits für den 1921 vorgestellten MAN-Tragpflug, der eine der besten und originellsten Ausführungen jener Bauart darstellte und der bis 1924 gebaut wurde. Etwa gleichzeitig versuchte man, einen Gespannschlepper mit Zügellenkung auf dem Markt durchzusetzen, und schon hier

müssen, angesichts des Entwicklungsstandes der Schleppertechnik, einige Fragen gestellt werden. Die Zeitspanne von über 15 Jahren, die bis zum nächsten Einstieg in die Traktorenherstellung vergehen sollte, gehört ebenfalls zu jenen Merkwürdigkeiten. Verstärkt wird dieser Eindruck dadurch, daß der wenige Monate vor Ausbruch des Zweiten Weltkrieges präsentierte Schlepper AS 250 einen Superlativ sowohl hinsichtlich der Konstruktion als auch der Leistung darstellte. Ein im Lkw bewährter, in der Leistung gedrosselter Vierzylinder-Dieselmotor (D 0534 G; 105 x 130 mm, 4123 ccm, 50 PS bei 1500 U/min) war mit einem Renk-Getriebe (5 V/1 R) rahmenlos verblockt.

Dieser Motor, ein Direkteinspritzer, muß als Vorstufe des in den fünfziger Jahren für MAN so charakteristischen Meurer-Brennverfahrens angesehen werden: der Verbrennungraum war vollkommen vom Zylinderkopf weg in den Kolbenboden verlegt worden, der zu diesem Zweck eine kugelförmige Ausformung hatte. Die Folgen waren geringe Wärmeverluste, niedriger Brennstoffverbrauch, vorzügliches Kaltstartverhalten und Kraftstoffunempfindlichkeit. Die direkte Strahleinspritzung erfolgte durch eine speziell entwickelte Flachsitzdüse.

Eine Einscheiben-Trockenkupplung übertrug die Kraft des Motors, der über einen sehr guten Drehmomenverlauf verfügte, auf das Fünfganggetriebe. Von dort erfolgte die Kraftübertragung durch Kegelräder auf das Differential, in das die hinteren Steckachsen eingriffen.

Der AS 250 hatte Zapfwelle, Riemenscheibe, Fuß- und Handbremse sowie eine Vorderachse, die aus zwei in der Mitte drehbar gelagerten und mit den Achsschenkeln zu einem Parallelogramm verbundenen Querfedern bestand. Bereift war er entweder mit Eisenrädern oder aber mit Acker-Luftreifen der Größe 6.50-20 bzw. 12.75-28. Er war 3 680 mm lang, hatte einen Radstand von 2 100 mm und ein Eigengewicht von 3 700 kg. Die Hinterachslast betrug 2 450 kg – diesen Werten entsprach die maximale Zughakenkraft von 2 800 kg im 1. Gang. Die Anhängelast bei Höchstgeschwindigkeiten konnte 24 t betragen.

Der MAN AS 250 war gut für 4 bis 5 ha Tiefpflügen in zehn Stunden, er wurde vor die ersten Zapfwellen-Mähdrescher gespannt und schlug, glaubt man zeitgenössischen Berichten, vor allem auf den großen Gütern im Osten so ein, daß die örtlichen Lanz-Niederlassungen aufgeregte Briefe nach Mannheim sandten, weil seit seinem

Auftauchen der 45er Bulldog nur noch schwer abzusetzen war!

Die Aufregung war indessen umsonst: der Ausbruch des Krieges machte dem AS 250 ein schnelles Ende. Seine Produktionsanlagen wurden anderweitig benötigt: Pflugschare zu Schwertern. Einige aufmerksame Beobachter des Schleppers muß es aber unter den deutschen Militärs gegeben haben. Als durch die Besetzung Frankreichs auch die berühmten Latil-Werke in Suresnes bei Paris in ihre Hand fielen, wurde auf ihr Betreiben dort die Produktion des zugstarken MAN aufgenommen, der sich für Militärflugplätze hervorragend eignete. Bis 1944 sollen rund 1 000 Exemplare bei Latil gebaut worden sein. Etliche von ihnen wurden, eisenbereift, auch als Holzgas-Schlepper ausgeliefert. Der AS 250 gehört heute zu den allergrößten Raritäten auf dem Sektor der Veteranen-Schlepper.

Nach dem Zweiten Weltkrieg entwickelte man in Nürnberg einen Akkerschlepper der Mittelklasse. 1949 erschien der AS 325, eine völlige Neukonstruktion, mit der die Baureihe der legendären MAN "Ackerdiesel" eingeleitet wurde. Wieder in rahmenloser Blockbauweise, besaß dieser Schlepper einen Vierzylinder-Direkteinspritzer (88 x 110 mm, 2675 ccm, 25 PS bei 1500 U/min). Auch ihn zeichneten die bekannten Eigenschaften der MAN-Motoren mit ihrem Kugelbrennraum im Kolben aus.

Das Getriebe (5 V/1 R) stammte von ZF, und auch eines der bedeutsamsten Details dieses Schleppers steuerte die Zahnradfabrik Friedrichshafen bei: die zuschaltbare, angetriebene Vorderachse. Mit diesem Vierradantrieb war MAN der erste Schlepperhersteller in Deutschland, der konsequent auf das Allrad-Prinzip setzte. Nicht der Allrad-Antrieb war hier die Sonderausführung, vielmehr war es der, beinahe möchte man sagen: nur widerstrebend ausgelieferte Schlepper mit Hinterrad-Antrieb!

Der AS 325 verfügte serienmäßig über Zapfwelle, Riemenscheibe und Mähwerk - nicht nur über den Antrieb dafür. Er war 2 940 mm lang (Radstand 1 820 mm), wog 2 150 kg, die maximale Zugkraft am Haken betrug 1 800 kg und damit exakt so viel wie die des AS 250 von 1939 mit 50 PS, erheblich höherem Gewicht und - Hinterradantrieb!

Noch immer im Einsatz: MAN B 45 A (links). MAN AS 250, der erste Nachkriegs-MAN AS 325 und die Weiterentwicklung AS 330 (rechts von oben nach unten)

MAN mit Güldner-Motor: B 18 A/0
Darunter: Der schwerste MAN: 452

Der Antrieb der gefederten, pendelnd aufgehängten Vorderachse erfolgte durch eine Gelenkwelle auf der linken Seite des Schleppers. Bis zuletzt wurde ein Teil der Möglichkeiten des Vierradantriebes dadurch wieder vergeben, daß relativ kleine Vorderräder verwendet wurden. Hierdurch ergab sich jedoch eine bessere Lenkbarkeit des Schleppers, und vor allem war diese Lösung kostengünstiger. Dennoch gehörten die MAN nie zu den Billigangeboten. Noch im Jahr seines Erscheinens zeichnete die DLG den AS 325 mit der Großen Silbernern Preismünze aus.

Ein anderes Charakteristikum der MAN-Traktoren ist, daß (fast) nie mit Motorleistung gegeizt wurde. Es gab

in den frühen fünfziger Jahren keinen ausgesprochen kleinen, leichten und gerade knapp ausreichend motorisierten MAN: dies war ja nur konsequent, denn was sollte ein dürftig motorisierter Allrad-Schlepper. Die Ackerdiesel waren mindestens Mittelklasse-Traktoren mit Tendenz nach oben. 1950 schon brachte er die Vergrößerung des Hubraums auf 2925 ccm einen Gewinn von fünf PS beim AS 330. Aufsehen erregte er mit vorderen und hinteren, leicht montierbaren Zwillingsreifen für wenig tragfähige Böden. Nun kam auch die wahlweise Ausrüstung mit hydraulischem Dreipunkt-Kraftheber hinzu.

Der gleiche Motor war auch im damals schwersten Typ, dem AS 542, eingebaut. Hier leistete er 42 PS bei 2000 U/min. Sein ZP-Getriebe A 17 hatte 5 Vorwärtsgänge und je einen Kriech- und Rückwärtsgang. Der gro-

ße MAN wog 2 560 kg, war aber weit darüberhinaus bis 3 500 kg ballastierbar, 3 500 mm lang bei einem Radstand von 2 132 mm und erbrachte hervorragende Zugleistungen im Gelände, mit denen er schnell in der Forstwirtschaft unentbehrlich wurde.

War es bereits ein Zeichen erneut aufkommender Unsicherheit, wie die Weiterentwicklung des Schlepperbaus zu verlaufen hatte? Für den Kleinbetrieb, der bisher nicht im Blickfeld der MAN gelegen hatte, wurde der AS 718 A herausgebracht: ein Schlepper mit Allradantrieb, jedoch nur 18 PS Motorleistung. Und da ein solcher Schleppermotor im eigenen Hause nicht vorhanden war, wurde auf den Güldner 2 DN (85 x 110 mm, 1305 ccm) zurückgegriffen. Hier muß sich die Frage stellen, ob der hohe konstruktive Aufwand im rechten Verhältnis zum Ergebnis stand. Der Schlepper hatte das ZP-Getriebe A 8 (5 V/1 R), Bereifung 6.00-20 bzw. 8-32, er war 2 750 mm lang (Radstand 1 700 mm), das Eigengewicht betrug bis zu 1 520, das zul. Gesamtgewicht 2 000 kg. Gewiß war dieser MAN einem beliebigen 18-PS-Schlepper überlegen: er war aber auch um ein Vielfaches teurer und seine Leistungen übertrafen nicht die eines 25- oder 28 PS-Schleppers in Standardbauweise, schon gar nicht im gleichen Maße wie der Preis. Dennoch blieb der Güldner-MAN als Typ B 18 A/0 relativ lange im Programm.

Die neuentwickelten MAN-Motoren, die nach dem sog. Mittenkugel-Brennverfahren (kurz: M-verfahren) arbeiteten, waren erst vier Jahre nach ihrer Einführung im Lkw auch in den Ackerschleppern zu finden. 1955 wurde deren Produktion von Nürnberg nach München verlagert, und im Zuge dieser Maßnahme kamen die neuen Motoren zum Einbau. Es war geplant, monatlich bis zu 600 Schlepper zu produzieren.

Die M-Motoren waren erheblich kleiner. Es gab Zwei- und Vierzylinder-Ausführungen. Und mit ihnen beginnt bei MAN endgültig ein Prozeß häufiger, beinahe hastiger Modellwechsel. Die Chronologie der Typenentwicklung ist kaum überschaubar, zumal die Schlepper in dieser Zeit äußerlich kaum unterschieden werden können, sofern nicht ein Blick auf den Motor möglich ist, und auf welcher Abbildung ist das schon der Fall! Auch die Typenbezeichnungen wechseln und geben keinen Aufschluß.

1955/56 gibt es den B 18 A mit Zweizylinder-MAN-Motor D 8514 M, der den B 18 A/0 ablöste, den A 32 A mit Vierzylinder-Motor D 9614 M (96 x 110 mm, 3183 ccm, 32 PS bei 1500 U/min). Den gleichen Motor finden wir auch in den schwereren Typen, z. B. im C 40 A (von dem es auch eine, wenngleich seltene, Version als Straßenschlepper mit festem Führerhaus für zwei Personen und seitlichen Türen gab) mit 40 PS bei 1800 U/min oder im B 45 A mit 45 PS bei 2000 U/min.

Der 32er hatte das ZP-Getriebe A 15 V (6 V/1 R). Er war 3 135 mm lang (Radstand 1 825 mm), sein Eigengewicht betrug 2 170, das zul. Gesamtgewicht 3 000 kg - viel für einen 32-PS-Schlepper. Die Standard-Bereifung war 6.50-20 bzw. 10-28, es gab Lenkbremsen, Motorzapfwelle, Kraftheber mit Drei- oder Vierpunktaufhängung auf Wunsch. Relativ häufig war auch der B 45 A, der auf großen Gütern mit Zapfwellen-Mähdreschern und Forstanteil sehr beliebt war. Seine Länge betrug 3 510, sein Radstand 2 140 mm, er wog 2 880 kg, das zul. Gesamtgewicht war 3 500 kg. Mit unabhängiger Zapfwelle, Seilwinde, Druckluftanlage, Frontlader, Schneepflug, Planierschild, Hydraulik mit Fernbedienung "remote control" für "fliegende" Arbeitszylinder schwerer Anhängegeräte umfaßte die Liste alle wichtigen Zusatzausrüstungen. Sein ZP-Getriebe A 20/18 (7 V/1 R) war auf Wunsch mit Kriechgang erhältlich.

Einen Hinweis auf die verwirrende Modellpolitik des Unternehmens mag die Tatsache geben, daß es im Zeitraum 1955/56 auch einen Ackerdiesel mit MAN-Einzylinder-M-Motor (1610 ccm, 18 PS bei 1500 U/min) gab, der aber schon 1957/58 von einem sehr viel kleineren Zweizylinder gleicher Leistung mit 1300 ccm abgelöst wurde. Weder Modellpflege noch klare Entwicklungslinien sind hier erkennbar. Deswegen kann es auch nicht überraschen, daß mit dem gleichen Zweizylinder auch ein äußerlich sehr verändertes Modell mit Hinterradantrieb, Vorderachse mit Einzelradfederung, in Tragschlepperbauweise unter der Typenbezeichnung 2 K 1 angeboten wurde. Der 2 K 1 verfügte über eine weit verstellbare Spurbreite, das Getriebe ZP A 8/6 (6 V/1 R) und einen Radstand von 1 980 mm. Er wog 1 170 kg, das zul. Gesamtgewicht betrug 2 000, die Hinterachslast, je nach Bereifung, bis 1 350 kg. Durchaus beachtlich im Konkurrenzvergleich, war er jedoch nur von kurzer Verweildauer im MAN-Programm.

Um 1958/59 machte der Vierzylinder-Motor des A 32 A einem Zweizylinder (1964 ccm) Platz, den es mit 25 und 30 PS gab. Der Schlepper 4 N 1 hatte 30 PS bei 2000 U/min, das ZF-Getriebe A 10 (5 V/3 K/2 R) mit Klauenschaltung, eine Standardbereifung von 6.50-20 bzw. 10-28. Er war 3 130

mm lang (Radstand 1 900 mm), wog 1 950 kg (zul. Gesamtgewicht 2 700 kg), die Zughakenkraft im ersten Gang betrug 2 430 kg, die maximale Anhängelast bei Höchstgeschwindigkeit auf ebener Straße 18 Tonnen. Das waren annähernd Bestwerte - aber die Motorenentwicklung bei MAN muß geradezu hektisch verlaufen sein.

Für einen Schlepper seiner Größenordnung und Preiskategorie zu erheblicher Verbreitung gelangt und, was beinahe noch erstaunlicher ist, in relativ zahlreichen, in bester Verfassung befindlichen Exemplaren erhalten ist der größte MAN der regulären Baureihe, der 4 S 1 bzw. 4 S 2. Er darf mit Recht als Höhepunkt des MAN-Schlepperbaus angesehen werden. Sein Motor (Typ D 9624 M 115; 96 x 120 mm, 3473 ccm, 50 PS bei 1900 U/min) war mit dem ZP-Getriebe A 20/18 II (7 V/3 K/1 R) verblockt. Eine schnelle

Ausführung ermöglichte eine Höchstgeschwindigkeit von 27,6 km/h. Der mächtige Allrad-Schlepper besaß die Bereifung 8.00-20 vorn, 13-30 hinten, war 3 625 mm lang, hatte einen Radstand von 2 220 mm, wog 3 260 kg bei einem zul. Gesamtgewicht von 4 000 kg, wobei die Hinterachslast 2 700 kg betrug. Die maximale Zughakenkraft war 3 200 kg, was einen Spitzenwert für einen Radschlepper bedeutete; die maximale Anhängelast betrug 35 Tonnen. Unabhängige Zapfwelle, Lenkbremsen, Dreipunkthydraulik und eine Vielzahl von Sonderausrüstungen wie Druckluftanlage, Seilwinde, Windschutzscheibe, Dach usw. zeichneten diesen MAN aus.

Nur noch 2 Zylinder beim 4 N 1 (unten). MAN Ackerdiesel mit Luftkühlung (ganz unten)

Noch heute läuft dieser MAN 4 N 2 auf einem Berliner Bauernhof (oben). Darunter ein aufwendig restaurierter 4 R 3

Neben dem Vorkriegstyp AS 250 vielleicht den einzigen in einem insgesamt doch sehr interessanten Bauprogramm, um den sich Legenden ranken. Sie betreffen in erster Linie aber Weiterentwicklungen, die nicht mehr zur Serienproduktion gelangten, damit nicht werksoffiziell sind und über die Spekulationen ins Kraut schießen. Nach Ansicht des Verfassers besteht die reale Gefahr, daß eines unschönen Tages der letzte 4 S 2 seinen Originalmotor gegen irgendeinen Sechszylinder-Lkw-Motor eintauschen muß, weil man ja unter allen Umständen einen der sagenumwobenen Prototypen mit Leistungen bis über 100 PS haben muß. Diese Entwicklung gibt Anlaß zur Sorge, und der 4 S 1 bzw. 4 S 2 hat sie nicht verdient.

Um 1960/61 wurde noch einmal eine völlig neue Baureihe vorgestellt. Der Vorstoß auf einen vorderen Platz in der Zulassungsstatistik war dem Unternehmen (trotz aller Anstrengungen oder wegen der uneinheitlichen Politik?) nicht gelungen; zwischen dem siebten und dem 12. Rang bewegte man sich. MAN ging zum Baukastenprinzip über und verwandte eine Vielzahl gleicher und damit austauschbarer Baugruppen. Mit Zwei-, Drei- und Vierzylindermotoren, Getrieben von ZF oder ZP, mit Leistungen von 18, 25 und 28 PS beim Zwei-, 35 PS beim Drei- und 45 PS beim Vierzylinder waren die Schlepper zu haben. Bis 28 PS gab es auch Tragschlepper mit der Möglichkeit des Geräteanbaus zwischen den Achsen. Bei allen Modellen konnte zwischen Allrad- und Hinterradantrieb gewählt werden: so ging man konsequent zwei Schritte voran, einen zurück. Auch glaubte MAN, sich nicht dem Zug zur Luftkühlung entzie-

hen zu können und bot in Gestalt der modernisierten, mit rundlich-länglichen Hauben, Reitsitzposition und wirklich bequemer, den Durchstieg ermöglichender Plattform versehenen Modelle einen luftgekühlten Zweizylinder-M-Motor mit 13, 14 und schließlich 16 PS an. Der Schlepper hieß 2 F 1 und war ein 840 kg schwerer Tragschlepper mit hoher Bodenfreiheit von 640 mm im Breich der Unterbaugeräte und ZP-Getriebe (6 V/1 K/2 R), der es dank seines Radstandes von 1 650 mm auf eine Zughakenkraft von 1 100 kg bringen sollte. 1960 wurde er mit 14 PS für 5 690 DM angeboten.

Die interessanteren MAN sind allemal die Allradschlepper der letzten Serie. Der 4 N 2 (Motor 9422 M 2; 94 x 120 mm, 1670 ccm, 28 PS bei 2000 U/min) hatte das ZF-Getriebe A-208, das in zwei Gruppen 8 Vorwärts- und 4 Rückwärtsgänge zur Verfügung stellte, umschaltbare Getriebe- oder Motorzapfwelle, hintere Differentialsperre, MAN-Bosch-Kraftheber (Hubkraft 1 700 kg) mit Dreipunktaufhängung der Kat. I und eine Bereifung von 6.50-20 bzw. 10-28.

Sein Eigengewicht betrug 1 720, das zul. Gesamtgewicht 2 500, die Hinterachslast 1 950 kg. Der Radstand war 1 856 mm.

Seltener, aber umso beeindruckender ist der größte der letzten MAN-Traktoren, der 4 R 3 (Motor 8614 M 3, 86 x 120 mm, 2560 ccm, 45 PS bei 2200 U/min). Er hatte das ZF-Getriebe A-216 (8 V/4 R), auf Wunsch mit Schnellgang bis 27 km/h, ebenfalls Motor- und Getriebezapfwelle, er war 3 300mm lang (Radstand 2 070 mm) und wog 2 200 kg, das zul. Gesamtgewicht betrug 3 500, die Hinterachslast 2 500 kg. Auch für ihn waren die Zusatzausrüstungen außerordentlich umfangreich. 1962 zwangen die schlechten Verkaufszahlen der überall anerkannten, aber zu teuren Traktoren die MAN, mit der Mannesmann AG, Konzernmutter von Porsche-Diesel-Motorenbau, eine Zusammenlegung der Schlepperproduktion zu vereinbaren. Das Ergebnis war die Einstellung der MAN-Schlepperfertigung ein Jahr später (übrigens gilt das Gleiche auch für Porsche!).

Nachdem sich der international bedeutende Nutzfahrzeughersteller für lange Zeit auf den Lkw- und Omnibusbereich konzentrierte, findet man seit einigen Jahren wieder MAN-Motoren in Schleppern: die Spitzenmodelle der Fendt-Favorit-Reihe mit Leistungen von 200 bis 250 PS sind mit diesen Hochleistungsmotoren, die den neuesten Stand der Technik verkörpern, ausgestattet.

MIAG

Miag, Mühlenbau und Industrie AG, entstand 1926 durch Fusion mehrerer großer Mühlenbaubetriebe. Von Anfang an spielte der Fahrzeugbau eine wichtige Rolle, allerdings wandte man sich zunächst der Herstellung von Straßenzugmaschinen zu. In einer Heckmotor-Bauart, die sich am Vorbild der Primus-Modelle orientierte, entstand der Typ ID 10. In einer Ausführung mit Frontmotor und Hinterradantrieb, Chassis und Karosserie mit komfortablem Fahrerhaus für zwei bis drei Personen gab es ferner die Typen ID 20 und ID 20 F, letzteren mit Hinterradfederung. Diese Straßenfahrzeuge bewährten sich hervorragend und spielten im Güternahverkehr der dreißiger und vierziger Jahre eine wichtige Rolle. Hier kann jedoch nicht näher auf sie eingegangen werden. Festzuhalten ist, daß die Miag ihre Motoren von MWM bezog: klassische Ein- und Zweizylinder-Vorkammer-Diesel mit Umlaufkühlung, Wasserpumpe und Ventilator, die durch vollkommen geschlossene Bauart mit formschönen Motorgehäusen bestachen. Am Kurbelgehäuse befand sich unübersehbar eine angeschraubte Stahlplatte mit dem Schriftzug "MWM Patent Benz". Der Zweizylinder (95 x 150 mm, 2110 ccm) leistete 20 bis 22 PS bei 1500 U/min. Er war mit Glühkerzen und elektrischer Anlaßzündung ausgestattet, konnte aber auch von Hand angedreht werden. Der gleiche Motor wurde auch im später erschienenen Ackerschlepper LD 20 verwendet, dem eine gewisse Ähnlichkeit mit den Straßenschleppern nicht abzusprechen ist, da Motorhaube, Kühler und die fast gleich große Bereifung der Vorder- und Hinterräder (6.50-16, 8.00-20) zu einem automobilähnlichen Aussehen beitrugen. Allerdings war im LD 20 der Motor mit einem ZF-Getriebe (4 V/1 R) rahmenlos verblockt. Dieser Schlepper wird oft für eine Rahmenkonstruktion gehalten, die er jedoch nicht ist. Lediglich zur Aufnahme des Kühlers und der Haube, die den Motor auch seitlich völlig verdeckte und mit senkrechten Lüftungsschlitzen versehen war, gab es eine rahmenähnliche Stützkonstruktion um den vorderen Teil des Fahrzeugblocks herum. Die Pendelvorderachse war in Parallelogrammen aufgehängt und mit zwei kräftigen Querfedern gegen den Motorblock abgestützt, die Hinterachse verfügte über Schneckenantrieb und Differentialsperre. Eine Einscheiben-Trockenkupplung übertrug die Motorkraft auf das Getriebe, die Kraftübertragung auf die Hinterachse erfolgte durch eine Gelenkwelle. Ein wichtiges Detail war die Eindruck-Zentralschmierung, die alle Lager mit Fett versorgte. Der Miag-Ackerschlepper konnte mit Zapfwelle und Mähwerk ausgerüstet werden. Er war 2 850 mm lang (Radstand 1 750 mm), wog 1 750 kg und erbrachte eine Zugleistung von ca. 12 t Anhängelast. Beim Saatpflügen mit einem Zweischar-Anhängepflug konnte er bis zu 0,4 ha pro Stunde leisten, der Brennstoffverbrauch des "Patent Benz"-Motors betrug 195 g/PSh bei Vollast.

Der Schlepper wurde im Frankfurter Werk des Unternehmens gebaut und ab 1937 für 4 394 RM verkauft: ein Angebot, das von vielen Landwirten angenommen wurde in dieser Zeit, als die Zahl der Bauernschlepper noch nicht sehr groß war.

Während des Krieges wurde die Produktion des Ackerschleppers ebenso wie die der Zugmaschinen eingestellt, dafür jedoch eine Holzgas-Zugmaschine mit Ford BB-Motor gebaut.

Erst ab 1950 wurde, im Braunschweiger Stammwerk, die Produktion von Straßenzugmaschinen der Typen ID 33 und ID 17 wieder aufgenommen. Sie folgten in ihrem Aufbau den Vorkriegsfahrzeugen, auch die Motoren stammten wieder von MWM. Von beiden Typen wurden auch erneut Ackerschlepper abgeleitet, die sich jedoch, wohl in erster Linie wegen ihrer außerordentlich hohen Preise, nicht auf dem Markt durchsetzen konnten und keine Rolle mehr spielten. 1952 wurde der Traktorenbau der Miag endgültig beendet.

MWM

Die Motorenwerke Mannheim AG, vorm. Benz, Abt. Stationärer Motorenbau, neben Deutz die älteste Motorenfabrik der Welt, ging naheliegenderweise in erster Linie als Lieferant hervorragender Dieselmotoren in die Geschichte ein. Diese Bedeutung hat das Unternehmen noch heute, nach dem 1985 erfolgten Zusammenschluß mit Deutz. Jedoch wurden auch MWM-Traktoren gebaut, die nicht durch große Stückzahlen, wohl aber durch ihre herausragende Technik zu den bemerkenswertesten Konstruktionen ihrer Art zählen.

Standen noch um 1920 nur langsamlaufende Dieselmotoren zur Verfügung, die allein durch ihr hohes Gewicht für den Antrieb von Fahrzeugen keine Verwendung finden konnten und allenfalls bei selbstfahrenden Lokomobilen zum Antrieb dienten (z. B. das Einzylinder-Modell AV, 11 bis 15,5 PS bei 230 bis 330 U/min; 1919), so wurde bereits 1923 mit dem "Motorpferd" der erste Diesel-Straßenschlepper der Welt präsentiert. Er besaß einen "compressorlosen" Zweizylinder-Viertakt-Dieselmotor des Typs RH 18 Z, der einen Hubraum von 4387,5 ccm hatte und 16 bis 18 PS bei 750 U/min leistete. Es handelte sich um einen klassischen Vorkammermotor nach dem von Prosper L'Orange entwickelten Verfahren.

Beim Motorpferd war der Motor quer stehend auf einen Rahmen gesetzt, die Kraftübertragung auf das Zahnradgetriebe (2 V/1 R) erfolgte linksseitig durch einen Flachriemen; rechts befand sich das Schwungrad.

Motorpferd in der letzten Version, Motorpferd erste Ausführung und Lokomobilen des Typs AV, 11-15,5 PS (von oben nach unten)

Der Schlepper verfügte über Vollgummibereifung, Pendelvorderachse und Sitzbank sowie über ein aufwendiges Klappverdeck. Er hatte Schnekkenlenkung und Getriebefuß- und Hinterradbremse, war etwa 3 400 mm lang, der Radstand betrug 1 650 mm, das Gewicht 2 575 kg, die Zugkraft auf ebener Straße 12,5 t und

die Höchstgeschwindigkeit 12 km/h. Bis 1931 wurde das Motorpferd in mehreren, überarbeiteten Ausführungen in insgesamt 359 Exemplaren gebaut. Die Produktion erfolgte, aus Kapazitätsgründen, bei der Maschinenbaugesellschaft Karlsruhe und bei der MWM gehörenden Südbremse AG in München.

Eindrucksvoll war der Fuhrpark der Städtischen Marstallverwaltung Breslau, der aus elf Fahrzeugen dieses Typs bestand.

1929 unternahm die Südbremse einen weiteren Versuch, mit einem hochmodernen Fahrzeug sowohl einen Straßen- als auch einen Ackerschlepper anzubieten. Der SR 130 war in der rahmenlosen Blockbauweise ausgeführt und hatte einen Dreizylinder-Motor sowie ein Getriebe mit zunächst drei, später vier Vorwärtsgängen und einem Rückwärtsgang. Der Name "Colo-Trecker" steht für den kompressorlosen Dieselmotor. Die Kolben dieses Motors waren mit napfförmigen Aufsätzen versehen, die Brennräume

im Zylinderkopf angeordnet: so ergab sich eine Art Wirbelkammer, wirksam jedoch nur bis zum Zurückgehen des Kolbens. Mit seiner senkrechten, zentralen Einspritzung ähnelte das Verfahren in gewisser Weise auch einem Direkteinspritzer. Sensationell war der geringe Kraftstoffverbrauch, der mit nur 180 g/PSh gemessen wurde. Der Motor hatte folgende Abmessungen: 125 x 180 mm, 6623 ccm; er leistete 35 PS bei 1200 U/min und wurde mit Lunten und Handkurbel bei verminderter Kompression angedreht. Es gab jedoch auch einen elektrischen Bosch-Anlasser.

Auf den DLG-Ausstellungen 1929 in München und noch einmal 1931 in Hannover standen sowohl eisenbereifte Acker- als auch vollgummibereifte Straßenmaschinen, deren Gewichte ca. 3 300 bzw. 3 100 kg betrugen. Die Geschwindigkeiten waren für beide Versionen gleich angegeben: drei, fünf, neun und 15 km/h.

Die Vorderachsen waren gefedert, beide Schlepper verfügten über eine elektrische Beleuchtungsanlage. Man muß sich bei dem Colo-Trecker wirklich klar machen, daß er 1929 herausgebracht wurde: eine modernere Maschine gab es zu diesem Zeitpunkt weder in Deutschland noch woanders. Für den Verkaufspreis von 9 000 RM jedoch war der Schlepper, wie gut er auch immer sein mochte, während der Jahre der Wirtschaftskrise praktisch unverkäuflich. Seine Produktion wurde 1932 eingestellt.

Nach 1945 nahm das Unternehmen jene führende Rolle als Motorenlieferant für Traktorenhersteller ein, die vor dem Krieg Deutz mit dem F2M414 innehatte. Unzählige Ackerschlepper namhafter Marken der fünfziger Jahre wurden mit MWM-Motoren, luft- oder wassergekühlt, angetrieben. Einen letzten, allerdings wiederum bedeutsamen Vorstoß in der Gesamtkonstruktion eines Schleppers stellte der MWM-ASA-Allradschlepper von 1948 dar. Er ist als Versuchsfahrzeug zu betrachten: MWM dementiert jede Absicht zur Serienproduktion. Der Schlepper verfolgte ein revolutionäres Konzept mit seinen angetriebenen, gleich großen, hohen und schmalen Rädern, der perfekten Gewichtsverteilung auf Vorder- und Hinterachse von

2/3 zu 1/3, dem geringen Eigengewicht von nur ca. 1 900 kg und dem bewährten Motor KD 215 Z mit 25 PS, mit dem die Leistungen eines 35er oder 45er Bulldogs erreicht wurden. An der Konstruktion war neben dem MWM-Direktor Dr. Peters der bekannte Agrartechniker Prof. Gerhard Preuschen beteiligt. In überarbeiteter Form wurde er schließlich als Deuliewag "Record" in geringen Stückzahlen gebaut - kein wirtschaftlicher Erfolg, aber eine zukunftsweisende Maschine, ihrer Zeit um Jahre voraus.

Hauptabnehmer der MWM, deren Aggregate nach wie vor zu den Spitzenerzeugnissen des Motorenbaus zählen, sind im Traktorenbereich heute die Marken Fendt und Renault.

**Colo-Trekker (oben),
MWM ASA-Allradschlepper (unten)**

NORDTRAK

ereits 1946 erlangte der Ingenieur und Kaufmann Georg R. Wille die Genehmigung zur Herstellung landwirtschaftlicher Geräte in Hamburg-Bergedorf. Kurze Zeit später schon produzierte er Traktoren, zunächst einfache Einachs-Schlepper mit Horex-Motorradmotoren, ab 1947 jedoch Vierrad-Traktoren unter Verwendung von Jeep-Bauteilen, die er von der Steg-Organisation bezog: Achsen, Räder, Getriebe und Lenkung wurden original übernommen, der Rahmen gekürzt auf einen Achsabstand von 1 400 mm: der "Gerwi (Georg R. Wille)Motor-Stier" war geboren. Nach wie vor machte ihm ein Vergasermotor Beine, ab 1949 jedoch wurde er mit 11 PS Deutz-, 12 PS Zanker- oder 15 PS Bauscher-Dieselmotoren angeboten. Der Erfolg war überraschend groß, die Produktion florierte und verlangte mit bereits 120 Mitarbeitern nach einem Ausbau von Fertigungseinrichtungen und -kapazitäten. 1950 trat als Geldgeber der Hamburger Kaufmann Franz Westermann in die aufstrebende Firma ein.

Im selben Jahr umfaßte das Programm zwei Schleppertypen: den Stier 20 (mit Deutz F1M414) für 5 797 DM und den Stier 21 mit dem Zweizylinder-Zweitakt-Dieselmotor B 2 S von Hatz, 22 PS, beide mit Viergang-Getriebe und 8.00-20er Bereifung. Der Stier 21 wog 1 650 kg. Im ersten Halbjahr 1950 wurden immerhin 95 Gerwi-Stiere verkauft. Schon kurze Zeit danach kam es, nach anfänglich guter Zusammenarbeit, zwischen Wille und Westermann zum Zerwürfnis über finanzielle Fragen, und Wille verließ das von ihm gegründete Unternehmn. Franz Westermann führte es allein weiter unter dem Namen Nordtrak - Norddeutsche Traktorenfabrik Franz Westermann, Hamburg-Lohbrügge.

1951 gab es, in Halbrahmen-Bauweise, den Nordtrak Stier 18 (Hatz-Motor B 1 S, 16 PS), den Stier 21 und den Stier 30, einen der modernsten Ackerschlepper auf dem deutschen Markt, der nichts mehr mit den Jeep-Improvisationen gemein hatte. Mit dem vielfach bewährten Zweizylinder-MWM-Wirbelkammer-Diesel KDW 415 Z leistete er 28 PS bei 1500 U/min; der Schlepper hatte ein Fünfganggetriebe von Ford und die charak-

teristische, gleich große Bereifung 8-32 vorn und hinten. Serienmäßig vorhanden waren elektrischer Anlasser, Zapfwelle und Mähantrieb (über die Zapfwelle). Er war 3 040 mm lang, hatte einen Radstand von 1 710 mm und wog 2 100 kg.

Das Unternehmen setzte kompromißlos auf das Allrad-Konzept und baute das Programm weitblickend in Richtung auf höhere Motorleistungen aus. Erfolge, auch und besonders im Export nach Skandinavien, Argentinien und in die Türkei, blieben nicht aus, und Forstwirtschaft und Bergbauern in weit von Hamburg entfernten Regionen schätzen den nicht eben bil-

ligen Nordtrak Stier aufgrund seiner überzeugenden Vorzüge. Die Monatsproduktion belief sich auf 30 bis 33 Schlepper: die Kapazitätsgrenze war erreicht. 1953 wurden in der Bundesrepublik 100 Stier-Traktoren zugelassen. Vermehrt war man mittlerweile zum Einbau luftgekühlter MWM-Motoren übergegangen.

1955 gab es den St 241 (AKD 112 Z, 98 x 120 mm, 1810 ccm, 24 PS bei 2000 U/min) mit dem ZF-Getriebe A 8/6-N (5 V/1 K/1 R). Er war 8.00-24 bereift, 2 865 mm lang (Radstand 1 650 mm), wog 1 800 kg, das zul. Gesamtgewicht betrug 2 000, der Vorderachsdruck 900, der Hinterachsdruck 1 000 kg. Die nächstgrößeren Typen waren St 360 (AKD 112 D, 36 PS) und St 45 (der letzte Wassergekühlte mit KDW 415 D, 40 PS).

Die Krönung des Nordtrak-Programms stellte der St 480 dar. Dieser schwere Allrad-Schlepper (Eigengewicht 2 900 kg) gehörte zu den imposantesten und aufgrund seiner Bauart auch zu den leistungsstärksten deutschen Traktoren der fünfziger Jahre. Er besaß den MWM-Motor AKD 12 V (3620 ccm, 48 PS bei 2000 U/min) und ein Getriebe eigener Herstellung (8 V/4 R) mit einer im Jahre 1955 besonders bemerkenswerten Höchstgeschwindigkeit von 27,6 km/h. Die Bereifungsgrößen dieses Giganten war 11-28, er war 3 500 mm lang (Radstand 2 100 mm), das zul. Gesamtgewicht betrug 3 700 kg.

Fast alle dieser größten Nordtrak wurden exportiert, etliche gingen in die Forstwirtschaft, nur wenige fanden den Weg in die Landwirtschaft der Bundesrepublik. Natürlich waren sie (dies gilt für das ganze Typenprogramm) mit Zapfwelle, Lenkbremsen, Riemenscheibe und auf Wunsch mit Dreipunkt-Hydraulik, Druckluft-Bremsanlage, Windschutzscheibe und Dach u. a. Sonderausstattungen erhältlich.

Mitte der fünfziger Jahre waren die Nordtrak durch immenses Ansteigen der Entwicklungs- und Produktionskosten nicht mehr zu konkurrenzfähigen Preisen anzubieten. Rückläufige Absatzzahlen brachten das schnelle Ende dieses erst vor kurzer Zeit noch so hoffnungsvollen Unternehmens. 1956 mußte Konkurs angemeldet werden, die Geschichte einer der herausragendsten deutschen Schlepperkonstruktionen der Nachkriegszeit war zu Ende.

Nordtrak in schwerem Gelände und Nordtrak ST 45 (linke Seite), Nordtrak Stier St 30 (unten) und Normag NG 10, der Ackerschlepper mit Deutz F2 M 414 (oben rechts)

NORMAG

*B*ei Schmidt, Kranz & Co. im thüringischen Nordhausen wurden zunächst Maschinen für den Bergbau im nahen Harz und ab 1930 auch verschiedene landwirtschaftliche Fahrzeuge gebaut. Mit der Umbenennung des Unternehmens in "Normag" (Nordhäuser Maschinenbau AG) 1937 wurde erstmals ein Traktor vorgestellt, der auf Anhieb einen beachtlichen Erfolg hatte. Sein Zweizylinder-Dieselmotor war mit einem Getriebe (4 V/1 R) verblockt, das man selbst entwickelt hatte. Bis 1938 waren bereits über 1 000 Normag-Schlepper verkauft - und zwar weit über das unmittelbare Einzugsgebiet des Harzes hinaus.

Man muß zwei Typen unterscheiden: den Universalschlepper NG 22 mit MWM-Motor (95 x 150 mm, 2120 ccm, 22 PS bei 1500 U/min) und den gleich starken NG 10, als Ackerschlepper ausgelegt, mit dem Deutz F2M414. Der NG 22 besaß eine Doppelsitzbank, Kotflügel vorn und hinten, eine gefederte Vorderachse sowie auf Wunsch Radgewichte und sogar ein Fahrerhaus. Beide, NG 22 wie NG 10, gehören heute zu den Seltenheiten unter den Schlepperveteranen.

Der sog. Schell-Plan berücksichtigte Normag in der 22-PS-"Einheitsklasse", so daß die Produktion auch nach der versuchten Typenbeschränkung fortgesetzt werden konnte. Der zwangsverordnete Holzgas-Typ NG 25 (mit MWM-Motor) besaß ein speziell entwickeltes MWM-Getriebe, das zu einer für Holzgas-Schlepper ungewöhnlich kurzen Baulänge von 3 000 mm führte (ein Normag NG 25 ist einer der wenigen erhaltenen Holzgas-Schlepper).

Da Nordhausen nach 1945 in der sowjetischen Besatzungszone lag, wurde das Werk aufgegeben. Unweit davon, in Zorge (Südharz), begann bereits 1946, mit 71 Stück, die erneute Schlepperproduktion mit dem Modell NG 23. Damit war Normag einer der ersten Anbieter nach Kriegsende. Kühler und Vorderachsräger stammten vom Vorkriegsschlepper. Der NG 23 hatte den MWM-Motor und ein kurzbauendes Stirnräder-Schubgetriebe aus eigener Fertigung (4 V/1 R). Die fehlende Motorhaube verlieh ihm ein äußerst improvisiertes Aussehen. Zwischen Motor und Getriebeblock war

ein Rohrzwischengehäuse geflanscht, durch das sich ein längerer Radstand ergab. Das dicht an der Hinterachse befindliche Getriebe sorgte für überdurchschnittliche Adhäsion der Hinterräder. Das Rohrstück enthielt den Kraftstofftank (der Kraftstoff mußte also mittels einer Förderpumpe zum Motor transportiert werden). Direkt auf ihm und damit rein rechnerisch fast im Fahrzeugmittelpunkt, praktisch aber extrem hoch über einem völlig offenen Fahrzeug ohne eigentlichen Führerstand, thronte der Fahrer in einer etwas ungemütlichen Sitzposition.

Der relativ lange Radstand von 1 720 mm und die Bodenfreiheit von 650 mm in der Mitte ermöglichten den Zwischenachsanbau von Geräten: Normag war hier von der ersten Stunde an Pionier einer Bauweise, die sich erst rund zehn Jahre später durchsetzte. Der NG 23 besaß bereits Einzelrad-Lenkbremsen und eine Doppelfeder-Pendelvorderachse. Zapfwelle und Riemenscheibe hingegen zählten zur Sonderausrüstung. Die Bereifung war 5.50-16 bzw. 9.00-24. Das Eigengewicht betrug 1 620 kg, die maximale Anhängelast 15 t.

1947 wurde er vom Typ NG 23 K abgelöst. Erstmals kam bei diesem der Zweizylinder-Normag-Dieselmotor BM 24 zum Einbau (100 x 150 mm, 2360 ccm, 25 PS bei 1500 U/min). Er war mit dem Getriebe verblockt (auf Wunsch gab es eine Ausführung mit acht Gängen); die Zapfwelle hatte einen Heck- und einen Fronanschluß. Es gab eine Differentialsperre sowie die Möglichkeit, die Hinterräder gegen Ansteckraupen des Fabrikats Hülle auszutauschen. Bereits 1948 gab es diesen Schlepper mit pneumatischem Normag-Patent-Kraftheber und "Geräteschwingrahmen". Der Druckluftbehälter befand sich in dem Rohrstück zwischen Motor und Getriebe und ermöglichte nicht nur die Betätigung des Krafthebers, sondern auch das Kippen und Bremsen von Anhängern, das Reifenfüllen usw.

Normag selbst beteiligte sich intensiv an der Entwicklung speziell für den NG 23 K konzipierter Geräte.reihen. Der NG 23 K war 2 670 mm lang, sein

Radstand betrug 1 725 mm, das Eigengewicht 1 600 kg. Eine Verkehrsausführung konnte mit einem eigenentwickelten, festen Fahrerhaus mit zwei seitlichen Türen versehen werden. 1948 konnte der 1 000ste Nachkriegsschlepper ausgeliefert werden.

Ab 1950 gab es daneben den Einzylinder-Typ NG 15 (Motor BM 15, 1680 ccm, 17 PS bei 1680 U/min) sowie für kurze Zeit einen 33-PS-Schlepper, der jedoch den MWM-Motor TD 15 hatte. Aus diesem wurde der Normag NG 35 entwickelt, während der NG 15 die bald als "Faktor"-Reihe bekannten mittleren Typen einleitete.

Der 1 000ste Normag, ein NG 22, einer der wenigen erhaltenen Holzgasschlepper, der NG 25 und die universelle Arbeitsmaschine NG 23 K (links von oben nach unten). Der erste Nachkriegs-Normag, der NG 23 (kleine Abbildung)

Die Normag-Motoren wurden nicht in Zorge, sondern in einem weiteren Werk in Hattingen gebaut. Während der ersten Hälfte der fünfziger Jahre hielt das Unternehmen einen konstanten Platz unter den ersten 12 Schlepperherstellern; die Jahresproduktion lag bei rund 2 000 Stück.

1952 stand ein umfangreiches Bauprogramm bereit, das vom kleinen Schwungrad-Schlepper C 10 (in Rahmenbauweise mit liegendem verdampfungsgekühlten Farymann-Diesel, 90 x 120 mm, 763 ccm, 10 PS bei 1750 U/min) über die "Faktor"-Modelle I, II und III mit 15, 20 (später 22) und 28 PS und den NG 35 bis zu dem schweren NG 45 reichte.

Der Faktor III hatte den bewährten, etwas aufgebohrten Motor BM 24 c (2580 ccm), der 28 PS bei 1500 U/min leistete. Sein Getriebe (4 V/1 R) war auf Wunsch mit einem Vorgelege lieferbar, mit dem dann 8+2 Gänge zur Verfügung standen. Der Schlepper war 2 800 mm lang (Radstand 1 705 mm) und wog 1 600 kg. Der Druckluftkraftheber, so genial er auch gewesen war, war einem hydraulischen Kraftheber mit Dreipunkt-Aufhängung gewichen.

Der NG 35, obwohl nur in geringen Stückzahlen gebaut, ist insofern von Bedeutung, als er den größten von Normag selbst gebauten Motor besaß: den Zweizylinder BM 35 (115 x 150 mm, 3120 ccm, 35 PS bei 1500 U/min). Er war mit dem eigenen Vierganggetriebe verblockt, besaß Zapfwelle und Riemenscheibe, war 2 835 mm lang (Radstand 1 800 mm), und wog 1 900 kg. Das zul. Gesamtgewicht betrug 2 300 kg. Für einen Schlepper dieser schon höheren Leistungsklasse besaß er die relativ hohe Bodenfreiheit von 400 mm.

Der größte Normag, der NG 45, war ein Ausnahmeschlepper. Er hatte einen Vierzylinder-Henschel-Motor, der nach dem Lanova-Luftspeicher-Verfahren arbeitete (Typ 516 DF, 90 x 125 mm, 3180 ccm, 45 PS bei 2000 U/min) sowie das ZF-Getriebe A 17 (5 V/1 R). Die Motorkraft wurde von einer F-&-S-Einscheiben-Trockenkupplung übertragen. Der NG 45 war 3 348 mm lang, sein Radstand betrug 2 059 mm, das Eigengewicht 2 100, das zul. Gesamtgewicht jedoch 3 000 kg. Mit 6.00-20 und 13-30 war er angemessen bereift. Die wenigen Exemplare, die von ihm gebaut wurden, gingen überwiegend in den Export. Einer, der im Lande geblieben ist, ist wohlbehütet in den Händen eines Sammlers gelandet, dem er mit seiner urigen Kraft, mit schwerer Winde und einer Höchstgeschwindigkeit von fast 45 km/h beinahe unentbehrlich geworden ist.

Normag ging jedoch noch einen anderen, konstruktiv gänzlich entgegengesetzten Weg. 1954 führte man einen luftgekühlten Einzylinder-Zweitaktmotor mit Direkteinspritzung, Umkehrspülung und Schlitzsteuerung ein. Zur besseren Spülung des Verbrennungsraumes war eine Kolbenpumpe, die über eine Hubstande vom Pleuel des Kolbens angetrieben wurde, vorhanden. Ihr Hubraum war größer als der des Motors. Dadurch ergab sich ein gewisser Aufladungseffekt der Verbrennungsluft. Dieser Motor wurde in den Schlepper-Typen der "Kornett"-Reihe mit 12, 15 und 18 PS eingebaut.

Der Kornett II (100 x 135 mm, 1290 ccm, 18 PS bei 1500 U/min(erreichte bereits bei 1000 U/min sein maximales Drehmoment. Der Motor war durch einen Kardantunnel mit dem direkt vor der Hinterachse liegenden Getriebe (5 V/1 R) verblockt. Die Vorderachse war mit einem doppelten Blattfederpaket gegen den Motorblock abgestützt.

Der Kornett II besaß Kontrollinstrumente für Öldruck und Motortemperatur, Zapfwelle, Riemenscheibe, wahlweise Vierpunkt- oder die moderne Dreipunkt-Aufhängung der Geräte und hydraulischen Kraftheber. Er war 2 620 mm lang, der Radstand betrug 1 530 mm, das Eigengewicht 1150 kg. Die serienmäßige Bereifung war 4.50-16 bzw. 8.00-24. Heute weiß und erinnert man sich daran, daß die Normag-Zweitakter zu bösartigen Kolbenklemmern neigten, was ihnen nichts an technischem Reiz nehmen kann.

Nach 1956 wurde das Unternehmen, inzwischen war sein Hauptsitz nach Hattingen im Ruhrgebiet verlegt worden, von der Orenstein & Koppel AG übernommen.

1957 sank auch der Absatz der Normag-Schlepper drastisch: nur noch 1 400 Stück konnten verkauft werden. Dies war nahezu ein Absturz. Nach insgesamt rund 28 000 Traktoren mußte die Produktion zum 1. Januar 1958 abrupt eingestellt werden.

Normag NG 45: seltener Großschlepper der fünfziger Jahre (oben) und Kornett II (unten)

ORENSTEIN & KOPPEL

*D*ie Maschinenfabrik O & K, 1876 in Berlin gegründet, wurde schnell zu einem der wichtigsten Hersteller von Dampf- und Motorlokomotiven, Eisenbahnwaggons, Feldbahnen, Baggern und anderen Transportsystemen, Maschinen für den Bergbau u. a. Ab 1923/24 nahm man den Bau von kompressorlosen Dieselmotoren auf, die zunächst in Lokomotiven Verwendung fanden. 1938 begann im Werk Nordhausen, der ehemaligen Maschinenfabrik Montania, der Bau von Akkerschleppern.

Der erste Typ, SA 751, gehörte leistungsmäßig zur Mittelklasse. In rahmenloser Blockbauweise war sein Zweizylinder-Viertaktmotor mit einem Vierganggetriebe eigener Fertigung verblockt. Der Motor arbeitete nach dem von der MWM bekannten Colo-Prinzip: die Einspritzung des Kraftstoffs erfolgte in eine Art Vorkammer, die aus einem Raum im Zylinderkopf bestand und die zum Zylinder durch einen napfförmigen Aufsatz auf dem Kolbenboden abgeschlossen wurde. Dessen Wände ragten während des Einspritz- und Zündvorganges in den Brennraum im Zylinderkopf hinein und bildeten in gewisser Weise die Vorkammer, die durch Bohrungen in den Wänden der Näpfe mit dem Zylin-

derraum verbunden waren. Die Abmessungen des Motors waren: Bohrung 115, Hub 170 mm, 3532 ccm. Er leistete 30 PS bei 1250 U/min. Er besaß eine Bosch-Einspritzanlage, Zahnradöl- und Wasserpumpe, Ventilator und Kühler und wurde mit Lunten und Kurbel von Hand angeworfen.

Die Achstrichter waren mit dem Gehäuse des Differentials in einem Stück gegossen und mit dem Getriebegehäuse verflanscht. Zapfwelle und Riemenscheibe besaßen einen gemeinsamen Antrieb. Die ungefederte Vorderachse war pendelnd am Achsbock aufgehängt, es gab Schneckenlenkung, Fußbremse (Innenbandbremse) auf die Antriebsräder wirkend und Handbremse (Außenbandbremse) auf das Getriebe. Die Bereifung war 7.50-16 und 11.25-24, die Zughakenkraft im ersten Gang betrug 1 217 kg. Der O & K SA751 kostete im Jahr 1941 6 222 RM. Er besaß durch seine eckigen Formen ein sehr markantes, fast möchte man sagen: martialisches Aussehen. Vor allem der Kühler und die massiven, kantigen Kotflügel bewirken diesen Eindruck. Das Ergebnis der Schlepperprüfung im Prüffeld Bornim (Bericht Nr. 48) lautete, zusammengefaßt: "Der Schlepper hat sich in technischer Hinsicht sehr gut bewährt".

Ab 1939 kam ein sehr leichter Kleinschlepper hinzu, der SB 751. Sein Einzylindermotor war liegend, die Kurbelwelle quer eingebaut, hatte seitlich herausragende Schwungräder, eine Thermosyphonkühlung, er war exakt halb so groß wie der Zweizylinder und mit einem Dreiganggetriebe verblockt. Über eine doppelte Rollenkette wurde die Motorkraft auf die Konuskupplung und das Getriebe übertragen. Dieser sehr kleine Schlepper (Länge 2 228 mm, Radstand 1 460 mm, Gewicht 1 350 kg) besaß als erster die später so charakteristische halbrunde Motorverkleidung an der Frontalseite, die dann auch für den Zweizylinder-Typ und die Nachkriegsschlepper von O & K übernommen wurden.

1940 wurde Orenstein & Koppel von den Nationalsozialisten "arisiert", wie man das Verbrechen der Ausschaltung jüdischer Unternehmer oder sogar der bloßen Erinnerung an sie nannte, und hieß fortan "Maschinenbau und Bahnbedarf AG, vorm. Orenstein & Koppel". Das Regime traute sich nicht, den Namen, unter dem das Unternehmen Weltgeltung erlangt hatte, ganz fallen zu lassen. Diese weitere Schandtat folgte erst ein Jahr später. Die nun als MBA gebauten Schlepper sind diejenigen mit der runden Verkleidung fast des gesamten Motorraumes. Sowohl der Einzylinder- als auch der

Zweizylinder-MBA wurden bis 1943 produziert. Für die Holzgas-Ära, die nun auch in Nordhausen einsetzte, entwickelte MBA einen extrem kurzen Zweizylinder-V-Motor, mit dem der überlange Radstand einer Holzgas-Zugmaschine verringert wurde.

Nach Kriegsende finden wir diesen Motor in beiden Teilen Deutschlands wieder: in der DDR beim IFA "Aktivist" und in der Bundesrepublik bei den ab 1950 wieder als O & K (die überfällige Rückbenennung war 1949 erfolgt) im Dortmunder Werk gebauten Traktoren.

Wieder waren diese zunächst ein leichter Schlepper für den bäuerlichen Kleinbetrieb und ein Typ der mittleren Leistungsklasse. Die Motoren arbeiteten nun nach dem Wirbelkammerverfahren. Der T 16 A leistete 16, der T 32 A 32 PS. Bei letzterem wurde der Zweizylinder-V-Motor (115 x 160 mm, 3224 ccm, Nenndrehzahl 1500 U/min) mit gekröpfter Kurbelwelle eingebaut. Die kurze Baulänge, beim Holzgaser willkommen, war hier nur bedingt von Vorteil. Zwar ermöglichte sie einen kleinen Wenderadius, jedoch neigte der T 32 A ebenso wie sein östliches Pendant, der Aktivist, beim scharfen Anziehen im ersten Gang dazu, Männchen zu machen.

Als Getriebe fand das ZF A 15 (5 V/1 R) Verwendung. Auch die Lenkung stammte von ZF. Die maximale Zughakenkraft des 2 065 kg schweren T 32 A betrug 1 475 kg. Später wurde seine Leistung auf 36 PS angehoben.

Sehr bekannt geworden ist eine Spezialausführung als Industrie-Traktor, bei der der Motor als Kompressor benutzt wurde. Durch Umlegen eines Hebels wurde ein Zylinder umgestellt und vom anderen, der weiter als Motor lief, angetrieben.

Die logische Konsequenz aus dieser Konstruktion war der später erfolgte Übergang des Unternehmens zur Baumaschinenproduktion. Um 1953 bot O & K ein relativ breit gestreutes Programm von Schleppern mit 18, 24, 36, 40 und 75 PS an. Der Typ S 75 A, mit Vierzylinder-V-Motor, ZF-Getriebe AK 6-55 und einem Eigengewicht von 3 400 kg wäre, wenn es ihn denn tatsächlich und nicht nur auf Prospektpapier gegen haben sollte, in jener Zeit und für lange Jahre darüberhinaus der stärkste deutsche Radschlepper gewesen. Mitte der fünfziger Jahre wurde aufgrund zu geringer Verkaufszahlen die Schlepperproduktion bei Orenstein & Koppel eingestellt.

Orenstein & Koppel SA 751, der T 16 A und der T 32 A (von oben nach unten)

133

PODEUS

PÖHL

Die Firma Paul Heinrich Podeus in Wismar (Mecklenburg) hatte bereits vor 1914 Kraftfahrzeuge und für die Landwirtschaft einen Seilpflug mit Motor-Lokomobile gebaut. Nach dem Ersten Weltkrieg war sie der erste deutsche Hersteller, der den Bau von Kettenschleppern aufnahm. 1919 wurde der Raupenschlepper auf der DLG-Ausstellung in Magdeburg präsentiert. Podeus ist auch der Schöpfer des Begriffes "Raupenschlepper": er führte ihn ein und ließ ihn patentrechtlich schützen.

Der Schlepper besaß einen sehr massiven Rahmen, auf dem Motor, Kühler, Getriebe und Führerstand aufgebaut waren. Die Kettenlaufwerke waren unabhängig voneinander, so daß eine an die Bodenverhältnisse angepaßte und damit optimale Übertragung der Kraft und hohe Zugleistung auf schwerstem Boden gegeben waren. Durch je vier kräftige Schraubenfedern waren sie gegen den Rahmen abgestützt. Der Antrieb erfolgte durch die auf der Hinterachse sitzenden Kettenräder, die Lenkung durch unabhängig voneinander arbeitende, handhebelbetätigte Lenk-Konuskupplungen. Der Podeus-Raupenschlepper konnte fast auf der Stelle drehen. Jede Kette besaß eine Nachspann-Vorrichtung sowie Greifer, die, aufgesteckt, das Durchrutschen auf nassen Lehm- oder Moorböden verhindern sollten. Der Bodendruck betrug nur 0,3 kg/qcm.

Der Schlepper wurde durch einen Podeus-Lastwagenmotor (40 PS bei 750 U/min) und ein Getriebe mit 3 Vorwärtsgängen und einem Rückwärtsgang angetrieben, die Kraftübertragung vom Motor auf das Getriebe bewirkte eine Konuskupplung. Selbstverständlich verfügte er über eine Riemenscheibe. Sein Gewicht betrug 5 300 kg.

Charakteristisch für den Podeus war sein geschlossener Führerstand mit abnehmbarem Dach. Seine Zugleistung wurde mit 20 000 kg auf fester Straße bzw. mit 17,5 Morgen Tiefpflügen in zehn Stunden angegeben. Laut DLG-Beurteilung war er "im besonderen den Anforderungen der deutschen Arbeitsverhältnisse entsprechend gebaut". Der Preis des Podeus-Raupenschleppers betrug 1919 38 000 M "plus 20 % Teuerungszuschlag".

Der Podeus gab der Gattung den Namen "Raupenschlepper"

Sie gehören zu den Pionieren der Motorisierung der Landwirtschaft: die Pöhl-Werke AG in Gößnitz (Sachsen). Bereits um 1910/11 hatte man dort mit Motor-Lokomobilen für das Zweimaschinen-Seilpflug-System begonnen; es folgten zwischen 1913 und 1920 verschiedene Tragpflug-Konstruktionen und ein Gelenkpflug, bei dem der Pflugrahmen an dem Dreiradschlepper mit zwei angetriebenen Hinterrädern angelenkt war und mittels Motorkraft ausgehoben und abgesenkt wurde. Etliche weitere Ausführungen, die jedoch nie vollkommen ausreiften und einen wirklichen Durchbruch nicht erzielten, zeugten von beträchtlichem Ideenreichtum Gustav Pöhls und seiner Techniker.

Dies änderte sich mit einem Modell, das erstmalig 1921 erschien, einen echten Traktor verkörperte und zudem eine der fortschrittlichsten Entwürfe seiner Zeit darstellte: mit der Pöhl-Ackerbaumaschine.

Es handelte sich um einen Rahmenschlepper, bei dem alle Baugruppen auf einem massiven Rahmen aus Profilstahl aufgebaut waren.

Pöhl Ackerbaumaschine von 1929

PORSCHE-
DIESEL

Er besaß einen Vierzylinder-Viertakt-Vergasermotor, der von der renommierten Berliner Motorenfabrik Heinrich Kämper geliefert wurde (90 x 140 mm, 3560 ccm, 30 PS bei 1000 U/min), der mit Benzin oder Benzol lief und dessen Schwungrad als Konuskupplung ausgebildet war. Das Getriebe verfügte über drei Vorwärtsgänge und einen Rückwärtsgang. Die weitere Kraftübertragung erfolgte durch Schnecke und Schneckenräder auf das Differential, durch dessen Antriebswellen die Hinterräder über beidseitige, verkapselte Rollenketten angetrieben wurden.

Die Hinterachse besaß eine interessante Verstelleinrichtung, durch die der Schlepper auch dann, wenn er einseitig in der Pflugfurche lief, immer waagerecht gehalten werden konnte: durch Spindeln waren die Hinterräder (Durchmesser 1 300 mm) einzeln in der Höhe verstellbar.

Die Pendelvorderachse der Ackerbaumaschine war gefedert. Für die Ackerarbeit gab es Eisenbereifung und aufsteckbare Greifer an den Hinterrädern, jedoch war als "Pöhl-Lastenschlepper" auch ein Fahrzeug mit Vollgummibereifung der Speichenräder lieferbar. Sogar ein geschlossenes

Fahrerhaus stand zur Wahl, wenn der Pöhl als Verkehrsschlepper eingesetzt werden sollte. Mit seiner im Heck, unterhalb der geräumigen Plattform, auf der sich der schalerförmige Fahrersitz und die Bedienungshebel befanden, angebrachten Riemenscheibe konnte der Schlepper jede Art von stationärem Antrieb leisten. Die Pöhl-Ackerbaumaschine, zu deren auffälliger Erscheinung auch der quer vor dem Fahrer angeordnete Trommeltank und die lange, rechts außen am Fahrgestell vorbeiführende Lenksäule beitrugen, war 3 600 mm lang, hatte einen Radstand von 2 100 mm und wog bis zu 3 200 kg. 1925 wurde sie einer eingehenden Vergleichsprüfung, u. a. mit dem amerikanischen Fordson, als dessen "deutsche Antwort" sie galt, unterzogen.

Im Institut für Kraftfahrzeugwesen der Technischen Hochschule Berlin-Charlottenburg (Prof. Gabriel Becker) wurde der Schlepper als dem Fordson ebenbürtig ermittelt, jedoch war er im Vergleich mit diesen in Großserie gebauten Konkurrenten dreimal so teuer. Damit konnte dem Pöhl kein wirklicher Erfolg beschieden sein. Bis 1928 wurden nicht mehr als 1 000 Exemplare verkauft, bei denen zuletzt der Ketten- durch einen Riemenantrieb ersetzt wurde. Auch sollen in den letzten Baujahren wahlweise Dieselmotoren der Firma Dorner eingebaut worden sein.

1932 stellte die Firma die Produktion von Ackerschleppern ein.

Die Geschichte der Porsche-Diesel-Traktoren ist in gewisser Weise einmalig und ohne Beispiel: Von 1956 bis 1963, also in nur acht Jahren, wurde eine komplette Schlepperproduktion von Null auf Spitzenzahlen gebracht, wobei annähernd 1 000 Einheiten monatlich gebaut wurden und schon 1958 der zweite Platz in der deutschen Zulassungsstatistik mit einem Marktanteil von 12 % (Deutz: 14 %) erreicht war, um bereits ab 1960 wieder deutlich zu stagnieren und, gänzlich unrentabel geworden, 1963 endgültig eingestellt zu werden! Diese Geschichte hat selbstverständlich einen Vorlauf, der wenigstens kurz skizziert werden muß.

Bereits in den dreißiger Jahren hatte sich Prof. Ferdinand Porsche mit dem konstruktivem Problem eines "Volksschleppers" (analog zum Volkswagen) intensiv befaßt, wobei ihm Wohlwollen und größtmögliche Förderung durch die Nationalsozialisten sicher waren. Etliche technisch sehr interessante Modelle wurden konzipiert, durch den Krieg kam es jedoch zu keiner Produktion.

1950 wurde dann von der Firma Allgaier, deren Schlepper zu dieser Zeit bereits in hohem Ansehen standen, die Produktion des von Prof. Porsche entwickelten Typs AP 17 aufgenommen, der in kürzester Zeit den Markt in Aufruhr versetzte und dank der Summe seiner Eigenschaften und seines niedrigen Preises einen bis dahin nicht dagewesenen Siegeszug antrat. Porsche erlebte die Premiere seines Schleppers, wenige Monate vor seinem Tod, noch mit.

Die Firma Allgaier baute bis 1955 die Produktion zielstrebig zu einer Typenreihe von 11 bis 44 PS aus, ehe sie sie 1956 aus betriebswirtschaftlichen Gründen an die neugegründete Porsche-Diesel GmbH, Friedrichshafen, abtrat.

Hier wurde dieses Typenprogramm zunächst kaum verändert weitergebaut. Es umfaßte die Modelle AP 18, AP 22, P 111, P 122, P 133 und P 144: Ein-, Zwei-, Drei- und Vierzylinder im Baukastensystem mit Leistungen von elf bis 44 PS, sämtlich luftgekühlt mit Radialgebläse, das einen Zahnradantrieb

hatte und bei dem die Kühlluftmenge vom Fahrer reguliert werden konnte, wenn ein akustisches Signal die Überhitzung des Motors anzeigte!

Der AP 22, das "A" deutete noch auf Allgaier hin, hatte den Zweizylindermotor (95 x 108 mm, 1531 ccm, 22 PS bei 2000 U/min), ein Allgaier-Getriebe (5 V/I R), ölhydraulische Kupplung, Motor- und Wegzapfwelle (der Schlepper wurde oft mit Triebachsanhängern eingesetzt), Portalachse mit hoher Bodenfreiheit und hintere Bereifung 10-28. Er war 2 620 mm lang (Radstand 1 500 mm) und wog 1 260 kg. Der AP 22 war ein Universalschlepper für jeden bäuerlichen Betrieb. Die ölhydraulische Kupplung ermöglichte es u. a., ihn mit langsam weiterlaufendem Motor anzuhalten ohne auszukuppeln, wenn ein Hindernis auftauchte, so daß sich z. B. das Mähwerk frei arbeiten konnte.

Der P 144, ursprünglich der Allgaier A 144, war der größte Porsche-Diesel. Mit seinem Vierzylindermotor (95 x 116 mm, 3289 ccm, 44 PS bei 2000 U/min) war er für schwere Zapfwellengeräte, dreischariges Pflügen, für schwere Zugleistung usw. die richtige Maschine für größere Betriebe. Er konnte mit direkt vom Motor angetriebenem Kraftheber und Dreipunktaufhängung ausgestattet werden. Sein ZF-Getriebe hatte 5 Vorwärtsgänge und je einen Kriech- und Rückwärtsgang, die Zapfwelle war kupplungsunabhängig, die ölhydraulische Kupplung erlaubte das Anfahren in jedem Gang unter Last. Die Hinterradbereifung war 13-30. Der P 144 war 3 110 mm lang (Radstand 1 980 mm), sein Eigengewicht betrug 2 100, das zul. Gesamtgewicht 2 980 kg.

Ab 1957 lief die Fertigung im neu errichteten Werk mit großen Produktionskapazitäten an: 20 000 Schlepper jährlich sollten gebaut werden. Die Baureihe wurde gestrafft. Der Einzylinder hieß nun Junior (95 x 116 mm, 822 ccm, 14 PS bei 2250 U/min). Es gab ihn in Standard- (Junior K) und Tragschlepper-Bauweise (Junior L) sowie als Schmalspurschlepper.

Das Getriebe (6 V/1 R) stammte von ZF. Der Junior K war 2 560 mm lang (Radstand 1 554 mm), er wog ca. 1 000 kg (zul. Gesamtgewicht 1 600 kg) und hatte eine Hinterradbereifung von 8-24. Das Mähwerk wurde direkt vom Motor angetrieben. Auf Wunsch gab es Dreipunkt- oder Vierpunkthydraulik.

Porsche Junior 4: seltene Version des Einzylinders (oben), Zweizylinder-Standard (Mitte) und Porsche-Super (unten)

Neben dem Junior war der Standard ein Modell, das zu den meistverbreiteten Bauernschleppern zählte und seinen Namen mit vollem Recht trug. Sein Zweizylindermotor (95 x 116 mm, 1664 ccm, 25 PS bei 2000 U/min) war mit dem Allgaier-Getriebe verblockt. Auch er hatte die ölhydraulische Strömungskupplung; die Luftkühlung war mittlerweile thermostatgeregelt. Es gab Getriebe- und Wegzapfwelle, Kraftheber mit Dreipunktgestänge (auf Wunsch) und Hinterradbereifung 10-28. Der Standard war 2 835 mm lang (Radstand 1 668 mm) und wog 1 350 kg, das zul. Gesamtgewicht betrug 2 300 kg. Wie alle Porsche-Diesel verfügte er über Differentialsperre, Einzelradfederung der Vorderachse und elektrische Glüh-Anlaßzündung.

In der Klasse der typischen "Mähdrescher-Schlepper" (gezogene Mähdrescher und andere Zapfwellengeräte wie Vollernter, Feldhäcksler usw. spielten eine große Rolle in der Landwirtschaft der späten fünfziger Jahre) war der Dreizylinder-Typ Super (2467 ccm, 38 PS bei 2000 U/min) außerordentlich populär. Allgaier-Getriebe (5V/1R, auf Wunsch 1 K), Getriebe-, Weg- und vorn eine Motorzapfwelle (Mähwerksantrieb), Bereifung 11-28 und Dreipunkthydraulik waren auch bei ihm vorhanden; der Super war 2 970 mm lang (Radstand 1 820 mm) und wog 1 675 kg (zul. Gesamtgewicht 2 400 kg).

Der stärkste Porsche-Diesel, den es je gab, war der Master, ein auch heute noch beeindruckender Schlepper für große Landwirtschaftsbetriebe. Sein Vierzylinder (3289 ccm, 50 PS bei 2000 U/min) war mit einem ZF-Getriebe (7 V/1 R) verblockt, zwischen Motor und Getriebe befanden sich eine Zweistufen-Doppelkupplung und die ölhydraulische Strömungskupplung. Dies führte zu der beachtlichen Baulänge mit 3 650mm bei einem Radstand von 2 465 mm. Mit 13-30er Hinterradbereifung, einem Eigengewicht von 2 450 und einem zul. Gesamtgesicht von 3 950 kg verfügte der Master über erhebliche Zugkraft.

1960 wurde das Bauprogramm erneut überarbeitet. Die Motoren wurden auf 98 mm aufgebohrt, die Leistungen auf 15 PS (Junior), 30 PS (Standard) und 40 PS (Super L) angehoben, die des Master blieb unverändert, allerdings wurde die Nenndrehzahl auf 2100 U/min angehoben. Seine Durchzugskraft profitierte natürlich ebenfalls von dem größeren Motor, zumal er über ein neues ZF-Getriebe (8 V/4 R) verfügte. Auch eine schnelle Ausführung mit 27,6 km/h gab es nun. Der neue Master war 3 380 mm lang (Rad-

stand 2 170 mm), er wog 2 100 kg, das zul. Gesamtgewicht betrug nur noch 3 146 kg.

1961 wurden insgesamt 16 337 Porsche-Diesel-Schlepper verkauft, der Exportanteil war mit 38 % sehr hoch. Doch der Höhepunkt war überschritten: schon ein Jahr später betrug die Zahl der verkauften Traktoren nur noch 6 333! Für eine Produktionskapazität, die auf 20 000 Schlepper jährlich ausgelegt war, war dies ein niederschmetterndes Ergebnis. Die Branche, die in jenen Jahren allgemein die Marktsättigung zu spüren bekam, wurde von dem durchaus aggressiv zu nennenden Marketing der Porsche-Diesel GmbH regelrecht überrollt. Nie zuvor hatte es ein ähnlich stringentes Verkaufskonzept in der Schlepper- und Landmaschinenindustrie gegeben.

Es gab Intensivkurse für Händler und Vertreter, die Schlepper wurden ausschließlich über Exklusiv-Händler vertrieben, (die sich von sämtlichen anderen Markenbindungen lösen mußten), und es gab durchaus auch Preisdumping. Porsche-Diesel drückte die Konkurrenz an die Wand. Dennoch: der erste Platz wurde in der Zeit des kometenhaften Aufstiegs nicht erreicht, und nun war es vorbei! Die formschönen, auffällig roten Traktoren hatten, obwohl technisch brillant, auch ein wenig den Anschluß verpaßt: es gab keinen Porsche-Diesel über 50 PS, und das war zu Beginn der sechziger Jahre nicht mehr ganz ausreichend. Auch neue Techniken wie Vierradantrieb oder Weiterentwicklungen von Getrieben waren nie ein Thema gewesen, ebensowenig wie Hydrolenkung und andere Lösungen, die sich bei der Konkurrenz allmählich anbahnten oder zumindest in der Entwicklung waren. Die letzten Porsche-Schlepper waren Neukonstruktionen: Standard T (20

PS), Standard Star (30 PS) und Super Export griffen 1962 das Tragschlepper-Konzept als sogenannte Landbau-Maschinen noch einmal auf.

Der Super Export, ein Dreizylinder (2625 ccm, 35 PS bei 2300 U/min) hatte das Deutz-Getriebe mit acht Vorwärts- und zwei Rückwärtsgängen; es gab Doppel- und Voith-Strömungskupplung, drei Zapfwellen, weit verstellbare Spurbreiten und eine Vielzahl von Geräteanbau-Möglichkeiten, so auch mit Frontkraftheber. Er war 3 510 mm lang (Radstand 1 965 mm) und wog 1 825 kg (zul. Gesamtgewicht 2 205 kg) - das war weit von den Werten des alten Super oder gar des Master entfernt, auch wenn dieser eine andere Schlepperklasse darstellte.

Überlegungen zum Zusammengehen mit MAN sowie zum Motoreneinkauf bei Daimler Benz führten zu keinem Ergebnis. So fiel die Entscheidung zur Beendigung der Schlepperfertigung 1962 beinahe über Nacht. Porsche verließ die Szene mit einem ähnlichen Erdbeben unter Händlern und Kunden wie dem, mit dem man sie betreten hatte.

Porsche Master (oben) und Standard T (unten)

137

PRIMUS

*G*egründet wurde die Primus Traktorengesellschaft Johannes Köhler 1932 in Berlin-Lichtenberg. Auch Köhler begann mit dem Bau leichter Straßenschlepper, die jedoch von Beginn an in technischer und wirtschaftlicher Hinsicht eine deutliche Überlegenheit gegenüber den Mitbewerbern aufwiesen. Sie führte letztlich dazu, daß Primus die Spitzenposition in dieser Fahrzeugkategorie einnahm und im Rahmen des sog. Schell-Planes als Haupttyp bei den "leichten Verkehrsschleppern", der von den anderen Herstellern (also Bob, Deuliewag, Hanno, Miag) nachzubauen war, festgeschrieben wurde.

Nach mehreren Vorläufern war es ab 1936 der Typ P 20/P 30, der diesen Erfolg herbeiführte. Auf sein aufwendig gebautes Niederrahmenchassis war über der Hinterachse ein stehender Einzylinder-Deutz-Motor, der A1M317 (120 x 170 mm, 1922 ccm, 18 PS bei 1350 U/min) mit Umlaufkühlung aufgesetzt. Eine Einscheiben-Trockenkupplung übertrug die Kraft auf das Getriebe (3 V/1 R). Der Antrieb zum Differential erfolgte durch eine kurze Gelenkwelle, die Hinterräder wurden durch eine Duplex-Kette angetrieben. Ein geschlossenes Fahrerhaus mit zwei Türen und Kurbelfenstern, die Kotflügel sowie die vier gleich großen Räder gaben ihm ein deutlich automobilähnliches Aussehen.

Die Primus-Straßenschlepper gehörten bis weit in die fünfziger Jahre zu den markantesten Erscheinungen im Straßenbild. Auffällig war vor allem die Position des Fahrers, der auf dem mittleren der drei Plätze des geräumigen Fahrerhauses saß: die Lenkung war mittig angeordnet.

Dank ihres ausgewachsenen Radstandes von 2 220 mm, ihrer überaus günstigen Gewichtsverteilung mit dem Motor über der Antriebsachse sowie der speziell entwickelten, hochliegenden Anhängekupplung war die Zugleistung hervorragend. Zehn Tonnen Brutto-Anhängelast bei einer Höchstgeschwindigkeit von 19,5 km/h (bis 20 km/h galt Führerscheinfreiheit) bedeutete den Bestwert in dieser Leistungsklasse. Der P 20 wurde für 4 950 RM angeboten.

Seltener war der stärkere P 30 mit dem Zweizylinder-Motor A2M414 (al-

so der Stationär-Version des F2M414) mit 22 PS, der ansonsten dem P 20 vollkommen glich. Köhler experimentierte außerdem erfolgreich mit einem alternativen Antrieb, indem er den Dieselmotor durch einen 11-kW-Elektromotor ersetzte und so den Schlepper als Elektrozugmaschine anbot.

Große Bedeutung erlangte die Primus Traktorengesellschaft auch auf dem Gebiet des Ackerschleppers. 1938 wurde mit dem Typ P 22 ein Bauernschlepper präsentiert, der dank der Summe seiner Merkmale und Vorzüge geradezu zum Prototyp der 22-PS-Traktoren jener Zeit wurde.

Der Deutz-Motor F2M414 war mit dem Prometheus-Einheitsriebwerk Ass 14 verblockt, das unter maßgeblicher Beteiligung Johannes Köhlers von der Getriebefabrik in Berlin-Reinickendorf entwickelt worden war.

Primus P 11 "Pony", noch heute im Einsatz (oben) und P 22 von 1948 aus Miesbach (unten)

Das Einheitsgetriebe (ZF und Hurth folgten bald nach) war eine logische Konsequenz der rahmenlosen Blockbauweise, die von Primus entschieden vorangetrieben wurde. Es faßte sämtliche Nebenantriebe wie Zapfwelle, Mähwerksantrieb, Riemenscheibe und Spill zusammen. Oben auf dem Getriebegehäuse befand sich der Lenkbock der Gemmer-Lenkung, seitlich die Pedale für Kupplung und Fußbremse und die Hebel für Handbremse und Mähwerk. Auf Wunsch war eine Differentialsperre lieferbar.

Der Motor erhielt eine formal sehr gelungene Haube mit runder Kühlerverkleidung, die dem Schlepper eine bis dahin nicht gekannte Eleganz verlieh und die auch die Primus-Modelle der Nachkriegszeit noch unverwechselbar machte. Die Vorderachse bestand aus einer stabilen Rohrachse mit verschleißarmen, schmutz- und wasserdicht gekapselten Lenkzapfen mit Kugeldrucklagern und Dauerschmierung. Der P 22 war 2 500 mm lang, sein Radstand betrug 1 650 mm, das Eigengewicht ca. 1 600 kg. Der Verkaufspreis wurde mit 4 650 RM angegeben.

Schon vor Beginn der Luftangriffe auf Berlin während es Krieges war ein Zweigwerk in Miesbach/Obb. errichtet worden. Hier wurde ab 1938 der Einzylinder-Typ P 11 "Pony" gebaut, bei dem der Deutz-Motor F1M414 Verwendung fand. Mit diesem Schlepper, der für die Bedürfnisse der süddeutschen Grünlandwirtschaften konzipiert war, war neben dem 11-PS-Schlepper

von Lanz-Aulendorf der zweite Konkurrent des legendären "Elfers" von Deutz auf dem Markt: auch er war, dank des hervorragend abgestuften Prometheus-Viergangetriebes, dem Vorbild mindestens ebenbürtig. Äußerlich ähnelten sich, bis auf den deutlichen Größenunterschied, P 11 und P 22 stark.

In Miesbach wurde darüberhinaus noch in einigen wenigen Exemplaren der Geräteträger-Vorläufer von Emil Endres, der berühmte "Packesel", gebaut. Als einer der wenigen Techniker hatte Johannes Köhler die Bedeutung dieses Fahrzeug-Konzeptes erkannt und war an einer Serienproduktion interessiert. Die Kriegsereignisse machten dieser Konstruktion jedoch den Garaus. Nach der kriegsbedingten Verlagerung der Produktion in das Miesbacher Werk wurde nur noch der Holzgas-Schlepper F 25 G hergestellt.

Der klassische Primus-Ackerschlepper P 22, 1938

Unter Verwendung des Zweizylinder-Einheits-Gasmotors von Deutz und eines verkürzten Prometheus-Getriebes entstand, in "geschlossener Bauweise", einer der besten Holzgas-Schlepper der 25-PS-Klasse.

Seine maximale Zughakenkraft im ersten Gang betrug 1 200 kg, die Brutto-Anhängelast im 4. Gang bei 16 km/h beachtliche 12 Tonnen.

Schon bald nach Kriegsende nahm man in Miesbach die Traktorenproduktion wieder auf. Mit zahlreichen Bauteilen aus dem Altbestand wurden Schlepper gebaut, die den Vorkriegstypen weitgehend glichen. Allerdings wurden nun anstelle der Deutz-Motoren solche von MWM eingebaut (KD bzw. KDW 415 Z), das Prometheus-Getriebe durch ein ZF-Triebwerk ersetzt. Die Typenbezeichnung lautete wieder P 22.

1950 gab es die erste Neuentwicklung mit dem P 15 (MWM KDW 215 E, 14 PS bei 1500 U/min) sowie den Primus-Universalschlepper U 22 (KDW 215 Z, 22 PS oder, doch wieder, Deutz F2M414). In dieser Zeit kam es zur Parallelproduktion nahezu identischer Modelle in einem weiteren Montagebetrieb in Worms, der von einem alten Mitarbeiter Köhlers, Peter A. Titus, geleitet wurde. Hier entstanden mehrere dieser als "Universalschlepper" bezeichneten Traktoren, u. a. schwerere Typen, z. B. der U 33 G 4/5 mit dem MWM-Motor KDW 215 D, 33 PS und Vier- oder Fünfganggetriebe von ZA oder ZF, Gewicht 1 800 kg. Deutlich wurde dabei das Bestreben, das Primus-Bauprogramm nach oben hin zu erweitern. Aufgrund sich schnell verschlechternder Beziehungen zwischen Köhler und Titus entwickelte sich die Sache allerdings anders als geplant: Titus machte sich vom Miesbacher Stammwerk un-

abhängig und fertigte die fast völlig unveränderten Schlepper künftig als Titus-Traktoren. Dabei ging er zu noch schwereren Modellen über und faßte sogar den Plan, Raupenschlepper zu bauen. Äußerlich und im gesamten technischen Aufbau glichen sich die Titus- und Primus-Schlepper wie ein Ei dem anderen, die sehr viel selteneren Titus sind auch auf den zweiten Blick kaum von den Originalen zu unterscheiden.

Nicht einmal die auffällige runde Blech-Plakette mit dem Namensschriftzug fehlte den Wormsern. Die genauen Einzelheiten dieses Aspektes der Primus-Markengeschichte sind noch ungeklärt. Fest steht, daß die Titus-Produktion früher endete als die der Primus.

Elektropioniere warten auf die Auslieferung (oben), Primus PD 2 L (unten)

Mit Sicherheit dürfte auch der ehrgeizige Entschluß Köhlers, seine Schlepper mit einem eigenen Dieselmotor zu versehen, durch die Auseinandersetzung mit seinem ehemaligen Partner entscheidend befördert worden sein. Für einige Jahre ging das Miesbacher Konzept mit Erfolg auf.

Bereits zu Weihnachten 1949 waren die ersten zehn Primus mit dem eigenen Dreizylinder-Vorkammermotor 3 D 120 (100 x 120 mm, 2827 ccm, 28 PS bei 1500 U/min) verkauft. Der als P 28 bezeichnete Schlepper verfügte über ein ZF-Getriebe (5 V/1 R), seine

Höchstgeschwindigkeit betrug 25 km/h! Er war 2 990 mm lang (Radstand 1 820 mm) und wog 1 800 kg, besaß Zapfwelle und Differentialsperre und kostete 9 850 DM. Dieser Schlepper war ohne Frage ein Meisterstück, mit dem eine hervorragende Grundlage für die sich abzeichnende Motorisierungs- und Mechanisierungswelle in der Landwirtschaft gelegt war.

Schon ein Jahr darauf folgte der Zweizylinder 2 D 120 (1900 ccm, 18 bis 20 PS bei 1500 U/min), Typenbezeichnung des Schleppers zunächst P 18. Er war im Hinblick auf kleinere Betriebe entstanden, die einen leichteren und billigeren Mähtraktor benötigten. Sein Fünfganggetriebe stammte von Hurth, er war bei einem Radstand von 1 650 mm 2 700 mm lang und wog 1 550 kg. Bis zur Bereifung 10-24 waren vielfache Varianten möglich. Als Sonderzubehör wurde erstmalig ein hydraulischer Kraftheber angeboten.

Die Leistung des Dreizylinders wurde bald auf 30, später sogar auf 36 PS angehoben: Maßnahmen, die der robuste Motor klaglos vertrug. Der Schlepper hieß nun PD 3. Der Zweizylinder erfuhr eine Leistungserhöhung auf 24 PS bei 1800 U/min: er hieß nun PD 2. 1951 standen beide auf der DLG-Ausstellung in Hamburg. Wie der P 22 der Vorkriegszeit verkörperten sie den perfekten Bauernschlepper der fünfziger Jahre. Allerdings konnte man in dem mittelständischen Unter-

nehmen nie auch nur annähernd die Produktionszahlen der Großen der Branche erreichen. Primus war ständig mit finanziellen Problemen konfrontiert. Die wirtschaftliche Lage wurde durch Mißerfolge bei spektakulären Export-Geschäften, die eigentlich die Ertragslage stabilisieren sollten, dramatisch verschärft. 1955 mußte erstmals ein Vergleich mit den Gläubigern, vor allem den Zulieferern, geschlossen werden. Immerhin war im Zuge eines dieser Exportaufträge für Argentinien ein Schlepper entstanden, den es sonst wohl nie gegeben hätte, der aber gleichwohl legendär geworden ist: der 60 PS-Typ mit dem Zweizylinder-MWM-Motor RHS 18 Z, der zu den schwersten und stärksten Radschleppern seiner Zeit gehörte. Ein 60er Primus, von dem wohl leider heute nur noch Fotos existieren, war eine außerordentlich eindrucksvolle und, auch wieder, besonders formschöne Zugmaschine.

Vorwiegend für den Export: der 60 PS-Primus

Köhler, der passionierte Schlepperkonstrukteur, überlebte den Niedergang seines Unternehmens nicht: er starb 1955 im Alter von 55 Jahren. Die Miesbacher gaben sich jedoch (noch) nicht geschlagen. Der gute Ruf der Primus-Traktoren hatte, durchaus auch über Süddeutschland hinaus, Bestand. In der letzten Phase der Produktion war das Programm so umfangreich wie nie zuvor. Das bekannte Problem: der Markt erforderte eine leistungsmäßig eng gestufte Typenreihe, er erforderte die alternative Produktion wasser- und luftgekühlter Modelle. Den Kundenwünschen soweit wie möglich entgegenzukommen, mußte einerseits das Ziel eines jeden Anbieters sein, konnte aber andererseits von den kleinen Herstellern nicht kostengünstig realisiert werden.

Neben der eigenen Motorenproduktion mußten zunehmend wieder MWM-Aggregate gekauft werden. 1955 umfaßte das Primus-Programm die Typen PD 1 E (MWM KD 112 E, 12 PS, wassergekühlt), PD 1 EL

(MWM AKD 112 E, 12 PS, luftgekühlt), PD 1 Z (MWM KD 211 Z, 17 bzw. 18 PS), PD 1 ZL (ab 1957, MWM AKD 311 Z, 18 PS, luftgekühlt), PD 2 L (ab 1956, MWM AKD 112 Z, 24 PS, luftgekühlt); sodann die Modelle PD 2 und PD 3 und einen schweren, luftgekühlten Schlepper mit dem MWM-Vierzylinder-Direkteinspritzer AKD 112 V, 40 bis 48 PS bei 2000 U/min. Mit der Leistungssteigerung des PD 3 auf 36 PS erhielt dieser das ZF-Getriebe A 16 mit Kriechgang und unabhängiger Zapfwelle.

Vor allem der Mittelklasse-Schlepper PD 2 L (98 x 120 mm, 1810 ccm, 24 PS bei 2000 U/min), Hurth-Getriebe G 85 (5 V/1 R), umschaltbare Motor- und Wegzapfwelle, Riemenscheibe, Mähwerk, hydraulischer Krafteber, stabile Pendelvorderachse mit Blattfedern, Bereifung 5.50-16 bzw. 8.0-32, 1 250 bis 1 400 kg Eigengewicht, maximale Brutto-Anhängelast 12 Tonnen, wurde ein weiterer Erfolg. Er vereinte die bekannten Vorzüge der robusten Primus-Modelle mit denen der unkomplizierten, wartungsarmen Luftkühlung.

Der PD 3 wurde noch zu Köhlers Lebzeiten, auch als Verkehrsschlepper angeboten. Zahlreiche Kohlen- und Kartoffelhändler oder auch Gemischtbetriebe, z. B. Brauereien oder Mühlen mit Landwirtschaft, fuhren diesen zugkräftigen Trecker; auch bei Landwirten mit Waldbesitz war er beliebt. Natürlich konnte er bei entsprechendem Einsatz mit einer Druckluft-Bremsanlage ausgerüstet werden. Ein prominenter Abnehmer war auch die Berliner Elektrizitäts-Gesellschaft BEWAG, die etliche PD 3 mit festem Fahrerhaus in Dienst stellte.

Eine weitere, echte Spezialität war Köhlers zweiter Leidenschaft, der Elektrizität, geschuldet: der "Elektro-Pionier" war ein in kleiner Stückzahl gefertigter PD 3, der zwischen seinem Dreizylindermotor und dem Getriebe ein fest installiertes Stromaggregat hatte. Etwa 50 dieser Maschinen wurden an Kommunalbetriebe und Schausteller verkauft, die neben der elektrischen Kraftquelle auch die durch den Zuwachs an Länge und Radstand noch gewachsene Zugkraft zu schätzen wußten.

Immerhin: bis 1957/58 konnte die Miesbacher Schlepperproduktion aufrechterhalten werden: ein Beweis für die hohe Qualität der Primus-Traktoren, die trotz aller Schwierigkeiten durchgängig beibehalten wurde und für einen (zu) kleinen, aber treuen Kundenstamm sorgte. Primus-Schlepper sind noch heute in einschlägigen Gesprächsrunden für begeisterte Wortmeldungen allemal gut.

RITSCHER

Bereits 1872 gründete Heinrich Wilhelm Ritscher in Hamburg eine Maschinenfabrik, in der er Grabenreinigungs- und Maschinen für die Moor-Kultivierung herstellte. Sein Sohn Karl absolvierte ein Maschinenbaustudium in den Vereinigten Staaten und wurde dort mit Raupenfahrzeugen und den in der Landwirtschaft weit verbreiteten, dreirädrigen Row Crop-Traktoren, den Hackschleppern, vertraut. Zurückgekehrt, stand für ihn fest, daß er beide Bauarten in Deutschland einführen wollte.

Zu diesem Zweck richtete er die Moorburger Trecker-Werke (MTW) ein. 1924 wurde der erste Raupenschlepper vorgestellt: der mit nur 2 200 kg Eigengewicht und 2 300 mm Länge kleinste und leichteste Vertreter seiner Art. Ganze 96 cm war der MTW kürzer als der wahrlich nicht eben riesige Hanomag WD Z 25. Er wurde von einem 20-PS-Kämper-Vierzylinder-Vergasermotor und einem Dreiganggetriebe eigener Bauart angetrieben.

Der Schlepper wurde schnell bekannt, jedoch fiel er nicht nur positiv auf: seine zu geringe Frontlast trug ihm den Spottnamen "Springer" ein, weil er sich beim schweren Anziehen unweigerlich aufbäumte. Dieser Anfangsfehler war jedoch schnell korrigiert. Ritscher verlagerte den Motor weiter nach vorn und ersetzte ihn auch durch einen stärkeren, ebenfalls von Kämper stammenden (90 x 140 mm, 3561 ccm, 27 PS bei 900 U/min) mit Pallas-Vergaser für Benzol-, Petroleum- oder Gasölbetrieb und Bosch-Magnetzündung. Der MTW war nun 2 600 mm lang, wog aber nur noch 2 00 kg. Jede Raupenkette hatte eine Breite von 165 mm. Der Schlepper war nun ausgereift und leistungsstark. Auf der DLG-Ausstellung in Hamburg, 1924, wurde er für 7 900 M angeboten.

Er bestand aus drei Hauptteilen: dem Motor- und Getriebeblock und den beiden Laufkettenrahmen. Diese waren drehbar durch die Hinterachse miteinander verbunden, während der Motorblock vorn mit seitlicher Führung und doppelt gefedert auf den Laufkettenrahmen ruhte. Die Steuerung erfolgte durch ein Lenkrad, das zwei Bremstrommeln an den Differen-

MTW-Raupe, Bauernschlepper mit Kämper-Motor und der Typ 320 (von oben nach unten)

tialachsen betätigte. Dieser für eine Raupe einfache Lenkmechanismus war zwar sehr wirkungsvoll, verursachte aber hohen Verschleiß der Bremsbänder. Vom Motor zu den Laufketten wurde die Kraft nur durch Zahnräder übertragen. Die üblicherweise bei Raupenlaufwerken vorhandenen Tragrollen waren bei MTW durch Rollenketten ersetzt, die dafür sorgten, daß die Laufketten stets glatt auf dem Boden auflagen. Die Folge war eine optimale Zugkraftentfaltung und geringer Bodendruck. In der Weiterentwicklung wurde der Raupenschlepper noch mit einem 36-PS-Vergasermotor ausgerüstet. Seine Produktion endete in der ersten Hälfte der dreißiger Jahre, nachdem sie eine beachtliche Höhe erreicht hatte.

Ritscher ging danach zunächst zum Bau von Ansteckraupen über, mit denen nahezu sämtliche Radschlepper der dreißiger bis fünfziger Jahre zu Halbkettenfahrzeugen umgerüstet werden konnten. Zahlreiche, durchaus auch schwerere Lanz Bulldog, Hanomag, O & K u. a. erhöhten mit diesen sinnreichen Konstruktionen ihre Zugkraft auf heiklen Böden.

1936 entstand der legendäre Dreirad-Schlepper, der trotz seiner gewöhnungsbedürftigen Bauart schnell Verbreitung fand, wozu durchdachte Konstruktion und hochwertige Qualität beitrugen. Es handelte sich um einen rahmenlosen Schlepper, der durch sein einzelnes, lenkbares Vorderrad sehr wendig war. Die Hinterachsspur war zwischen 900 und 1 600 mm verstellbar, so daß er in jede Reihenkultur einfahren konnte. Der Einzylinder-Vorkammerdieselmotor, der mit Benzin-Anlaßvorrichtung ausgestattet war, stammte wiederum von Kämper (Typ 1F10, 105 x 142 mm, 1230 ccm, 12 bis 14 PS bei 1500 U/min). Eine Einscheiben-Trockenkupplung übertrug seine Kraft auf ein Dreiganggetriebe eigener Fertigung.

Die besondere Bauart bedingte eine besondere Lenkung: das Vorderrad wurde in einer mit einem Zapfen verbundenen Gabel geführt, der vor dem Motor in einem Block aus Gußeisen gelagert war. Über einen Kegelradantrieb und ein sehr charakteristisches, waagerechtes Lenkgestänge über der Motorhaube wurde der Schlepper mit einem senkrecht stehenden Lenkrad gelenkt. Diese Bauart entsprach original dem Vorbild der amerikanischen Row Crops. Die Zugleistung des Dreirades war dank eines auf dem Getriebetunnel befindlichen Aufsattelbolzens in Verbindung mit einem Spezial-Einachsanhäger beträchtlich. Für den als Typ N bezeichneten Schlepper gab es Zapfwelle, Mähwerk, Riemenscheibe,

Radgewichte und elektrische Lichtanlage als Sonderausrüstung. Seine Bereifung war 6.50-16 bzw. 8.00-20, er war 2 735 mm lang (Radstand 1 765 mm) und wog ca. 1 140 kg. Die Zughakenkraft betrug 500 kg.

Nachdem diese Konstruktion ihre Bewährungsprobe bestanden hatte, traten daneben noch das Modell N 20 (mit Deutz F2M414) und, in wenigen Exemplaren der N 320 (gleicher Motor, jedoch Vierganggetriebe).

Die Moorburger Treckerwerke wurden schon 1942 vollständig durch Bomben zerstört. Da sie kriegswichtig waren (Herstellung von Panzerketten), wurde in Sprötze, Kreis Harburg, ein neues Werk errichtet, in dem nach Kriegsende der Schlepperbau wieder aufgenommen werden konnte.

1949 wurden der Dreiradschlepper 320 mit MWM-Motor (KD 215 Z, 100 x 150 mm, 2355 ccm, 22 bis 24 PS bei 1500 U/min) und Vierganggetriebe sowie, erstmalig, ein Vierrad-Schlepper, der Typ 420 mit gleichem Antriebsstrang, eingeführt. Auch die Anordnung der Lenkung war die gleiche, nur war das einzelne Vorderrad beim Ritscher 420 durch eine gekröpfte Vorderachse mit hoher Bodenfreiheit von 500 mm ersetzt. Auch die Vorderachse war in ihrer Spurbreite verstellbar. Die Bereifung des 420 war 5.50-16 bzw. 9.00-24, er war 2 730 mm lang (Radstand 1 735 mm) und wog 1 550 kg. 1950 erreichte Ritscher den 17. Platz in der Zulassungsstatistik und lag damit vor Konkurrenten wie Deuliewag, Stihl oder Zettelmeyer.

Die Zeit der Dreiradschlepper ging nun jedoch zu Ende. Eine völlig neue Schleppergeneration mit den Modellen 415, 518, 525 und 540 wurde vorgestellt, die sowohl in schneller Folge noch weiterentwickelt als auch durch weitere Modelle wie den Kleinschlepper 412 ergänzt wurde. Bis auf wenige Exemplare, die übergangsweise mit einem Einzylinder-Dieselmotor von Bauscher (18 PS) ausgerüstet wurden, war man jetzt zu MWM-Motoren übergegangen. Nach wie vor stammten die Vierganggetriebe aus eigener Fertigung, nur das Fünfganggetriebe, das es auf Wunsch gab, stammte von ZF. Die bisherige Bauart der Lenkung gehörte der Vergangenheit an.

Der Ritscher 525 (ab 1951: 528) wurde zum meistgebauten Schlepper in der Geschichte des Unternehmens. Er besaß den Wirbelkammermotor KDW 415 mit gleichen Abmessungen, jedoch 25 (28) PS und ein neues Ritscher-Fünfganggetriebe, F-&-S-Einscheibenkupplung, Zapfwelle, Riemenscheibe, Differentialsperre, Einzelrad-Lenkbremsen und eine mit doppelten Blattfedern versehene Vorder-

Ritscher Typ 420, Anbauketten von Ritscher und der Typ 525/528 zur Auslieferung (von oben nach unten)

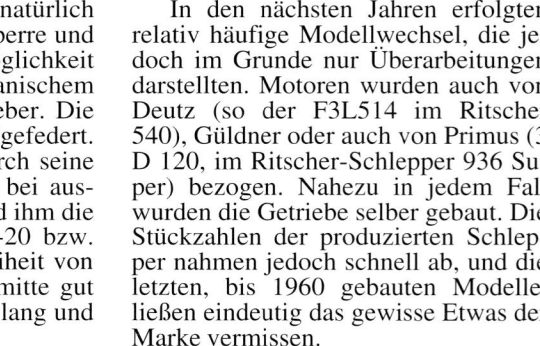

achse. Die Bereifung war 5.50-16 vorn, 10-28 hinten, die Länge 2 650 mm (Radstand 1 750 mm), das Eigengewicht 1 550 (1 580) kg. Mähwerk, Seilwinde und Fahrerhaus waren Sonderausstattung. Wichtiger noch war vielleicht das ölhydraulische Hebegetriebe, eine Eigenentwicklung, mit der eine komplette Reihe von Anbaugeräten Verwendung finden konnte.

Der schwerste Ritscher dieser Epoche war der Typ 540, der seine 40 PS aus dem MWM-Motor KDW 415 D (3533 ccm) bezog. Auch er besaß das

Ritscher-Fünfganggetriebe, natürlich auch Zapfwelle, Differentialsperre und Riemenscheibe sowie die Möglichkeit der Ausrüstung mit mechanischem oder ölhydraulischem Kraftheber. Die Vorderachse war einzelradgefedert. Der Ritscher 540 ist auch durch seine formale Gestaltung auffällig: bei ausgewogenen Proportionen stand ihm die relativ große Bereifung 6.50-20 bzw. 13-30 und die hohe Bodenfreiheit von 460 mm unter der Schleppermitte gut zu Gesicht. Er war 3 000 mm lang und wog 2 200 kg.

In den nächsten Jahren erfolgten relativ häufige Modellwechsel, die jedoch im Grunde nur Überarbeitungen darstellten. Motoren wurden auch von Deutz (so der F3L514 im Ritscher 540), Güldner oder auch von Primus (3 D 120, im Ritscher-Schlepper 936 Super) bezogen. Nahezu in jedem Fall wurden die Getriebe selber gebaut. Die Stückzahlen der produzierten Schlepper nahmen jedoch schnell ab, und die letzten, bis 1960 gebauten Modelle, ließen eindeutig das gewisse Etwas der Marke vermissen.

Auch der mit Güldner zusammen entwickelte und bereits ab 1954 produzierte Geräteträger "Multitrac" war, obwohl eine der bemerkenswertesten Konstruktionen auf diesem Gebiet (Zweiholm-Bauweise, variabler Radstand, mehrere Hydraulikanschlüsse, 10+2-Getriebe) kein wirklicher Erfolg Nach über zehnjähriger Bauzeit waren von ihm insgesamt nur wenig mehr als 2 000 Stück verkauft, die letzten bereits als Deutz-Multitrac.

1961 verkaufte Karl Ritscher sein Unternehmen an eine Maschinenfabrik und setzte sich zur Ruhe. Er gehört fraglos zu den großen Pionieren des Schlepperbaus in Deutschland.

Der 540 mit Deutz F 3 L 514 (oben) und Ritscher Multitrac (unten)

RÖHR

ie Produktion sog. Konfektionsschlepper, die von etlichen Firmen bereits in den dreißiger Jahren betrieben wurde, erfuhr einen Höhepunkt nach dem Krieg, Ende der vierziger, Anfang der fünfziger Jahre. Der Bedarf der Landwirtschaft an Traktoren der unteren Leistungsklasse schien unerschöpflich, und die Diskussion, ob nicht ein 22-PS-Schlepper viel zu schwer für deutsche Verhältnisse sei und vielmehr ein 20er das Leistungsmaximum darzustellen habe, füllte endlose Abende bzw. Spalten in der Fachpresse.

Eines der Unternehmen, die 1948 mit Nachdruck in die Branche einstiegen, war die Passauer Maschinenfabrik Erich Röhr. Ihr erster Schlepper war der Typ R 22, der, in Blockbauweise und Handarbeit gefertigt, wahlweise mit einem Zweizylinder-Zweitaktmotor von Hatz (Typ A 2) oder mit dem MWM KD 215 Z und Vierganggetriebe SG 22-4 von ZA geliefert wurde. Röhrs Werbung ließ verlauten: "Man kann auch jeden anderen Zweizylindermotor verwenden". Der Schlepper war mit 1 750 kg relativ schwer geraten, seine Länge betrug 2 760 mm. Dennoch scheint die angegebene maximale Zughakenkraft im ersten Gang von 1 400 kg auf dem Acker etwas zu optimistisch. Für 8 950 DM wurde der R 22 angeboten.

1949 wurde die Produktion nach Landshut verlegt. Auf dem Münchener Zentrallandwirtschaftsfest wurde der kleine Bauernschlepper R 15, ebenfalls in Blockbauweise, mit dem MWM KD 215 E und dem Getriebe G 76 von Hurth (5 V/1 R) vorgestellt, der mit Differentialsperre, Einzelradlenkbremsen, Mähantrieb, Riemenscheibe und elektrischer Vorglüheinrichtung relativ gut ausgestattet war. Er war 2 450 mm lang (Radstand 1 600 mm), wog 1 280 kg, kostete 6 490 DM und kam bei den bayerischen Landwirten gut an. Besondere Erwähnung verdient die von Röhr selber entwickelte Motoregge, die an den Mähantrieb angeschlossen wurde.

1950 umfaßte das Röhr-Programm bereits Typen mit 15, 25 und 36 PS, und im ersten Halbjahr wurden knapp 200 Schlepper verkauft. Im Zuge der Weiterentwicklung und Modellpflege wurden in den nächsten Jahren Leistungssteigerungen vorgenommen.

Röhr 28 R mit Vorderradgewichten und Anbaupflug, der R 22 und der Kleinschlepper 12 R (von oben nach unten)

Der Typ 28 R war aus dem 25er hervorgegangen und hatte den neuen MWM-Wirbelkammermotor KDW 415 Z, aus dem 36er war der 40 R mit dem KDW 415 D (100 x 150 mm, 3534 ccm, 40 PS und 1500 U/min) geworden. Er hatte ein ZP-Getriebe (5 V/1 R) und verfügte (wie alle Röhr-Traktoren) über eine gute Serienausstattung mit Differentialsperre, Lenkbremsen, Zapfwelle, Riemenscheibe, elektrischer Anlage einschl. Anlasser.

Mit einer Länge von 3 100 mm (Radstand 2 000 mm) und einem Eigengewicht von bis zu 2 050 kg (mit der großen Hinterradbereifung 13.00-30) stand hier ein starker Zugschlepper zur Verfügung, dessen maximale Brutto-Anhängelast bei 21,6 km/h 18 Tonnen betragen konnte. In der wichtigen Mittelklasse gab es von Röhr eine interessante Alternative. Das Modell 20

R bzw. 20 RH (mit Allzweck-Bereifung) besaß den Zweizylinder-Henschel-Motor 515 DE mit 20 PS und das Hurth-Getriebe G 76 (5 V/1 R).

Der 20 RH war 2 610 mm lang (Radstand 1 600, Bodenfreiheit 400 mm) und wog 1 380 kg. 1953/54 erreichte das Unternehmen den 19. Platz in der Zulassungsstatistik und lag damit vor so prominenten Wettbewerbern wie Orenstein & Koppel oder Ritscher. Die jährliche Produktion ging jedoch nie über 600 Stück hinaus. Damit ließen sich keine günstigen Verkaufspreise realisieren. Der ungebrochene Ehrgeiz führte zu einem umfangreichen Typenprogramm mit 12-, 17-, 20-, 24-, 28-, 40- und 60 PS-Traktoren und sogar, wenn auch als Einzelstück, zu einem schweren Raupenschlepper mit 60 PS.

Die beiden Extreme des Bauprogramms müssen hier noch vorgestellt werden. Der Kleinschlepper 12 R besaß einen gebläsegekühlten Einzylindemrotor von MWM, den AKD 112 mit 850 ccm und 12 PS, sowie ein Fünfganggetriebe in Portalbauweise von Hurth, das auch mit gangabhängiger Zapfwelle lieferbar war. Mähantrieb, elektrischer Anlasser, Lenkbremsen usw. waren selbstverständlich auch bei dem Kleinschlepper vorhanden, der mit verschiedenen Bereifungen und Abmessungen verkauft wurde. Er wog 995 bis 1 020 kg: eine in jeder Weise überzeugende Maschine für den kleinen Familienbetrieb.

Das ganze Gegenteil war der 60 PS-Röhr, einer der schwersten (und spektakulärsten) deutschen Radschlepper überhaupt. Bei ihm war der Zweizylinder-MWM-Motor RHS 18 Z (5540 ccm) mit einem ZF-Getriebe (5 V/2 K/1 R) verblockt. Der Schlepper hatte Einzelradlenkbremsen, eine Doppel-Querfeder-Vorderachse, Riemenscheibe und Zapfwelle und komplette Elektrik mit Anlasser, was bei dem riesigen Motor auch notwendig war. Er war mit 6.00-20 bzw. 15-30 bereift, 3 630 mm lang und 2 035 mm hoch! Sein Radstand betrug 2 262, die Bodenfreiheit 450 mm. Bei einem Eigengewicht von 3 300 kg konnte die maximale Anhängelast bei Höchstgeschwindigkeit (22,38 km/h) auf trockener Straße über 30 t betragen. Der 60 R war für den Einsatz in der Forstwirtschaft und vor allem für den Export entwickelt worden, hat aber nur geringe Stückzahlen erlebt. Einer dieser Giganten ist in Holland in Sammlerhand erhalten.

1955 mußte die Schlepperproduktion eingestellt werden, seither besteht die Firma Erich Röhr als VW- (bzw. VAG-)Händler mit überregionaler Bedeutung im niederbayerischen Raum.

RUHRSTAHL

Nachdem der "Packesel" genannte Geräteträger des Ingenieurs Emil Endres um 1938 die entscheidenden Ideen geliefert hatte, versuchte Heinrich Hildebrand (Pflugfabrik Hildebrand, Unna) die Konzeption weiterzuentwickeln. Er bot seine Konstruktion der Ruhrstahl AG in Witten an, die 1951 die Ruhrstahl-Landmaschine präsentierte: einen Geräteträger, der sich von allen anderen Ausführungen davor und danach sehr unterschied. Zwei stark gekröpfte Holme aus Profilstahl trugen die Geräte, die darunter hängend angebracht waren.

Die drei Anbauräume waren vor der Vorderachse (mit Einzelrad-Teleskopfederung), zwischen beiden Achsen und am Heck. Eine zentrale Hydraulikanlage besorgte das Heben und Senken; die Übersicht des Fahrers war hervorragend. Zusätzlich gab es Mähwerk, Frontlader, Ladeplattform für 1,5 t Zuladung und eine Vielzahl von Geräten, die von Landmaschinenherstellern speziell für diesen Geräteträger entwickelt wurden. Die Auslegung, bei der etwa Dreiviertel des Gesamtgewichtes von 1 400 kg auf den hinteren Antriebsrädern lagen und der lange Radstand von 2 300 mm sorgten für große Zugkraft. Über 28 Möglichkeiten, Geräte zu kombinieren und damit völlig neue Arbeitsabläufe zu schaffen, waren gegeben!

Nicht nur die buckelförmig gekröpften Holme aus flachem Profilstahl sorgten für das gewöhnungsbedürftige Äußere: auch die Position des bekannten Zweizylinder-Henschel-Motors 515 DE, der entgegen aller Gewohnheit hinter dem Fahrersitz lag, trug dazu bei. Mit seinen 22 PS war der Ruhrstahl der einzige Geräteträger in diesen Jahren, der ausreichend motorisiert war. Unter dem Fahrer befand sich das Viergang-Reversier-Getriebe, eine Eigenentwicklung der Ruhrstahl AG.

Nicht zuletzt wegen des außerordentlich hohen Anschaffungspreises von 19 000 DM, der nur von größeren Landwirtschaftsbetrieben aufgebracht werden konnte, blieb es nach dem beeindruckenden Erstverkauf von 350 Maschinen auf der Ausstellung jedoch bei einer Kleinserie, deren Ende 1957 gekommen war. Noch heute laufen aber in einigen Gegenden West- und Süddeutschlands etliche Exemplare dieses in seiner Art einmaligen Geräteträgers zur vollen Zufriedenheit ihrer Besitzer.

Ruhrstahl-Landmaschine mit Vorratsroder (oben und unten)

SCHLÜTER

nton Schlüter gründete 1898 seine Motorenfabrik. Seine stationären Benzinmotoren bescherten ihm bald ein florierendes Geschäft; 1911 erwarb Schlüter eine Fabrik in Freising und schon ein Jahr später den legendären Schlüterhof, der später als Versuchs- und Demonstrationsgut für Generationen von Schlüter-Traktoren dienen sollte. Die Motorenproduktion umfaßte Benzin-, Petroleum- und Gasmotoren, in den Jahren nach dem Ersten Weltkrieg auch kraftstoffunempfindliche Zweizylinder-Glühkopfmotoren, denen schon bald die ersten Dieselmotoren folgten. Diese besaßen dank einer patentierten, schwenkbaren Vorkammer ausgezeichnete Kaltstart-Eigenschaften und kamen ohne Zündhilfsmittel aus.

1937 war es soweit: der erste Schlüter-Traktor, der DZM mit 14 PS, stand im Schlüterhof, ein Rahmenschlepper mit liegendem Einzylinder-Dieselmotor, schweren Schwungrädern und Verdampfungskühlung.

Schon 1938 folgte eine fortschrittliche Neukonstruktion: mit stehenden Zweizylindermotoren, Umlaufkühlung und ZF- oder Prometheus-Getriebe (4 V/1 R), in Blockbauweise, gab es die Modelle DZM 16 und DZM 25. Besonders der 25er, einer der meistverkauften Schlepper und ganz sicher der erfolgreichste Schlüter seiner Zeit, wurde zur Legende. Unverwechselbar mit Motorhaube und Seitenverkleidungen, durchgehenden Kotflügeln und gepolsterter Doppelsitzbank im Automobilstil, nimmt er eine Sonderrolle ein. Sein Motor (110 x 140 mm, 2640 ccm, 25 PS bei 1500 U/min) war von sprichwörtlicher Robustheit und Sparsamkeit.

Der DZM war 2 770 mm lang (Radstand 1 770 mm), er wog 1 800 kg, die maximale Zughakenkraft betrug 1 200 kg. Seine Bereifung war 5.50-16 bzw. 9.00-24, er hatte Zapfwelle, Riemenscheibe und auf Wunsch Seilwinde. Eine beachtliche Stückzahl dieses Traktors ist erhalten geblieben und zeugt noch heute, als Sammlerstück, von seinen hohen Qualitäten.

Schlüter DZM 25, Holzgas-Rückbau nach 1945 und DS 15 (von oben nach unten)

Ein großer Vierzylinder mit 50 PS folgte noch vor Ausbruch des Zweiten Weltkrieges. Er wurde auch als Straßenschlepper mit festem Fahrerhaus angeboten. Danach kam es auch bei Schlüter zum Bau von Holzgas-Schleppern, bei denen jedoch eigene Motoren zum Einsatz gelangten.

Nach dem Krieg konnte die Schlepperproduktion relativ früh wieder aufgenommen werden. Noch 1945 wurde damit begonnen, Holzgas-Schlepper, die den Krieg halbwegs überstanden hatten, auf Dieselmotoren umzurüsten.

In überarbeiteter Form entstanden 1948 der DS 25 (115 x 150 mm, 3114 ccm), nun mit einer Leistung von 25 bis 28 PS und ein Jahr später der Einzylinder DS 15 mit neugestaltetem Verbrennungsraum, der 17 PS leistete. Hier fanden Fünfganggetriebe von Hurth oder ZF Verwendung. 1950 lag Schlüter auf Rang zehn der Zulassungsstatistik mit einer Jahresproduktion von 1 318 Schleppern. Zügig wurde nun das Typenprogramm ausgebaut, und Mitte der fünfziger Jahre gab es für jede Betriebsgröße und jeden Einsatzzweck den passenden Schlüter. Ihr Ruf, unverwüstlich und "bärenstark" zu sein (mit diesem Begriff machte man Jahre später Werbung) nahm beinahe täglich zu, er gründete sich auf die in der Tat besonderen Motoren. Schlüter baute ausschließlich großvolumige Langhuber mit Wasserkühlung und Drehzahlen von maximal 1500 U/min, also auch keine ausgesprochenen Schnellläufer. Bei den Getrieben griff man auf bewährte Konstruktionen von Hurth oder ZF zurück.

1955 umfaßte das Programm die Typen AS 15, AS 18, AS 22, AS 30 und AS 45. In diesem Jahr wurden im Inland 2 191 Traktoren verkauft, von denen über 90 % zur unteren Leistungsklasse bis 22 PS gehörten. Schon vom AS 30 wurden nur 118, vom großen Dreizylinder AS 45 gar nur 14 Exemplare verkauft!

Der "schwere" kleine Schlüter, der AS 22, der schon 1952 auf den Markt gekommen war, war ein echter Universalschlepper für den Bauernhof, gleich, ob es sich um einen Grünland-, Ackerbau- oder gemischten Betrieb handelte. Sein Zweizylindermotor (100 x 150 mm, 2355 ccm, 22 PS bei 1500 U/min) war mit einem Fünfganggetriebe (5 V/1 R, auf Wunsch 1 K und ein Schnellgang bis 30 km/h) verblockt. Die kräftige Vorderachse war gefedert, es gab Einzelrad-Lenkbremsen und verschiedene Hinterrad-Bereifungen (die Standard-Größe war 8-32).

Schlüter AS 25, AS 30, AS 55 (von oben nach unten)

148

Schlüter AS 181

Der AS 22 war 2 790 mm lang, sein Radstand betrug 1 800, sein Eigengewicht 1 690 kg. Zur Sonderausstattung zählten Drei- oder Vierpunkt-Hydraulik, Frontlader, Winschutzscheibe, Dach u. a.

Es ist dem Autor bisher nicht gelungen, die Identität eines Schleppers zu klären, der, lt. Werksunterlagen, als AS 25 bezeichnet wurde. Einige Details lassen ihn als einen Schlepper eines relativ frühen Nachkriegsbaujahres erscheinen. Eine Abbildung ist gleichwohl interessant genug, ihn hier zu erwähnen.

Obwohl ihre Verkaufszahlen gering waren, müssen auch AS 30 (Zweizylinder, 115 x 150 mm, 3116 ccm, 30 PS bei 1500 U/min) und AS 45 (Dreizylinder, 4830 ccm, 45 PS bei gleicher Drehzahl) vorgestellt werden.

Der AS 30 hatte ein Getriebe mit 7 Vorwärtsgängen und einem Rückwärtsgang, auf Wunsch Schnellgangübersetzung mit 30 km/h. Zapfwelle, Riemenscheibe und Lenkbremsen waren serienmäßig, hydraulischer Kraftheber war auf Wunsch lieferbar. Er hatte eine Hinterradbereifung von 10-28, war 3 110 mm lang (Radstand 1 950 mm) und wog ca. 2 100, das zul. Gesamtgewicht betrug 2 650 kg. Der AS 45 war ein Traktor für Güter, Mühlen und Brauereibetriebe mit Landwirtschaft u. ä. Mähdrescher, Hackfrucht-Vollerntemaschinen und schwere Rübenfuhren, drei- und vierscharige Pflüge waren seine Sache. Der Schlepper war auch von der Masse her imposant: die Länge 3 600, der Radstand 2 380 mm, das Gewicht etwa 3 100, das zul. Gesamtgewicht 4 100 kg.

Seine Standard-Hinterradbereifung war 13-30! 1956/57 setzte Schlüter noch eins drauf. Man erhöhte die Motorleistung des Dreizylinders auf 55 PS bei 1650 U/min. Der AS 55 verfügte über eine durch ein Blattfederpaket gefederte Vorderachse. Beide, AS 45 und AS 55, gehören zu den eindrucksvollsten Großschleppern der fünfziger Jahre. Die Sonderausstattungen sind äußerst umfangreich: hydraulischer Kraftheber, Seilwinden, Druckluftanlage, Kriech- und Schnellgänge, Windschutzscheibe und Dach und, man mag es kaum glauben, Differentialsperre zählten dazu.

Ein Wort über das Verbrennungsverfahren der Schlüter-Dieselmotoren. Jeder Zylinder besaß eine sog. Schwenkkammer, in der beim Anlassen ein halbkugelförmiger "Löffel" so gestellt wurde, daß der Kraftstoff direkt und wirbelfrei in den Verbrennungsraum auf den Kolbenboden traf. Durch diese Art von Direkteinspritzung war der Start ohne Zündhilfsmittel möglich; auch bei niedrigen Temperaturen sprangen die Motoren sofort an. Liefen sie, wurde die Schwenkkammer, um 180° gedreht, zur Wirbelkammer. Dies erfolgte durch einfaches Umlegen eines Hebels. Die sichere Abdichtung besorgte, wie bei einem Ventil, eine Kugel. Die Schlüter-Motoren erreichten durch dieses Verfahren sehr niedrige Verbrauchswerte.

Auch ein so in der Tradition stehender Hersteller wassergekühlter Motoren kam nicht um die Kundenwünsche nach Luftkühlung herum. Mit den Schleppern ASL 130 und ASL 160 wurden 1956 luftgekühlte Einzylinder-Direkteinspritzer mit seitlichem Radialgebläse und 13 bzw. 16 PS angeboten, doch blieben diese Typen eher Randerscheinungen im Schlüter-Pro-

gramm. Der ASL 130 (1255 ccm, 15 PS bei 1500 U/min) hatte ein ZF-Fünfganggetriebe, war 2 440 mm lang und wog 1 215 kg.

In der zweiten Hälfte der fünfziger Jahre wurde das Programm äußerlich, aber auch motorisch überarbeitet. Noch immer kam der unteren Leistungsklasse in der Landwirtschaft eine große Bedeutung zu. Der AS 181 hatte einen Einzylindermotor mit 1610 ccm und 18 PS bei 1500 U/min und ein Getriebe mit fünf Vorwärts-, zwei Kriech- und einem Rückwärtsgang.

Interessant war der Zweizylinder-Typ AS 402 mit einem gegenüber dem AS 30 geringfügig vergrößerten Hubraum von 3220 ccm und 38 bis 40 PS bei 1650 U/min, der zeigte, welche Leistungsreserven in den Schlüter-Motoren steckte. Da auch mittlere Betriebe zunehmend schwere Zapfwellengeräte einsetzten, war mit dem AS 402 ein wirklicher Allzweck-Schlepper vorhanden.

Ab 1960 schlugen die Bayern jedoch einen anderen Kurs ein. Als einer der ersten Hersteller erkannte Schlüter, daß die Zukunft bei leistungsstarken, schweren Traktoren bis hin zu echten Großschleppern liegen würde. Ein grundsätzliches Umdenken setzte ein, gerade rechtzeitig, um den in diesen Jahren sprunghaft ansteigenden Bedarf nach Schlepper-PS zu befriedigen. Es sah sogar so aus, als schieße Schlüter über das Ziel hinaus. Schlepper wie der Super 650, der kleinste Sechszylinder, den es in Deutschland je gab (100 x 125 mm, 5892 ccm, 65 PS bei 1900 U/min), mit Vierradantrieb, waren 1966 noch beinahe Exoten.

Die lange, gedrungene Bauweise verhieß nicht nur Kraft, vielmehr war diese auch vorhanden. Auf der anderen Seite steht das Problem der Kompliziertheit dieser Schlüter-Modelle: wer einmal in einer Landmaschinenwerkstatt gesehen hat, was alles passieren muß, um die innenliegenden Bremsen eines Super 650, 750 usw. zu überholen, bekommt eine Ahnung davon, warum diese Schlepper (zu diesem Zeitpunkt setzte die "bärenstarke" Werbung ein) denn doch nicht den ganz großen Markterfolg erzielten!

Doch für Schlüter gab es auf dem beschrittenen Weg kein Zurück mehr. Mit dem Super 900 (Sechszylinder, 110 x 125 mm, 7128 ccm, 95 PS bei 2000 U/min), ZF-Getriebe (8 V/4 R), Länge 4 410, Radstand 2 630 mm, Eigengewicht 4 150 kg, wurde ein neuerlicher Höhepunkt erreicht.

Der Super 1 500 V von 1972, eine Halbrahmenkonstruktion, besaß einen Achtzylindermotor (9504 ccm, 150 PS bei 1800 U/min), ein ZF-Getriebe (12 V/5 R) mit Lenkradschaltung und last-

Schlüter Super 650 (oben) und Super 1500 V

schaltbarer Zwischengruppe, auf Wunsch automatische Hydrokupplung zum ruckfreien Anfahren unter Last in allen Gängen. Er war 4 935 mm lang (Radstand 2 650 mm), das Eigengewicht betrug 6 500, Vorder- und Hinterachslast je 3 250 kg. Der hydraulische Kraftheber hatte eine maximale Hubkraft von 3 300 kg an der Ackerschiene, die höchste Bruttoanhängelast betrug 52 t. Zur Sonderausrüstung zählte die zweitürige Schlüter-Traktomobil-Kabine mit ihrer bis heute charakteristischen, schräg nach vorn geneigten Vorderfront und Windschutzscheibe.

Nun reagierte auch die Konkurrenz. Sie brachte ebenfalls Großschlepper vergleichbarer Leistung auf den Markt, so daß Schlüter, um als mittelständisches Unternehmen eine Marktnische zu besetzen, die das Überleben sichern konnte, die Flucht nach vorn antreten und noch größere Traktoren entwickeln mußte. Freilich bedeutete dies, auf einen immer kleiner werdenden Markt zu stoßen.

Ende der siebziger, Anfang der achtziger Jahre gab es Traktoren wie den Super 2000 TVL mit Achtzylinder-Turbodiesel (9852 ccm, 200 PS bei 2000 U/min), vollsynchronisiertem Gruppengetriebe (13 V/5 R/8 K/4 RK und Superkriechgang). Die Hydraulik verfügte über eine Hubkraft von 7 200 kg, der Schlepper war 5 850 mm lang (Radstand 2 980 mm), er hatte Hydrolenkung, durchluftbetätigte Differentialsperre und eine kippbare "SuperSilence"-Kabine. Er wog 8 700 kg, das zul. Gesamtgewicht war dagegen eher niedrig mit 9 540 kg.

Der ProfiTrac 3500 TVL brachte es auf 320 PS und war damit um 1980 der stärkste europäische Schlepper. Erstmals fand hier ein Sechszylinder-MAN-Turbodiesel mit 11413 ccm, Verwendung.

Die Bezeichnung Trac ist, für diese Schlüter-Modelle, nicht korrekt: ihnen fehlt neben dem hinteren und vorderen der für das Trac-Konzept entscheidende dritte Anbauraum. Der 3500 TVL besaß ein vollsynchronisiertes Wendegetriebe mit 22 Gängen, lastschaltbarer Motorzapfwelle, automatische Differentialsperre und hydraulische Allrad-Lenkung. Er war 6 100 mm lang (Radstand 2 890 mm), hatte ein Eigengewicht von 12 250 kg und einen Wenderadius von fünf Metern.

Schlüter Super 900, Profi Trac 3500 TVL: der stärkste deutsche Traktor aller Zeiten und der 950 V in der Compact-Reihe (von oben nach unten)

**Die Schlüter-Superbaureihe (oben)
und der Euro Trac 1900 LS**

In der wichtigen Mittelklasse um 100 PS ist Schlüter seit Mitte der achtziger Jahre mit der "Compact-Traktomobil"-Reihe vertreten.

Allenfalls im Zuge der Modellpflege weiterentwickelt, gibt es von 1983 bis heute die Typen Compact 950 V 6, 1050 V 6, 1250 TV 6 und 1350 TV 6 - Verschlüsselungen, die keine Rätsel aufgeben: so hat der 950 V 6 einen Sechszylindermotor (5687 ccm, 95 PS bei 2000 U/min, Drehmomentanstieg 17 %), als "LS" ein vollsynchronisiertes Lastschaltgetriebe mit 24 Normal- und 16 Kriechgängen vorwärts sowie 12 Normal- und 8 Kriechgängen rückwärts. Die Höchstgeschwindigkeit dieser Version beträgt 50 km/h.

Serienmäßig ist die Turbokupplung "Schlüter-Hydromatic", lastschaltbarer Allradantrieb, automatische Differentialsperre vorn, die hintere ist lastschaltbar, beim LS hydraulisch. Lastschaltbare Motorzapfwelle, Frontzapfwelle, Fronthydraulik mit 3 300 kg, Heck-

hydraulik mit 3 900 (auf Wunsch 6 200 kg) Hubkraft vervollständigen das Bild. Der Compact 950 V 6-LS ist 4310 mm lang, hat einen Radstand von 2 521 mm sowie ein Eigengewicht von 4 500 kg. Das zul. Gesamtgewicht beträgt 7 500 kg.

Nahezu alle Angaben über Ausstattung usw. gelten auch für den größten Schlepper der Compact-Reihe, den 1350 TV 6-LS, der mit Abgasturbolader 130 PS bei 2200 U/min mobilisiert. Es ist nun leider so, daß um den Fortbestand der Schlüter-Traktorenproduktion seit annähernd 15 Jahren gebangt werden muß. Das Spektakuläre dieser Giganten reicht nicht aus, ihnen eine stabile Marktposition zu sichern. Die Verhältnisse in der deutschen Landwirtschaft sind nicht so, daß Traktoren dieser Größenordnung ihnen entsprächen.

Zudem bietet die Konkurrenz Großschlepper an, die den Schlüter technisch mindestens ebenbürtig sind, und vor allem ausländische Fabrikate sind obendrein billiger. Der Absatz ist seit vielen Jahren rückläufig.

1992/93 kam es zu einem Überraschungs-Coup sondergleichen: nach fast hundertjährigem Bestehen brach die Traditionsfrima ihre Zelte in Bayern ab und verlagerte den Betrieb nach Schönebeck/Elbe in Sachsen-Anhalt - die veränderte politische Landschaft und die Treuhand machten es möglich! Hier, an einem neuen Standort, der freilich ebenfalls ein Traditionsstandort der Branche ist (in der DDR wurden in Schönebeck die ZT 300 bis 323 gebaut), soll ein neuer Anfang gemacht werden. Die LTS (LandTechnik Schlüter GmbH) produziert nun einen Ackerschlepper, der in der Tat revolutionär ist: den EuroTrac, der noch in Freising zur Serienreife entwickelt worden war.

Der Gesamtaufbau des Schleppers ist symmetrisch: auf einem Fahrzeug- und Geräterahmen befindet sich die hydraulisch kippbare "SuperSilence"-Kabine in der Mitte. Unter ihr, in Unterflurbauweise, liegt der Motor. Auf der Vorderachse ruht das hydraulisch verschieb- und abnehmbare Frontgewicht, mit dem die Zugkraft reguliert werden kann. Vor und hinter der Kabine sind Anbauräume, zwei weitere klassischerweise vor und hinter dem Schlepper. Der EuroTrac ist als Zweiwege-Schlepper ausgelegt, der gesamte Fahrerstand mit Sitz, Lenkrad und Armaturen läßt sich um 180° drehen. Die sehr schmale Bauweise ermöglicht extreme Einschlagwinkel der Vorderräder von 50°.

Die sämtlich turbogeladenen Sechszylinder-MAN-Unterflurmotoren weisen neben einem hervorragenden Drehmomentverlauf (Anstieg 30 %) und einer über einen weiten Drehzahlbereich konstant verfügbaren Leistung auch optimale Verbrauchswerte (142 bis 152 g/PSh) auf. Sie haben 135, 150 und 200 PS bei 2200 U/min und einem Hubraum von 6871 ccm. Alle Euro-Trac besitzen elektrohydraulische Lastschaltgetriebe (24+10), auf Wunsch in 50-km/h-Ausführung, elektronische Fahrer-Informations-Systeme und hydraulischen Allradantrieb. Die Frontkrafheber haben eine Hubkraft von 3 800, die Heckkrafheber von bis zu 8 400 kg. Sie sind 5 355 mm lang, ihr Radstand beträgt 3 110 mm, sie wiegen zwischen 6 700 und 7 100 kg, die zul. Gesamtgewichte liegen bei 11 300 bis 11 700 kg.

Die Zukunft wird zeigen, ob sich diese Neuauflage des Trac-Konzeptes gegen die starke Konkurrenz durchzusetzen vermag. Mit einer bereits in Schönebeck entstandenen, weiteren Neukonstruktion, dem allradgetriebenen (Kommunal-)Schlepper "Systra", versucht die LTS, ein zweites Standbein aufzubauen.

SENDLING

Kommerzienrat Otto Vollnhals gründete 1899 in München-Sendling eine Motorenfabrik, die sich in den folgenden 50 Jahren zu einem der wichtigsten Hersteller von Verbrennungsmotoren für nahezu alle Verwendungszwecke entwickelte. Eine große Vielzahl von Vergaser-, Sauggas- und, ab 1928/29, kompressorlosen Dieselmotoren liegender und stehener Bauart, ein- und mehrzylindrig, mit Verdampfungs- oder Umlaufkühlung wurde in dem Familienbetrieb gebaut.

Vor allem in Landwirtschaft, Kleingewerbe und auf Baustellen waren die unverwüstlichen Sendling-Motoren zu Hause.

1909 entstand in diesem Unternehmen der erste deutsche Ackerschlepper, der über das Stadium eines Prototyps hinaus gelangte und von dem eine, wenn auch kleine, Serie gebaut wurde. Die schwere Maschine, deren riesiger Vierzylindermotor 80 PS entwickelte, ähnelte stark dem Bild einer Dampfplug-Lokomotive bzw. eines Dampfschleppers.

Der Motor war ein Langsamläufer, der seine Leistung bei 600 U/min abgab (und entsprechend schwer war) und mit Benzol betrieben wurde. Sendling warb für ihn mit den Argumenten: große Überlastbarkeit, geringer Brennstoffverbrauch und größtmögliche Zugkraft durch günstige Verteilung des Adhäsionsgewichtes. Es gab zwei Vorwärtsgänge und einen Rückwärtsgang. Der Schlepper wog ca. 5 000 kg und war für einen neunscharigen Anhängepflug vorgesehen. Eine etwas leichtere Ausführung (4 200 kg), die der ersten weitgehend glich, leistete 40 bis 45 PS. Einen dieser ersten Sendling-Traktoren erwarb später das Deutsche Museum, München. Leider ist er durch Kriegswirren verlorengegangen.

Ganz im Dunkel liegt die weitere Entwicklung des Schlepperbaus bei Sendling. Erst 1919 taucht der Name wieder auf: der Benz-Sendling, Typ T 3, erscheint auf der Bildfläche und wird, vor allem in der Dieselversion S 6 ab 1921, zu einem großen Erfolg.

Sendling von 1909: der erste in Serie gebaute deutsche Traktor (oben), Rahmen-Schlepper von 1935 (Mitte) und der AS 7 (unten)

153

Der Motor dieses ersten Dieselschleppers der Welt, also ein entscheidendes Bauelement, stammte jedoch nachweislich nicht von der Motorenfabrik Sendling, sondern von Benz.

Sendlings Anteil an der Konstruktion ist nicht auszumachen, und dies ist einigermaßen verwunderlich: immerhin lief die Motorenentwicklung und -fertigung der Münchener ununterbrochen weiter und festigte den guten Ruf des Unternehmens. Vielleicht war es das Gesamtkonzept des Dreiradschleppers, das Sendling beigesteuert hatte.

Erst um 1935 erschien ein Bauernschlepper mit Kastenrahmen, liegendem, verdampfungsgekühlten Einzylinder-Dieselmotor von 12 PS, schweren Schwungrädern und Rollenketten-Antrieb, der, obwohl nicht untypisch für seine Zeit, den Plan zur Typenreduzierung nicht überstand.

1938 schließlich gab es den ersten Sendling in rahmenloser Blockbauweise: ein stehender Zweizylinder-Dieselmotor mit Umlaufkühlung war mit einem Vierganggetriebe von ZA verblockt. Auch dieser Schlepper mit der Bezeichnung AS 22 verschwand bald wieder von der Bildfläche.

Nach dem Krieg dauerte es bis 1950, ehe erneut ein Anlauf zur Produktion eines kompletten Schleppers unternommen wurde. Bei dem Bauernschlepper AS 7 war der Einzylinder-Wirbelkammermotor (105 x 105 mm, 1250 ccm, 15 PS bei 1500 U/min) mit einem ZA-Getriebe (5 V/1 R) verblockt. Die Einscheiben-Trockenkupplung war im Schwungrad eingebaut. Wahlweise gab es Glühanlaßzündung oder Handanlassung mit Lunten und Kurbel.

Im Getriebe waren Mähwerks-, Riemenscheiben- und Zapfwellenantriebe untergebracht. Die Fußbremse war als Einzelrad-Lenkbremse ausgebildet, die Handbremse wirkte auf das Getriebe.Der Schlepper hatte die Bereifung 5.00-16 bzw. 8.00-20, war 2 320 mm lang (Radstand 1 520 mm), wog 1 250 kg und zog eine Anhängelast von zehn Tonnen bei der Höchstgeschwindig keit von 20 km/h auf ebener Straße. Es kam jedoch zu keinen nennenswerten Stückzahlen bzw. Verkaufserfolgen, so daß Sendling die Schlepperproduktion bald endgültig einstellte.

SIEMENS-SCHUCKERTWERKE

*D*ieses Großunternehmen der Berliner Elektroindustrie mit weltweiter Bedeutung war durch vielfältigen Einsatz seiner Elektromotoren auf Bauernhöfen und Gütern aller Größen schon lange mit der Technisierung der Landwirtschaft vertraut (es hatte auch schon ein Zweimaschinen-Seilpflug-System mit Elektro-Lokomobilen gebaut), als es 1912 die Produktion der Motorfräsen des Schweizers Konrad von Meyenburg, des Pioniers der Fräskultur, aufnahm. Siemens-Schuckert wandte im Lauf von rund 25 Jahren ein hohes Maß an intensiver Entwicklungs- (und Propaganda-)Arbeit für das zukunftsträchtige Fräsen des Bodens auf. Auf einem eigenen Versuchsgut im Oderbruch unter Leitung des renommierten Agrartechnikers Prof. Hans Holldack wurde den Interessenten die Arbeit der Fräsen auf schwerem Boden demonstriert.

1924 hatte die schwere "Gutsfräse", Typ G (I bis III) ihre endgültige Bauform gefunden, die große Ähnlichkeit mit einem herkömmlichen Traktor aufwies. Sie bestand aus einem dreirädrigen Fahrzeug, an dessen hinterem Ende der Frässchwanz quer zur Fahrtrichtung angebracht war. Die beiden großen Hinterräder besorgten den Antrieb, das kleine Vorderrad die Lenkung. Die Kraftübertragung vom Motor zur Fräswelle erfolgte über ein Zahnrad-Wechselgetriebe und eine zwischen dieses und die Fräse geschaltete Kardanwelle. Das Getriebe selbst

hatte drei Vorwärtsgänge und einen Rückwärtsgang. Die Geschwindigkeiten war jedoch ganz für die Fräsarbeit ausgelegt: obwohl der Frässchwanz abnehmbar war und, von SSW stets propagiert, das Fahrzeug auch als Schlepper eingesetzt werden konnte, beschränkte dieser Umstand jene Möglichkeit sehr. Motor und Getriebe waren miteinander verblockt, ein Hilfsrahmen nahm Kühler, Vorderachse, Lenkung und Bedienungselemente auf.

Der zunächst verwendete Oberursel-Motor (38 PS bei 950 U/min) bewährte sich nicht. Es kam zu einer Reihe von Lagerschäden. SSW baute daher bald einen durch vielfachen Einsatz im Motorpflügen und Traktoren bewährten Vierzylinder-Kämper-Motor (103 x 166 mm, 5073 ccm, 35 PS bei 1050 U/min) mit Pallas-Vergaser und Siemens-Magnet-Zündung ein. Das Eigengewicht der Gutsfräse G III betrug 2 500 kg, ihre Arbeitsbreite 1 600 mm.

Die Technik des Bodenfräsens wurde nicht populär. Sie erforderte hohe Qualifikation des Bedienungspersonals wie des Betriebsleiters, denn die Maschinen waren und blieben empfindlich. Die Gutsfräse kostete um 1928 17 000 RM, zusätzliche Anschaffung eines Schleppers war meist unumgänglich. Stagnierender Absatz, hohe Entwicklungskosten und deutliche Fortschritte im Schlepperbau führten um 1930 zur Einstellung ihrer Produktion. Die kleinen Einachsfräsen für Gartenbau und Sonderkulturen waren erfolgreicher: sie wurden bis 1935 gebaut und danach von der Münchener Firma Bungartz übernommen, die sich mit diesen Maschinen eine feste Marktposition sicherte.

Siemens-Gutsfräse

STIHL

Die von Andreas Stihl 1926 in Bad Canstatt gegründete Fabrik spezialisierte sich von Beginn an auf den Bau von Motorsägen, in dem sie bis heute eine führende Rolle spielt.

Die nach dem zweiten Weltkrieg einsetzende Motorisierungs- und Mechanisierungswelle in der Landwirtschaft ließ das Unternehmen sich dem Schlepperbau zuwenden. Für die kleinbäuerlichen Betriebe Südwestdeutschlands sollte ein Traktor gebaut werden, der die Vollmotorisierung dieser Wirtschaften ermöglichte. Und man wollte es gut machen. Gut machen hieß: es mußte alles aus einer Hand, und zwar aus der eigenen, kommen.

1948 wurde der "Allzweck-Bauernschlepper 140" vorgestellt, der sich in Bauart und geringem Gewicht von allen anderen Konkurrenten ganz beträchtlich unterschied. Ein Stahlrohr verband Motor und Getriebe. Der Motor befand sich vor der Vorderachse, seine Kraft wurde durch eine lange Kardanwelle auf das eigenentwickelte Getriebe (3 V/1 R) und die Antriebsachse übertragen. Auch der luftgekühlte Einzylinder-Zweitakt-Dieselmotor vom Typ 131 A war eine Eigenkonstruktion. Er hatte die Abmessungen 90 x 120 mm, 763 ccm und leistete 12 PS bei 2000 U/min. Ein wenig akademisch, gleichwohl interessant, ist die Frage, ob nicht die Firma Stihl den ersten luftgekühlten Schlepper gebaut hat, entgegen der allgemein als erwiesen geltenden Annahme, daß dies bei Eicher der Fall gewesen sei.

Das Konzept des Stihl-Schleppers war durchaus stimmig, nur die für seine Umsetzung erforderlichen Bedingungen waren es nicht. Darüber hinaus wurde der Motor als geradezu entnervend laut empfunden: ein schweres Handicap! Über die Leichtbauweise wurde ein heftiger Expertenstreit ausgetragen. Der Stihl 140 wog nur 740 kg. Er war 2600 mm lang, sein Radstand betrug 1400 mm. Die Zugkraft war gering, die Neigung zum Aufbäumen und der Schlupf der Hinterräder waren groß. Fortschrittlich war 1948 die elektrische Anlage mit 12 Volt.

Die DLG verlieh dem Schlepper 1953 die Bronze-Preismünze: eine Anerkennung der in ihm steckenden Summe konstruktiver Überlegungen, die dem Tragschlepper der fünfziger Jahre um Längen voraus war. Dennoch wurden 1950 nur 120 Exemplare verkauft, was einem Marktanteil von 0,5 % entsprach. Stihl entwickelte seinen Allzweck- und Bauernschlepper jedoch weiter. Zunächst gab es für den 140 ein Vierganggetriebe, der Nachfolgetyp 144 (ab 1955) mit dem Motor 131 B (gleiche Abmessungen, 14 PS bei 1850 U/min) verfügte über Innenbackenbremsen am Getriebe. Er wurde bis 1959 im Programm behalten.

Trotz der hier mehrfach angesprochenen Absatzkrise, die in der zweiten Hälfte der fünfziger Jahre die gesamte Schlepperbranche erschütterte und viele renommierte Hersteller zur Aufgabe zwang, wurde die Entwicklung noch einmal fortgesetzt. Die Modelle S 15 und S 20 wurden bis 1963 weitergebaut. Es handelte sich bei ihnen um rahmenlose Blockschlepper. Der S 15 war der letzte Stihl mit eigenem Motor (noch immer das gleiche Aggregat mit 14 - 15 PS bei 1890 U/min). Er besaß ein Hurth-Getriebe (5 V/1 K/1 R), hydraulische Kraftheber (Hubkraft an der Ackerschiene 500 kg) mit Anschlüssen zwischen den Achsen und hinter der Hinterachse; er war 2 600 mm lang (Radstand 1 750 mm) und wog 880 kg, das zul. Ges.gew. betrug erstaunliche 1 450 kg. Die Standard-Bereifung des S 15 war 4.00-15 bzw. 8.00-24, die Bodenfreiheit in der Fahrzeugmitte betrug 600 mm.

Stihl Typ 144

Der S 20 schließlich besaß einen MWM-Zweizylinder-Viertaktmotor (AKD 10 Z; 80 x 100 mm, 1005 ccm, 20 PS bei 3000 U/min). Die Frage, ob dieser Motor für einen landwirtschaftlichen Schlepper geeignet war, drängt sich hier auf. Er besaß das gleiche Sechsganggetriebe von Hurth, wog 980 kg und wurde nur noch in sehr geringen Stückzahlen produziert. Die Fertigung der Stihl-Schlepper, so fortschrittlich ihr Konzept trotz der Schwachstellen zu Beginn war, endete auf Grund ausbleibender Verkaufszahlen 1963. Das Geschäft mit Motorsägen und -geräten war wieder erfolgreich und gewinnbringend geworden.

Stihl S 20 mit MWM-Motor, bis 1963 (oben) und Stihl 140: möglicherweise der erste luftgekühlte Schlepper

STOCK

*D*er Name Robert Stock ist untrennbar mit der Motorisierung der Landwirtschaft verbunden. Im Jahr 1908 wurde in seinem Unternehmen von Carl Gleiche der erste Tragpflug gebaut, und bis Mitte der zwanziger Jahre blieb die Berliner Motorpflugfabrik dem Tragpflug-Prinzip treu. Wer vom Tragpflug sprach, sprach (in erster Linie) vom Stock.

Von den Jahren der Inflation und Weltwirtschaftskrise war das Unternehmen besonders schwer betroffen. Umso erstaunlicher ist es, daß gerade

in dieser schweren Zeit, als permanent die Liquidation drohte, ein ungeheurer Innovationsschub einsetzte. Hatte man vorher (zu) lange am Tragpflug festgehalten, wurde 1927 von dem Ingenieur Georg Heidemann eine revolutionäre Schlepperkonstruktion verwirklicht: der "Raupenstock". Die Bauart dieses Kettenschleppers wich von allen anderen ab. Sein Zweizylinder-Vergasermotor (120 x 160 mm, 3618 ccm, 25 - 28 PS bei 1000 U/min) hatte das Schwungrad an der Stirnseite, zwischen Kühler und Motorgehäuse.

Als Gegengewicht befand sich am hinteren Ende des Schleppers, in der Riemenscheibe, die Lamellenkupplung. Eine lange Welle zwischen Kurbelwellenkröpfung und Kupplung, auf der auch die Schalträder saßen, minderte die Stoßbelastungen, die von den Laufwerken über das Getriebe auf die Kurbelwelle übertragen wurden, beträchtlich. Eine Vorgelegewelle trieb ein Kegelradpaar, dieses die Differentialwellen an, die mit einem Stirnradpaar die vordere Achse antrieben - der Raupenstock hatte Frontantrieb. Er war rahmenlos; der Motor mit dem gemeinsamen Gehäuse für Getriebe (3 V/1 R) und Differential verblockt. Er wog ca. 2 200 kg, sein Bodendruck betrug 0,5 kg/qcm. Die Frontlastigkeit verhinderte im Zusammenwirken mit einem hochliegenden Anhängepunkt das Aufbäumen beim Anziehen. Gelenkt wurde durch Abbremsen jeweils einer der Differentialwellen, die zu diesem Zweck mit Bremsscheiben versehen waren.

Auch beim Laufwerk wich Stock von allen anderen Ausführungen ab. Es gab keine Stützrollen. Sowohl die großen, angetriebenen Vorderräder als auch die hinteren Leiträder fungierten als Laufräder der Ketten. Dies war durch den geringen Achsabstand von nur 1 250 mm möglich geworden. Der Verzicht auf Stützrollen bedeutete einen Verzicht auf stark verschleißende Teile. Auch die Ketten, von denen jede 39 Glieder hatte, waren gänzlich anders konstruiert als die der Konkurrenten und zeichneten sich durch minimalen Verschleiß aus. Der Raupenstock war außerordentlich vielseitig verwendbar. Eine für die deutsche Landwirtschaft sehr interessante Kombination stellte die mit Zapfwelle ausgerüstete Version dar, die zusammen mit einem Krupp-Zapfwellen-Bindemäher angeboten wurde. 1927 wurde der Raupenstock letztmalig auf einer DLG-Ausstellung gezeigt. Noch im gleichen Jahr wurde die Produktion nach über 4 000 Stück eingestellt.

Danach entstand im Schlepperbau der traditionsreichen Berliner Firma eine zeitliche Lücke. Die wirtschaftlichen Schwierigkeiten hielten an, dennoch wurde in kleinen Verhältnissen weiter entwickelt. Und wieder konnte sich das Ergebnis sehen lassen. Seit 1922 war der Ingenieur Heinrich Frese Mitglied der Firmenleitung. Er erkannte die Zeichen der Zeit richtig und konstruierte einen Radschlepper, mit dem Stock in die erste Reihe der wichtigen Traktorenhersteller zurückkehrte. Um nicht mißverstanden zu werden: das Unternehmen gehörte nie, auch nicht annähernd, zu den Großen der Branche wie Deutz, Hanomag oder Lanz.

Seine herausragende Leistung besteht in der erstmaligen Realisierung eines völlig neuartigen Schlepperkonzeptes, des echten Bauernschleppers, der die Vollmotorisierung des kleineren bis mittleren Familienbetriebes ermöglichte. Noch vor dem legendären "Elfer" Deutz, vor allen so berühmt gewordenen 22 PS-Schleppern der dreißiger Jahre (inklusive des Primus P 22) gelang Frese mit dem "Stock Diesel-Schlepper" der Basis-Typ dieser Schlepper-Kategorie, das Vorbild für alle später zahlenmäßig viel erfolgreicheren Nachfolger. Er verblockte den Zweizylinder-Deutz-Motor F2M313 (100 x 130 mm, 2 041 ccm, 20 PS bei 1500 U/min) mit einem Eigenbau-Getriebe (3 V/1 R), das mit dem Differential in einem Gehäuse zusammengefaßt war.

Zwischen Motor und Getriebe befand sich eine Einscheiben-Trockenkupplung. Der Stock war 2 600 mm lang, sein Radstand betrug 1 600 mm, das Gewicht ca. 1 450 kg. Mit der neuen "Aeroluft"-Bereifung, einer bahnbrechenden Entwicklung, die erst ab 1934 endgültig und unumkehrbar auf dem Markt war, Größe 5.25 - 16 bzw. 8.00 - 20, kostete der Schlepper 1935 4 113,50 RM.

Eine Straßenversion verfügte über eine geschlossenen Fahrerplattform, durchgehende Kotflügel und gefederte Vorderachse und erreichte 19,5 km/h.

Der Stock war konsequent als Universalschlepper gedacht. Er besaß eine mittig angeordnete Zapfwelle, Mähwerksantrieb, auf Wunsch Mähwerk, komplette elektrische Beleuchtung, Hand- und Fußbremse und selbstnachstellende Schneckenlenkung.

Wie sehr die Möglichkeiten der einst führenden Motorpflug-Fabrik mittlerweile beschränkt waren, zeigt wohl die Tatsache, daß die erste Serie ihres Diesel-Schleppers von der Primus-Traktoren-Gesellschaft vertrieben wurde. Einige Exemplare trugen auf dem Kühler unübersehbar den Primus-Schriftzug!

1938 erfuhr das bisher gebaute Modell eine gründliche Überarbeitung.

Raupenstock (oben) und Stock-Dieselschlepper, 2. Version mit 6-Gang-Gruppengetriebe

Zum Einbau gelangte nun der aus dem F2M313 herausgegangene Motor F2M414, der auch im Stock 22 PS bei 1500 U/min leistete. Die wichtigste Neuerung war jedoch das wiederum selbst entwickelte Getriebe, das, in zwei Gruppen und mit zwei Hebeln zu schalten, über sechs Vorwärts- und zwei Rückwärtsgärge verfügte. Die Hinterrad-Bereifung war auf 9.00 - 24 angewachsen; mit Zapfwelle, 5"-Mähbalken und Riemenscheibe wog der Schlepper nunmehr 1 610 kg. Sein Preis wurde mit 4 975 RM angegeben. In dieser Form bis 1942 gebaut, hat der Stock durch seine zweckmäßige, robuste Bauart und formschöne Gestaltung technischen Standard und Aussehen künftiger Bauernschlepper bis weit in die fünfziger Jahre entscheidend beeinflußt.

Ab 1942 wurde auch bei Stock ein Holzgas-Schlepper hergestellt. Der eigens entwickelte Deutz-Holzgas-Motor GT2M115, 25 PS, wurde mit dem langbauenden Stock-Gruppengetriebe verblockt, was nur durch die politisch unliebsame, weit materialaufwendige sog. aufgelockerte Bauweise, bei der die Generatorenanlage um den Traktor herum gruppiert wurde, zu erreichen war. Vorteile im Falle des Stock waren, daß der Holzgas-Schlepper über die gleichen Geschwindigkeiten verfügte wie die Dieselausführung, sowie die günstige Gewichtsverteilung, die zusammen mit dem langen Radstand von 2 150 mm der Zugkraft zugute kam: sie betrug im ersten Gang beachtliche 1 300 kg.

Für die Firma Stock gab es nach 1945 keinen Neubeginn mehr.

STOEWER

ie gehörten zu den Pionieren des Automobilbaus in Deutschland: die Brüder Stoewer in Stettin, und sie stellten Fahrzeuge her, die zu den Spitzenleistungen ihrer Zeit zählten. Neben kleineren, volkstümlichen Fahrzeugen und Luxuswagen wurden auch Nutzfahrzeuge produziert.

Der Ingenieur und Fach-Schriftsteller Otto Barsch, der in der Märkischen Motorpflug-Fabrik in Berlin bereits 1911 seinen ersten Schlepper konstruiert und gebaut hatte, war nach mehreren Stationen aus wirtschaftlichen Gründen mit seinem Entwurf ebenfalls bei Stoewer gelandet und baute hier von 1919 bis in die frühen zwanziger Jahre einen Traktor, der auf Grund der Erfahrungen seines Konstrukteurs und der für Stoewer typischen, ausgezeichneten Qualität zu den besten Maschinen seiner Zeit gehörte.

Zuerst als Gelenkpflug ausgeführt, bei dem ein dreischariger Anbaupflug mittels eines Gelenks mit dem Fahrzeug verbunden war, wurde er später als echter Schlepper zum Anhängen von Geräten und Lasten gebaut.

Auf einem Rahmen befand sich ein Vierzylinder-LKW-Motor (125 x 150 mm, 7360 ccm), der bei 800 U/min 38 PS leistete. Er besaß einen Regler, der die Tourenzahl begrenzte, wurde mit Benzin oder Benzol betrieben, verfüg-

te über Zwangsschmierung mit Ölpumpe, Magnetzündung und Handanlassung durch eine Kurbel sowie einen großvolumigen Kühler mit auswechselbaren Lamellen und Ventilator, der leicht zu reparieren war. Große Aufmerksamkeit war der Filterung der oft staubhaltigen Ansaugluft gewidmet worden.

Die Konuskupplung übertrug die Motorkraft auf das Getriebe (3 V/1 R), dessen Gehäuse das Differential mit einschloß. Dieses verfügte über eine per Handhebel zu betätigende Sperre. Die mit großem Spielraum um den Achsbock pendelnde Vorderachse war gefedert, es gab eine moderne Automobil-Lenkung.

Die Spur der Vorderräder war schmaler als die der 1 800 mm hohen Hinterräder. Bei der Ackerarbeit wurden diese mit je 12 Greifern versehen; der Antrieb der Hinterräder erfolgte durch vorbildlich gekapselte Ritzel und Zahnkränze.

Der Rahmen des Schleppers bestand aus hochwertigem Profilstahl und war an keiner Seite gekröpft.

Der Stoewer wog ca. 4 000 kg bei einem Vorderachsdruck von 1 150 und einem Hinterachsdruck von 2 805 kg. Seine Arbeitsleistung mit dreischarigem Anhängepflug betrug bei einer Arbeitstiefe von 12" in 10 Stunden etwa 3 ha. Die Pflugarbeit wurde von Fachleuten aus Wissenschaft und Praxis als hervorragend eingestuft. Mit der Riemenscheibe konnte jeder stationäre Antrieb erledigt werden. Bei etwa 500 U/min leistete der Motor hierbei 20 - 22 PS und arbeitete damit äußerst rationell.

Die genaue Bauzeit der Stoewer-Schlepper ist nicht bekannt, sie kann aber kaum über 1923/24 hinaus angedauert haben.

Stoewer mit angelenktem Pflug (oben) und als echter Traktor

SULZER

*D*er gelernte Wagenbauer Ignaz Sulzer begann bereits um 1936, Rahmenschlepper mit Schlüter-Verdampfermotoren für die Bauern in der unmittelbaren Umgebung Augsburgs zu bauen, jedoch blieben diese ersten Schritte ebenso wie die folgenden Trecker in Blockbauweise mit Deutz F2M414 und Prometheus-Getriebe noch ohne weiterreichende Folgen.

Es dauerte noch über 15 Jahre, ehe Sulzer als Traktorenhersteller wirklich eine Rolle zu spielen begann. Auf dem ersten Zentral-Landwirtschaftsfest in München, 1950, sah man auf seinem Ausstellungsstand zwei Schlepper, die noch auf den Vorkriegstypen beruhten. 1952 jedoch setzte eine Entwicklung ein, die in gewisser Weise ohne Beispiel in der Geschichte des Schlepperbaus ist. Sulzer wurde der typischste aller sog. Schlepper-Konfektionäre. Die in nur 10 Jahren erreichte Typenvielfalt (die man, ohne ungerecht zu sein, durchaus auch als Typenwirrwarr bezeichnen kann) brachte es auf 29 verschiedene Modelle! Immerhin waren zu diesem Zeitpunkt bereits alle namhaften Hersteller wie Deutz, Hanomag und Lanz sowie viele, die in den ersten Jahren nach dem Krieg namhaft geworden waren wie Allgaier, Eicher, Fendt u. a. mit kompletten Baureihen auf dem Markt.

Ignaz Sulzer kaufte wirklich alles, was von einschlägigen Zulieferern zu beziehen war: Motoren, Getriebe, Kühler, Achsen, Lenkungen, Räder, Blechteile usw. - nichts wurde selbst hergestellt. Wer als Hersteller solcher Baugruppen liefern konnte, konnte Sulzer zu seinen Kunden zählen. Dies hatte zur Folge, daß kaum zehn Schlepper, selbst, wenn sie nominell dem gleichen Typ angehörten, ganz identisch waren - von einigen Modellen wurden zehn Exemplare gar nicht erst erreicht.

Getriebe wurden vorzugsweise von Renk (ZA) bezogen, der Nähe wegen, nicht mehr von der weit weg in West-Berlin ansässigen Getriebefabrik Prometheus (hier bekam man in den fünfziger Jahren den Standort-Nachteil sehr deutlich zu spüren).

Teile, die irgendwie zusammenpaßten und einen vernünftigen Schlepper erwarten ließen, wurden kombiniert und zusammengebaut.

Sulzer-Erfolgsmodell S 22 L, der Tragschlepper S 25 LT mit Deutz F 2 L 612 und der S 28 A (von oben nach unten)

Ein typischer Sulzer dieser Epoche war der Bauernschlepper S 15 (Motor MWM KDW 414 E, 15 PS, Renk-Getriebe ZA SG 14-5). Es gab diesen Typ jedoch auch mit dem Deutz-Motor F1L514. Und mit dem Hurth-Getriebe G 85, was zu einem anderen Radstand (und damit zu einem beträchtlich anderen Schlepper) führte. Nur: auch der war ein S 15.

Motorhauben sind ein weiteres Beispiel für den Umgang Sulzers mit Zulieferteilen: ein Hersteller, der sie für die Marke Gutbrod anfertigte, konnte gleich noch einige mehr bauen und sie an Sulzer verkaufen. Daran, daß die Schlepper dadurch leicht verwechselt werden konnten, störte sich niemand.

Diese Beliebigkeit, die ja nicht besagt, daß die Sulzer-Traktoren nichts taugten, vielmehr waren die verwendeten Baugruppen ja vielhundertfach bewährt und wurden mit Sachverstand ausgewählt, ging so weit, daß man es einigen Händlern überließ, ihren eigenen Namen an Stelle des Herstellernamens Sulzer am Schlepper anzubringen!

Andererseits konnten auch sehr spezielle Kundenwünsche erfüllt werden, die darauf zielten, einen ganz bestimmten Motor und keinen anderen haben zu wollen - bei Sulzer war man an der richtigen Adresse. So gab es einmal einen Wunschtraktor mit Caterpillar-Dieselmotor (!) und ZF-Getriebe A 23.

Ein weiteres Einzelstück, das es verdient hätte, sich zu vermehren, war der bildschöne S 36 (mit KDW 415 D und Getriebe ZA SG 30-7): ein rundum gelungener Schlepper der höheren Leistungsklasse, der über beinahe zehn Jahre angeboten, aber nicht verkauft wurde.

Ein Exportauftrag aus Schweden führte zum Typ S 11 (mit Deutz F1L612; Hurth-Getriebe). Natürlich wäre der kein Sulzer gewesen, hätte es ihn nicht auch mit dem Sendling-Einzylinder DS 211 gegeben.

Ein weiteres Exportgeschäft, mit Frankreich, brachte vermehrten Motorenkauf bei Deutz. Die Folge war der insgesamt meistgebaute Sulzer-Schlepper aller Zeiten, der S 22 L (F2L612, Hurth-Getriebe G 815). Zwischen 1956 und 1959 wurden annähernd 1 900 Exemplare von ihm gebaut: ohne Fließband, Stück für Stück, in Handarbeit, mit einfachen Werkzeugen! Natürlich ging auch diese Serie nicht ohne Variation zu Ende: neben dem Deutz gab es auch den MWM-Motor AKD 12 Z. Der Schlepper hatte einen Radstand von 1 780 mm, Hinterräder der Größe 10 - 28 und wog 1 230 kg (zul. Ges.gew. 2 300 kg):

Werte, die ihn als in jeder Weise konkurrenzfähig erscheinen lassen.

Selbst dem Allrad-Antrieb stand Sulzer ganz offen gegenüber. Bereits 1954 gab es den A 28 mit MWM KDW 415 Z und ZA-Getriebe SGA 22-5, ab 1956 mit Deutz F2L514 (30 PS); der S 42 A besaß sogar den Dreizylinder F3L514 mit 42 PS und das ZA-Getriebe SGA 30-7. Man ging dabei den von Eicher, Urus und einigen anderen vorgezeigten Weg mit vier gleich großen Rädern (8-24). Der Radstand war beim S 28/30 A 1 790 mm, das Gewicht betrug 1 760 (zul. Ges.gew. 2 460 kg). Der Allrad-Sulzer war nicht frontlastig, sondern auf der Hinterachse, in der Art eines Standard-Schleppers, schwerer belastet als vorn. Insgesamt sind etwa 25 dieser Allrad-Schlepper hergestellt worden, die im Allgäu, in der Schweiz und nach Norwegen verkauft wurden.

Der letzte "echte" Sulzer war einer der schönsten, aber auch erfolglosesten: der S 38 L (Deutz F3L712, 38 PS, Hurth-Sechs- ganggetriebe, wahlweise zusätzlich Kriechgang). Man hatte dieses Modell mit einigen Hoffnungen gebaut: immerhin war der ganz ähnliche Deutz D 40 L der meistverkaufte deutsche Schlepper seiner Zeit. Die Hoffnungen trogen: es blieb bei drei Exemplaren.

Es folgten noch einige mehr oder weniger verschlungene Wege mit Gemeinschaftsproduktionen (u. a. mit Tragschleppern von Wahl), aber das Ende war unausweichlich. 1962 wurde die Produktion der Sulzer-Schlepper eingestellt. Baumaschinen und Bagger sicherten den Fortbestand der Firma. Relativ zahlreich sind die im bayerisch-schwäbischen Raum erhaltenen Sulzer bis heute erhalten.

URSUS

Urus

Nicht nur in Bayern, sondern auch im Hessischen wurden in der unmittelbaren Nachkriegszeit auf der Basis der von den Alliierten in großer Zahl zurückgelassenen und verkauften Militärfahrzeuge Traktoren gebaut: die Großhessische Truck-Company in Wiesbaden entwickelte einen Allrad-Schlepper "Ursus" mit GMC-Achsen und -Getriebe (6 V/2 R), Bauscher Einzylinder-Dieselmotor von 15 PS und vier gleich großen Rädern der Größe 8.00 - 20. Auch bei ihm war (wie bei BTC u. a.) ein verwindungsfreier Rahmen vorhanden, auf dem Motor, Kühler, Fahrersitz usw. aufgebaut waren. Der Ursus hatte ein Gewicht von 1 250 kg und wurde 1949 für 5 950 DM angeboten.

Gleichzeitig baute die Firma Erkelenz & Co. im benachbarten Frankfurt ähnliche Fahrzeuge mit dem neuen, luftgekühlten Motor von Stihl. Beider Anstrengungen mündeten nach etlichen wirtschaftlichen Turbulenzen 1954 schließlich in einer Fusion.

1950 jedoch wurden aus der Großhessischen Truck-Company, die den Ursus baute, erst einmal die "Urus-Werke" - auf Grund eines Einwandes des Ursus-Traktorenwerks in Polen, dem stattgegeben werden mußte.

Der erste Ursus, 1949

In Wiesbaden wurden ab 1954 schließlich Allrad-Schlepper mit 28 und 40 PS gebaut, die sich von den improvisierten Jeep- oder Dodge-Derivaten sehr unterschieden. Die Vorteile des Allrad-Antriebes, vermehrt durch vier gleich große Räder, hatte man klar erkannt und beibehalten, war jedoch zur rahmenlosen Blockbauweise übergegangen. Der B 40 besaß den MWM-Motor KDW 415 D mit 40 PS und das ZA-Getriebe SG 22/5 (5 V/1 R), eine Bereifung von 9.00-24 und war 2 900 mm lang (Radstand 1 800 mm). Er wog 1 920 kg, das zul. Ges.gew. betrug 2 400, die Hinterachslast 1 200 kg. Der B 40 hatte eine unabhängige Zapfwelle und Riemenscheibenantrieb, aber kein Mähwerk, hingegen Dreipunkt-Hydraulik auf Wunsch. Alle Vorzüge des Konzeptes wie: niedriger Bodendruck, geringer Schlupf, kein Aufbäumen bei schwerem Zug, hohe Zugkraft und Steigfähigkeit waren bei diesem Traktor gegeben.

Im Ursus-Traktorenwerk Erkelenz & Co. (die Rückkehr zum ursprünglichen Firmennamen war inzwischen möglich geworden) wurde ab 1955 ein in technischer Hinsicht hochinteressanter Kleinschlepper gebaut. Der Ursus "Bambi" war ein Allrad-Zweiwege-Schlepper, mit dem vorwärts wie rückwärts gearbeitet werden konnte. Sein Sachs-Dieselmotor, ein Einzylinder-Zweitakter (498 ccm, 10 PS bei

2000 U/min) war mit einem Wendegetriebe eigener Produktion verblockt. Der Kleine verfügte über Vierrad-Lenkung, drehbaren Sitz und wurde mit einem in beiden Fahrtrichtungen arbeitenden Pflug versehen: "Das besonders am Hang unerwünschte und gefährliche Drehen des Schleppers am Furchenende fällt fort und es wird Zeit und Kraft gespart". Sagt ein Prospekt. Wohlgemerkt: mit zehn PS. Bambi war 2 080 mm lang wog 660 kg, sein Radstand betrug 1 180 mm. Ja, einige sind tatsächlich verkauft worden.

Das Ursus-Werk, eine Pionier des Allrad-Schleppers, stellte die Traktorenproduktion 1959 ein.

Ursus-Bambi Zweiwegschlepper, Ursus Allrad-Schlepper von 1955 und der "Urus" von 1950 (von oben nach unten)

161

WAHL

$\mathcal{K}$aum zufällig war die Zahl der kleinen und vor allem in der Region wichtigen Schlepperhersteller in Süddeutschland groß: die dort vorherrschende Struktur bäuerlicher Familienbetriebe mit hohem Grünlandanteil erforderte einen zuverlässigen Mähtraktor, der auch zu anderen Arbeiten herangezogen werden konnte. Ein weiterer Vertreter dieser Kategorie war die Maschinenfabrik Karl Fr. Wahl in Balingen/Württemberg.

1922 wurde sie als Landmaschinenhandlung und Hersteller selbstfahrender Bandsägen gegründet: der Weg zum Schlepperbau verlief also einmal nicht über den Motormäher: vielmehr sind Wahl-Bandsägen (später als Anbaugeräte vieler unterschiedlicher Schlepper) das besondere Produkt dieses Unternehmens gewesen und geblieben.

Der erste eigene Schlepper von 1935/36 wurde als Konfektionsmodell in Blockbauweise mit MWM-Motor, (2110 ccm, 20 - 22 PS bei 1500 U/min), ZF-Getriebe (4 V/1 R), Einspritzpumpe von Deckel und Elektrik von Bosch hergestellt. Es gelang, auch noch nach der Typenbegrenzung des sog. Schell-Plans, in der Klasse der 20/22 PS-Einheitsschlepper vertreten zu sein. Der Verkauf, wenn auch weitgehend auf Südwestdeutschland beschränkt, war also zufriedenstellend.

Von einem Wahl-Holzgas-Schlepper während der Kriegsjahre ist hingegen nichts bekannt.

Schon 1947 erfolgte die Wiederaufnahme der Schlepperproduktion mit dem W 46, der dem Vorkriegsmodell in technischer Hinsicht glich. Die Ausstattung beinhaltete jetzt jedoch Zapfwelle, Riemenscheibe und Mähwerksantrieb. Der MWM-Motor KD 215 Z (100 x 150 mm, 2355 ccm, 22 PS bei 1500 U/min) war mit einem Vierganggetriebe von ZF verblockt. Der Schlepper war 2 650 mm lang (Radstand 1 700 mm), er wog 1 500 kg, seine maximale Zughakenkraft betrug etwa 950 kg im 1. Gang, gemessen auf dem Acker.

1950 erschien der Kleinschlepper W 15, der dem größeren Modell bis auf den 15 PS-Motor weitgehend glich. 1951 kamen der W 17 und ein 40 PS-Schlepper hinzu. Der W 17 (KD 211 Z, 85 x 110 mm, 1250 ccm, 17 PS bei 2000 U/min) hatte das ZF-Getriebe A 8 (5 V/1 R) und war mit 1 700 mm Radstand, einem Eigengewicht von 1 155 kg (zul. Ges.gew. 1 550 kg), mit Kriechgang, Portalachse, Lenkbremsen und unabhängiger Zapfwelle ein sehr gut ausgestatteter Bauernschlepper, der mit Mähwerk und, nicht zu vergessen: Bandsäge eine nicht seltene Erscheinung auf der Schwäbischen Alb darstellte. Die Produktionszahlen erreichten aber letzlich nie große Dimensionen. Dessen ungeachtet gab es in der Heimat der Wahl-Traktoren treue Kunden, die keinen anderen "Bulldog" auf dem Hof haben wollten.

Der große W 40 (MWM KDW 415 D, 100 x 150 mm, 3524 ccm, 40 PS bei 1500 U/min), mit dem ZF-Getriebe A 17 (5 V/1 R) spielte trotz seines Leistungsvermögens eher eine untergeordnete Rolle, wie dies bei fast allen schweren Typen der Konfektionäre nicht anders war. Dennoch glaubte man, nicht um einen solchen Schlepper im Programm herumzukommen, denn einige wenige Kunden benötigten Traktoren zum Ziehen großer Lasten, zumal in waldreichen Gebieten.

Dieses Bauprogramm wurde noch um den W 12, einen luftgekühlten Kleinschlepper (MWM AKD 12 E, 12 PS) und einige Mittelklassemodelle mit 22 und 28 PS ergänzt und für viele Jahre nahezu unverändert beibehalten.

1958 wurde eine Neuentwicklung präsentiert. Der leichte Tragschlepper W 70, ganz konsequent für den Zwischenachsbau von Geräten ausgelegt, besaß einen luftgekühlten Hatz-Einzylinder-Zweitaktmotor mit 12 PS, ein ZF-Getriebe (5 V/1 K/2 R), Portalhinterachse und hohe Bodenfreiheit. Die Zapfwelle war kupplungsunabhängig. Der kleine Schlepper (Länge 2 530, Radstand 1700 mm, Gewicht 780 kg) sollte lt. Prospekt eine maximale Zughakenkraft von 1 000 kg erreichen.

Sein dem Zeitgeschmack entsprechendes Äußeres (die Länge betonende, schlanke und schmale Haube, sanfte Rundungen, Frontgrill und schwungvolle Kotflügel) gab weiteren Tragschleppern, z.B. dem W 90, 16 PS ihre Form, jedoch blieb man bei allen anderen Typen bei MWM-Motoren.

Besondere Erwähnung verdient die letzte Entwicklung, der sog. "Wahl Vielstoff 30 PS". Der luftgekühlte MWM-Zweizylinder (2080 ccm) war mit einem klauengeschalteten ZF-Getriebe (5 V/1 R) verblockt. Die Zapfwelle konnte als Motor-, Getriebe- oder Wegzapfwelle geschaltet werden. Dieser Wahl eignete sich gleichermaßen zum sicheren zweischarigen Pflügen auf schwerem Boden wie zum Antrieb von Feldhäckslern, kleinen, zapfwellengetriebenen Bauernmähdreschern wie dem Claas Super Junior oder anderen Vollerntemaschinen. Die Bosch-Hydraulik war hingegen im Jahr 1960 noch immer Zusatzausrüstung. Der Schlepper war 3 015 mm lang (Radstand 1 950 mm) und wog, je nach Ausrüstung, zwischen 1 600 und 2 050 kg.

Nach 1960 wurde die Produktion auf den Typ W 90 beschränkt. Wahl übernahm für einige Zeit den Alleinimport und -vertrieb der englischen David Brown-Traktoren. 1962 wurde auch der W 90 eingestellt und das Unternehmen beschränkte sich auf andere Fertigungen - nicht zuletzt auf Bandsägen.

Wahl W 120, 24 PS

Wahl Tragschlepper W 90 (oben) und Wahl W 46

ZANKER

Einer der ungezählten Anbieter, die den Traktor-Boom der ersten Nachkriegsjahre auszunutzen und eine Erweiterung der bisherigen Produktpalette zu erreichen trachteten, war der renommierte und bis weit in die siebziger Jahre zu den Branchenführern zählende Hersteller von Haushaltsgeräten, vor allem Waschmaschinen, die Tübinger Firma Zanker. Dabei wollte dieses Unternehmen durchaus mehr, als nur einen der vielen Konfektionsschlepper mit zusammengekauften und -montierten Teilen zu bauen.

Auf einer regionalen Ausstellung des Jahres 1949 stellte man einen leichten Bauernschlepper aus, der große Aufmerksamkeit, ja, Aufsehen erregte. In der Tat gehörte er, wenn auch heute fast völlig vergessen und nur wirklichen Insidern bekannt, zu den bemerkenswertesten Neukonstruktionen eines Ackerschleppers nach 1945. Zanker hatte den Aufwand nicht gescheut, einen eigenen Motor zu entwickeln: einen Einzylinder-Zweitakt-Diesel mit Direkteinspritzung und Umkehrspülung (100 x 130 mm, 1020 ccm, 12 bis 15 PS bei 1250 bis 1500 U/min). Der Motor konnte ohne Zünd-

hilfe und Vorglühen gestartet werden. Er war mit dem Getriebe, ebenfalls eine Zanker-Konstruktion mit 4 Vorwärtsgängen und einem Rückwärtsgang, in rahmenloser Blockbauweise verflanscht. Das Getriebe war gut gestuft (3,2; 5,7; 9,8 und 17,7 km/h), die maximale Zughakenkraft im 1. Gang betrug 840 kg - auch dies ein Wert, der sich in der Leistungsklasse sehen lassen konnte. Serienmäßig waren die gefederte Pendelvorderachse, Riemenscheibe, Zapfwelle und die 6-Volt-Lichtanlage. Der Zanker war 2 245 mm lang, sein Gewicht: 1 185 kg.

Die Entwicklungskosten für diesen beachtlichen Kleinschlepper waren beträchtlich gewesen, da man konsequent den Zukauf von Teilen anderer Hersteller vermeiden wollte. Deshalb konnte der Schlepper kein Billigangebot sein. Dies wiederum führte zu enttäuschenden Absatzzahlen: ganze acht Schlepper im ersten Jahr, nicht mehr als 100 im Jahr 1950 waren es insgesamt. Die Folge war das schnelle Ende des Schlepperbaus bei Zanker. Das Fahrzeug, an dessen gelungener Konstruktion es keinen Zweifel gab, wurde an die Firma Bautz abgetreten, die den kleinen Traktor in dieser Form noch bis 1951 weiter produzierte.

Zanker Serientyp, 12 PS, 1949 (oben) und Prototyp (unten)

ZETTEL-MEYER

Spezialfilter für Ansaugluft, Brennstoff und Schmieröl - stets startbereit und startfreudig - höc
sparsam im Brennstoff- und Ölverbrauch.

er Heizer, Maschinist und Maschinenführer auf Dampfwalzen-Zügen, Hugo Zettelmeyer, gründete 1908 in Konz bei Trier einen eigenen Betrieb, in dem er ab 1910 Einzylin-der-Straßen-Dampfwalzen baute. Im ersten Weltkrieg kamen Dampf-Zugmaschinen für das Heer hinzu, Schwerpunkt blieben jedoch die Walzen mit einem Gesamtgewicht bis 16 t und Leistungen zwischen 26 und 45 PS. Später wurde auch der Bau von Motorwalzen aufgenommen, die sich, wie zuvor die Dampfmaschinen, hervorragend bewährten.

Nachdem 1934 eine weitere Fabrik übernommen wurde, fiel der Entschluß, Acker- und Straßenschlepper zu bauen. Ab 1935 gab es den Zettelmeyer Z 1 mit dem bewährten Deutz-Motor F2M313, 20 PS. Das Getriebe (4 V/1 R, Höchstgeschwindigkeit 16 km/h) wurde selbst entwickelt und gebaut und in rahmenloser Blockbauweise mit dem dafür geradezu prädestinierten Motor verblockt. Der Hinterachsenantrieb erfolgte durch ein großdimensioniertes Stirnräderpaar. Das Anlassen erfolgte mit Lunten von Hand, es gab die seit relativ kurzer Zeit auf dem Markt befindliche Ackerluft-Bereifung 6.00-16 bzw. 8.00-20, sowie, charakteristisch für den Zettelmeyer Z 1, eine eigentümliche Anordnung der Lenksäule, die nahezu diagonal durch den Führerstand verlief und zu einem merkwürdig schief stehenden Lenkrad führte.

Der Z 1 war 2 700 mm lang (Radstand 1 700 mm) und wog ca. 1 500 kg. Die maximale Anhängelast betrug 12,5 Tonnen, zweischariges Pflügen auf mittlerem Boden erbrachte eine Leistung von 2,5 ha in zehn Stunden. Sonderausrüstungen, die jedoch fast immer geordert wurden, waren Zapfwelle, Riemenscheibe und Mähwerk (angetrieben durch die Zapfwelle) sowie eine Seilwinde. Der einfache Landmaschinensitz konnte gegen die gepolsterte Sitzbank des Straßenschleppers ausgetauscht werden.

Der Z 1 wurde auf Anhieb ein großer Erfolg. Dies galt noch vermehrt für den Straßenschlepper Z 2, der überwiegend mit festem Fahrerhaus verkauft wurde. Der Z 2 war der einzige Straßenschlepper dieser Leistungs-

klasse in rahmenloser Blockbauweise. 1936 entfielen auf die Schlepperproduktion bereits über 50 % des Gesamtumsatzes des Unternehmens, die Jahresproduktion überschritt die Zahl 500. 1937 wurde ein weiteres Werk für den Schlepperbau errichtet. Der überarbeitete Trecker erhielt den inzwischen ebenfalls zum F2M414 weiterentwickelten Deutz-Motor, außerdem war er etwas frontlastiger und damit weniger zum Aufbäumen unter Last geneigt.

1942 setzte auch bei Zettelmeyer der Bau von Holzgas-Schleppern ein, bis es 1944 zu schweren Zerstörungen der Werksanlagen durch Luftangriffe kam. Erst 1949 konnte man mit einem neuen Z 1 die Produktion wieder aufnehmen. Eine modernisierte Motorhaube verkleidete den Deutz F2M414, dessen Leistung auf 25 PS angehoben war. Das Viergangetriebe war wiederum Eigenbau. Der Schlepper verfügte serienmäßig über Einzelrad-Lenkbremsen und wahlweise auch

wieder über eine Seilwinde, die fast zu einem Zettelmeyer gehörte: man wollte damit an die Absatzerfolge der Vorkriegszeit in der Forstwirtschaft anknüpfen. Er hatte an Länge und Gewicht etwas zugelegt: 2 585 mm Länge bzw. 1 650 kg Eigengewicht waren nun die aktuellen Werte; Die Bereifung 6.00-16 vorn bzw. 9.00-24 hinten. Die Verkaufszahlen waren jedoch hochgradig enttäuschend: 1950 reichte es gerade zu einem Anteil von 0,3 % auf dem westdeutschen Schleppermarkt. Nachdem sich die Lage auch 1951 nicht änderte, wurde der Bau von Traktoren (wie übrigens auch der von Dampfwalzen) ein Jahr später endgültig eingestellt. Mit Baumaschinen (Dumpern, Radladern usw.) wurde die Firma am Leben erhalten.

Zettelmeyer Z 1, zweite Ausführung (ganz oben) und der letzte Zettelmeyer, der Ackerschlepper 1950/51

DER AUTOR

Michael Bach, Jahrgang 1945, lebt in Berlin. Sein ursprüngliches Berufsziel war Landwirt, aber wie so oft im Leben kam es anders: er wurde Bibliothekar. Als Jugendlicher begann er Bücher, Prospekte und alles andere zu sammeln, was über Traktoren und Landmaschinen Auskunft gibt. Seine Freizeit gehört der Musik, den Traktoren und der Erforschung der Geschichte der Landwirtschaft. 1993 legte Michael Bach eine umfassende Publikation über den Schlepperbau Berlins vor.

DANK

Der Verfasser dankt folgenden Personen und Institutionen für die bereitwillige Überlassung von Unterlagen und Abbildungsmaterial, ohne die dieses Buch nicht zu machen gewesen wäre:

Agrarhistor. Ausstellung, Markkleeberg, Armin Bauer, Bayer. Wirtschaftsarchiv, München, Friedolin Benteler, Bibliothek des Instituts f. Agrartechnik Bornim (ATB), Michael Bruse, Daimler-Benz-Archiv, Deutsches Historisches Museum, Berlin, Deutsches Museum, München, Domäne Dahlem, Landgut u. Museum, Berlin, Fa. H.-H. Endres, Berlin, Fahr-Schlepper-Freunde e. V., Gottmadingen, Karsten Gippner, Georg von Grebe, Kurt Häfner, Hans-Adolf Hahn, Prof. Dr. Jürgen Hahn, August Wilhelm Hanebuth, Rudi Heppe, Historischer Kraftverkehr, Köln, HU Berlin, FB Technik in der Pflanzenproduktion, IHK Köln, IHK München, Gunnar Irmler, John Deere Werke, Mannheim, Michael Karle, KHD Agrartechnik GmbH, Köln, Fa. H. Kögel, München, Gilbert Kremer, Jochen Kröll, Landwirtschaftl. Zentralbibliothek, Berlin, Hartmut Lindner, Landtechnik Schlüter, Schönebeck, Axel Oskar Mathieu, Verl. Walter Podszun, Brilon, Verl. Klaus Rabe, Köln, Rheinisch-Westf. Wirtschaftsarchiv, Köln, Walter Sack, Motorenfabrik Anton Schlüter, Freising, Wilfried Scheidemann, Herbert Schleich, Helmuth Schnieber, Gerhard Schönewolf, Wolfgang Schröder, Stihl KG Vertriebszentrale, Dieburg, Joachim Storjohann, TU Berlin, Inst. für Maschinenkonstruktion - Landtechnik und Baumaschinen, Unimog-Veteranen-Club e. V., Tecklenburg.

IN GLEICHER REIHE ERSCHIENEN

Die berühmtesten deutschen Autos aller Zeiten

Die berühmtesten deutschen Motorräder aller Zeiten

Die berühmtesten deutschen Lastwagen von 1896 bis heute

Deutsche Feuerwehrfahrzeuge aller Zeiten

Die berühmtesten deutschen Lokomotiven aller Zeiten

WEITERE NUTZFAHRZEUG-BÜCHER

Die deutschen Lastwagen der Wirtschaftswunderzeit:
Band 1: Vom Dreiradlieferwagen zum Viereinhalbtonner
Band 2: Mittlere und schwere Fahrzeuge
Band 3: Omnibusse
Die deutschen Lastwagen der sechziger Jahre:
Band 1: Büssing, Faun, Hanomag, Henschel
Band 2: Kaelble, Krupp, Magirus, MAN, Mercedes, Opel